国家出版基金项目
NATIONAL PUBLICATION FOUNDATION

"十三五"国家重点出版物
出版规划项目

废物资源综合利用技术丛书

WEIKUANG HE FEISHI ZONGHE LIYONG JISHU

尾矿和废石
综合利用技术

杨小聪　　郭利杰　　等编著

U0233866

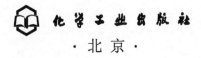
化学工业出版社
·北京·

本书系统、全面地介绍了尾矿与废石的分类及其特点，分析了其综合利用价值，提出了尾矿与废石综合利用的途径及相关技术。书中着重介绍了尾矿和废石再选技术、尾矿和废石充填技术、尾矿和废石制备建筑材料及其高附加值利用的技术方法等内容。

本书具有较强的系统性、技术性和应用性，可供尾矿和废石再选、处理装置等领域的工程技术人员、科研人员和管理人员参考，也可供高等学校资源循环科学与工程、环境科学与工程及相关专业的师生参阅。

图书在版编目（CIP）数据

尾矿和废石综合利用技术/杨小聪等编著. —北京：化学工业出版社，2018.1（2024.8 重印）
（废物资源综合利用技术丛书）
ISBN 978-7-122-30480-3

Ⅰ.①尾…　Ⅱ.①杨…　Ⅲ.①尾矿利用-综合利用②废石-综合利用　Ⅳ.①TD926.4②X751

中国版本图书馆 CIP 数据核字（2017）第 206205 号

责任编辑：刘兴春　卢萌萌　　　　　　装帧设计：王晓宇
责任校对：王素芹

出版发行：化学工业出版社（北京市东城区青年湖南街 13 号　邮政编码 100011）
印　　装：北京虎彩文化传播有限公司
787mm×1092mm　1/16　印张 16　字数 385 千字　2024 年 8 月北京第 1 版第 3 次印刷

购书咨询：010-64518888　　　　　　售后服务：010-64518899
网　　址：http://www.cip.com.cn
凡购买本书，如有缺损质量问题，本社销售中心负责调换。

定　　价：98.00 元

FOREWORD
前　言

尾矿，通常指的是在一定的技术条件下，经选矿之后的残留物。残留物中可含有低品位的"有用金属物质"和"围岩"。从广义上讲，尾矿、废石、高炉渣等均可通称为"尾矿"。尾矿和废石因大量占用土地、污染环境、危害生态、危害社会、危害人们的健康而备受人们关注。

据有关数据统计，世界各国每年排出的尾矿量约 5.0×10^9 t，我国矿业固体废渣年排放量达 1.2×10^9 t 以上，累计堆积已达 2.0×10^{10} t，占地 5.5×10^4 hm²，而且随着矿产资源综合利用程度的提高，矿石可采品位的相应降低，尾矿量还会增长。尾矿、废石的大量排放堆积，污染环境、占用土地，每年由此造成的经济损失高达 300 亿元。

本书结合笔者及其团队多年科研项目成果，并参阅国外该领域现代发展，对尾矿和废石资源综合利用的相关技术知识进行了较系统、全面的归纳，并列举了较多的应用实例。

本书为《废物资源综合利用技术丛书》中的一分册。本书紧扣"综合利用"这一科学命题，重点介绍了尾矿和废石综合利用的方法及相关技术，具有以下几方面的特色：①系统介绍了尾矿和废石的分类及其特点，提出综合利用的技术思路；②详细介绍了尾矿和废石再选技术、尾矿和废石充填技术及建筑材料制备技术，以及近年来取得的相关成果；③站在废物综合利用学科发展的前沿，提出了尾矿和废石高附加值利用的相关技术思路，为尾矿和废石的综合开发利用及其矿业领域内多学科交叉指出了创新思路。

全书共分 8 章，第 1 章绪论，主要阐明了废石和尾矿的分类及其特点，综述了我国尾矿和废石资源化利用的基本概况；第 2 章重点介绍了尾矿和废石的基本特性及矿物组成与加工特性；第 3 章重点介绍了尾矿和废石综合利用途径；第 4 章重点介绍了尾矿和废石再选技术及应用实例；第 5 章重点介绍了尾矿和废石充填技术；第 6 章重点介绍了利用尾矿制备建筑材料及应用实例；第 7 章重点介绍了利用废石制备建筑材料及应用实例；第 8 章重点介绍了尾矿和废石高附加值利用及应用实例。

本书内容丰富、逻辑性强、重点突出，具有较高的学术价值和实用性，可供从事尾矿和废石资源综合利用的工程技术人员、科研人员及管理人员参考，也可供高等学校相关专业师生参阅。愿该书的付梓问世 能为我国矿山废物的综合开发利用提供借鉴和启迪。本书编著过程中，感谢许文远、杨超、侯国权、李宗楠、史采星、李文臣、刘光生、彭啸鹏、陈鑫政、谢兴山等提供的帮助。

限于编著者水平及编著时间，书中不足和疏漏之处在所难免，敬请读者提出修改建议。

编著者
2017 年 4 月

CONTENTS
目 录

第8章　尾矿和废石高附加值利用

附录

索引

第1章

绪论

1.1 尾矿和废石分类

1.1.1 尾矿的分类及特点

选矿中分选作业的产物之一，其中有用目标组分含量最低的部分称为尾矿。在当前的技术经济条件下，已不宜再进一步分选。但随着生产科学技术的发展，有用目标组分还可能有进一步回收利用的经济价值。尾矿并不是完全无用的废料，其往往含有可做其他用途的组分，可以综合利用；实现无废料排放，是矿产资源得到充分利用和保护生态环境的需要[1]。

不同种类和不同结构构造的矿石，需要不同的选矿工艺流程，而不同的选矿工艺流程所产生的尾矿，在工艺性质上，尤其在颗粒形态和颗粒级配上往往存在一定的差异。按照选矿工艺流程，尾矿可分为手选尾矿、重选尾矿、磁选尾矿、浮选尾矿、化学选矿尾矿、电选尾矿及光电选尾矿等类型。还可按照尾矿中主要组成矿物的组合搭配情况分类。《尾矿库工程分析与管理》按照矿石来分类，见表 1-1。《尾矿设施设计参考资料》给出了选矿学常用的分类方法，见表 1-2、表 1-3。1986 年冶金工业部和中国有色金属工业总公司指定的《上游法尾矿堆积坝工程地质勘察规程》中采用冶金建筑研究总院建议的，以颗粒组成为依据，确定了尾矿分类的体系；该分类体系基本是按砾、砂、土三大类区分的，其分界粒径分别为 2mm、0.1mm，即粒径大于 2mm 者，称为尾矿砾石；粒径小于 2mm 且大于 0.1mm 者，称为尾矿砂；粒径小于 0.1mm 者，称为尾矿土。在尾矿土中又以黏粒组含量（<0.005mm）分别定名为尾粉砂、尾亚砂、尾轻亚黏、尾重亚黏、尾矿泥五种，见表 1-4；修正后的尾矿分类标准大体上可与当时新修订的地基规范中的土分类呈近似对照。

表 1-1 尾矿按矿石分类

类别	尾矿	一般特性
软岩尾矿	细煤废渣、钾、天然碱不溶物	包含砂和粉砂质矿泥，因粉砂质矿泥中黏土的存在，可能控制总体性质

类别	尾矿	一般特性
硬岩尾矿	铅-锌、铜、金-银、钼、镍(硫化物)	可包含砂和粉砂质矿泥,但粉砂质矿泥常为低塑性或无塑性,砂通常控制总体性质
细尾矿	磷酸盐黏土、铝土矿红泥、铁细尾矿、沥青矿尾矿泥	一般很少或无砂粒级,尾矿的性态,特别是沉淀-固结特性受粉砂级或黏土级颗粒控制,可能造成排放容积问题
粗尾矿	沥青砂尾矿、铀尾矿、铁粗尾矿、磷酸盐矿、石膏尾矿	主要为砂或无塑性粉砂级颗粒,显示出似砂性及有利于工程的特性

表 1-2 尾矿按平均粒径 d_p 分类

分类	粗		中		细	
	极粗	粗	中粗	中细	细	极细
d_p/mm	>0.25	>0.074	0.074~0.037	0.037~0.03	0.03~0.019	<0.019

表 1-3 尾矿按某粒级所占百分数分类

分类粒级/mm	粗		中		细	
	+0.074	-0.019	+0.074	-0.019	+0.074	-0.019
所占百分比/%	>40	>20	20~40	20~50	<20	>50

表 1-4 尾矿按颗粒组成分类

类别	判定标准	名称
尾矿砂	>2.0mm 的颗粒占 10%~50%	尾砾砂
	>0.50mm 的颗粒占>50%	尾粗砂
	>0.25mm 的颗粒占>50%	尾中砂
	>0.10mm 的颗粒占>75%	尾细砂
尾矿土	<0.005mm 的颗粒占>30%	尾矿泥
	<0.005mm 的颗粒占 15%~30%	尾重亚黏
	<0.005mm 的颗粒占 10%~15%	尾轻亚黏
	<0.005mm 的颗粒占 5%~10%	尾亚砂
	<0.005mm 的颗粒占<5%	尾粉砂

《尾矿设施设计参考资料》给出了土力学常用的分类法(见表 1-5),中国最新版《尾矿堆积坝岩土工程技术规范》(GB 50547—2010) 规定,尾矿可根据其粒度组成和塑性指数按表 1-6 确定其类别和名称,尾矿的性状可根据其分类参照国家现行有关标准中相应土类的性状进行描述。

表 1-5 尾矿按塑性指数 I_P 分类

I_P	<1	1~7	7~17			>17
			7~10	10~13	13~17	
土壤名称	砂土	砂壤土	轻壤土	中壤土 壤土	重壤土	黏土

表 1-6　尾矿按粒度组成和塑性指数分类

类别	名称	分类标准
砂性尾砂	尾砾砂	粒径大于 2mm 的颗粒质量占总质量的 25%～50%
	尾粗砂	粒径大于 0.5mm 的颗粒质量超过总质量的 50%
	尾中砂	粒径大于 0.25mm 的颗粒质量超过总质量的 50%
	尾细砂	粒径大于 0.075mm 的颗粒质量超过总质量的 85%
	尾粉砂	粒径大于 0.075mm 的颗粒质量超过总质量的 50%
粉性尾矿	尾粉土	粒径大于 0.075mm 的颗粒质量不超过总质量的 50%，且塑性指数不大于 10
黏性尾矿	尾粉质黏土	塑性指数大于 10，且小于或等于 17
	尾黏土	塑性指数大于 17

注：1. 定名时应根据颗粒级配由大到小以最先符合者确定。

2. 塑性指数是表示细颗粒土塑性的参数，液限与塑限的差值称为塑性指数。

1.1.2　废石的分类及特点

目前关于矿山废石的统计和分类方式比较多，尚无明确的标准。有的是基于毒物危害的原则，或是根据形成条件，按矿物原料种类进行统计和分类；有的是根据废石利用的经济可行性，将废石作为生产社会有用产品的原料分阶段进行评价[2]。下面介绍从经济角度对废石进行分类。回收或再回收有用组分的技术可能性首先决定于废石中有用组分的品位和最低可选品位。

$$\alpha_i - \alpha_{io\sigma} \geqslant 0 \tag{1-1}$$

式中　　α_i ——废石中有用组分的品位，%；

$\alpha_{io\sigma}$ ——工业工艺可回收的有用组分最低品位，%。

其中 $\alpha_{io\sigma}$ 值要结合考虑矿物原料加工工艺领域中世界各国最新成就来确定。同时，在预测的基础上还要注意其应用前景。在对废石分类时，首先从回收或再回收有用组分可能性的角度应分出：a. 当前可利用的；b. 在 10～20 年内准备利用，因而应保存的；c. 无利用价值的。

其次对无利用价值的废石应作为建筑工业的可能原料（生产黏合物、有孔黏土、碎石及其他材料）进行评价，在此之前必须研究这些废石的物理-力学及其他性质是否符合国家标准的要求。

此外，废石可用作井巷的固体充填料。

根据上述原则，将废石分为能用的和不能用的两类；最后在对废石利用按上述两个方面进行技术可能性评价之后，剩下的没有任何价值的废石可算作废物，这时需要进行废石堆和尾矿场用地的复田工作，或腾出它们占用的土地作农业生产用。在后一种情况下，可将废石放入地下巷道，或用其充填采空的露天矿场、沟谷和坳沟等。废石分类之后，下一个评价阶段应对废石加工的赢利性进行详细的技术性和经济性论证；同时，要考虑该种矿物原料在某地区的需求和消费量以及由于复田、腾出所占用农田所避免的社会经济损失的数额。废石用作建筑材料的经济合理性，是通过废石破碎、材料运到用户的费用同专门采场采出的非金属原料的勘探、开采、破碎、运输费用进行比较确定的。废石和尾矿场复田造林、开辟公园等的合理性要结合考虑因避免环境污染所产生的不经济性。此外，还应注意附近是否有肥沃的、潜在肥沃的岩石和土壤的来源，以及运土石方法和生物方法复田的经济效益。在对废石堆放和腾出尾矿场占用耕地的具体方法选择进行论证时，应考虑该地区农业用地的保证程度。没有其他用处的废石（废物）可分为两类：可复田的和不适于复田的或应处理掉的。废石的分类见图 1-1。

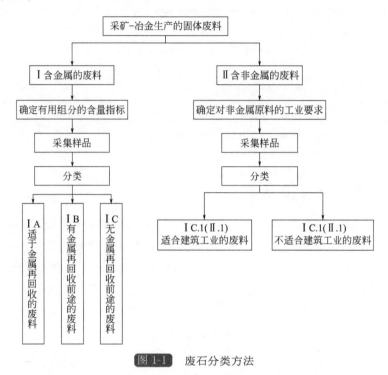

图 1-1 废石分类方法

1.2 我国尾矿和废石资源化利用概况

1.2.1 尾矿资源化利用概况

1.2.1.1 尾矿中金属再提炼

有色金属尾矿中大部分金属虽已经被提取，但是由于之前技术上的限制和成本的考虑，尾矿中往往还含有一定比例的有价金属，随着环境保护的要求日益提高和提炼技术的进一步发展，从尾矿中再提取金属是尾矿资源化利用的一个重要方向。

① 弓长岭选矿厂铁浮选尾矿利用悬振选矿机再选，在铁品位为 23.34% 的给矿条件下，经 0.074mm 分级，细粒级部分一次悬振选别可获得品位 64.35%、回收率 30.93% 的铁精矿，粗粒级通过磨矿后（磨矿细度 0.074mm85%）再悬振分选，获得的精矿铁品位为 59.93%、回收率 9.80%，综合精矿铁品位为 63.22%、回收率 40.73%，综合尾矿铁品位 12.58%。悬振选矿机作为绿色、高效微细粒级尾矿回收设备，为弓长岭选矿厂的铁浮选尾矿回收与再利用提供可选矿方案，其社会效益及经济效益显著[3]。

② 云南大红山铁尾矿，矿物粒度细、铁品位低，铁矿物主要为赤铁矿。采用传统的选矿工艺难以得到有效回收。朱运凡等采用强磁预选抛尾和悬振锥面选矿机精选的磁选-重选

联合工艺，有效地回收尾矿中的铁矿物，最终尾矿铁品位降至 10.45%，产出的铁精矿品位达到 54.02%，回收率为 34.68%[4]。

③ 鞍山地区铁矿资源量丰富，开采历史悠久，现在的尾矿累计堆存量已达到 $6.0×10^8$ t 以上，目前每年尾矿排放量仍接近 $4.0×10^7$ t。尾矿分为赤铁矿和磁铁矿两大类。对大孤山磁选矿厂采用盘式磁选机粗选，粗精矿再磨后经脱水槽、磁选机、细筛再选，每年可回收品位在 60% 左右铁精矿 $8×10^4$ t。本钢歪头山铁矿选矿厂为充分利用资源，在尾矿流槽中安装 1 台盘式磁选机，直接从选矿厂尾矿中回收粗精矿，尾矿品位降低 0.56%，回收粗精矿产率 2.46%，可实现年产值 588 万元。首钢水厂铁矿地处河北迁安境内，铁矿年产矿石 $1.1×10^7$ t；大石河铁矿，年产矿石 $8.0×10^6$ t。水厂和大石河尾矿库共堆存了约 $2.2×10^8$ t、TFe 品位在 10% 左右的尾砂。如果尾矿库中尾矿全部再选回收利用，预计可回收铁金属量 $6.6×10^6$ t，相当于生产品位 66% 的铁精矿 $1.0×10^7$ t。水厂铁选厂尾矿高效回收新工艺共投资 765 万元，实际精矿单位生产成本为 86.30 元/t。选厂每年处理原矿 $1.1×10^7$ t，尾矿量 $7.87×10^6$ t，尾矿经过再选后，将生产出品位 66.95% 的铁精矿 $2.88×10^5$ t，回收金属量 $1.928×10^5$ t，800 元/t（11 月迁安价）计价值 2.3 亿元。按原矿品位 25% 计算，年回收铁折合原矿量 $7.7×10^5$ t，每年少排尾矿量 $2.88×10^5$ t，每年减少占用尾矿库库容 $9.0×10^4$ m³ 左右，环境效益明显，且尾矿再选生产成本低于原矿生产成本，是磁铁尾矿回收的范例[5]。

④ 山东焦家金矿选厂尾矿中富含长石和一定量的铁、硫，邵广全对该矿的尾矿进行一系列的试验研究，采用"螺旋溜槽分级-螺旋溜槽中强磁除铁-长石反浮选脱硫"工艺，以 BK-413 和丁基黄药为捕收剂，得到 34.76% 的长石粉以及产率 0.13%、含金 23.08g/t 的金精矿[6]。

⑤ 许世伟等[7]对内蒙古包头市泉山金矿尾矿采用"微生物氧化预处理-硫脲法"综合回收尾矿中的金。尾矿经氧化亚铁硫杆菌预处理 5d，预处理过程中采用 90W 功率的超声波强化预处理效果，之后将预处理过的尾矿进行硫脲法浸金，其中液固比为 2:1、浸出温度为 25℃、pH 值为 2、硫脲浓度为 15g/L，浸出时间为 60min，最终浸出率可达 60% 以上。

1.2.1.2 尾矿制备建筑材料

我国尾矿资源粒度小，大部分选矿排出和堆存的尾矿颗粒较小，尾矿中化学成分和建筑材料相近，都是碳酸盐、硅酸盐矿物及黏土等成分组成的，因此尾矿应用于建筑材料也有其先天优势[8~10]。尾矿制备建筑材料的具体技术应用主要分为以下几个方面。

（1）尾矿制作建筑用砖

尾矿制作建筑用砖，相关研究和应用已经证明利用尾矿制砖不仅在技术上而且在经济上也是可行的，尾矿作为一种废弃资源用于制砖可以大大替代传统制砖消耗大量的黏土，减少对环境和耕地的破坏，具有很好的经济效益和环境效益。我国已经通过制定法规来限制生产实心黏土砖，同时在尾矿制砖上进行了研究应用，取得了良好效果，可以生产不同类型不同用途的建筑用砖，产品更加多样化，技术更加先进化。例如，马鞍山矿山研究院采用齐大山、歪头山的尾矿成功地制成了免烧砖。焦家金矿已引进国家"双免"砖生产技术，每年消耗尾矿 $6.0×10^4$ t，取得了很好的经济效益。

（2）用作公路路基材料

用作公路路基材料。公路路基铺料对化学成分要求较低，要求材料的强度和硬度，尾矿作为强度较高的固体颗粒比较适合，一方面将尾矿应用于铺路无需太多的深加工，降低了经济成本，也减轻了环境压力；另一方面，大量使用尾矿作为材料，可以减少尾矿堆放的压力。上海梅山铁矿、江苏吉山铁矿、首钢大石河铁矿等一些矿山把选矿过程中抛出的废石、磁选过程中产生的尾矿直接作为建材产品并且利用自身选矿工艺，结合当地实际情况，也取得一定经济效益和环境效益。

（3）尾矿制备生产水泥和混凝土

尾矿制备生产水泥和混凝土。尾矿中的某些微量元素影响熟料的形成和矿物的组成，从而提高水泥质量。国内外目前应用于制备水泥的主要是铅锌尾矿和铜尾矿，尾矿可用于替代原料，其中含有的微量元素还可以起到特殊作用，有效地提高质量和能耗。例如，凡口铅锌矿利用含方解石、石灰石为主的尾矿生产水泥，年生产水泥 1.5×10^5 t，其标号达到 600 号。杭州市钼铁矿研究用钼铁尾矿代替部分水泥原料烧制水泥的生产技术，并成功验收，收到了明显的经济效益。另外，根据不同要求，尾矿颗粒可以不需要加工而作集料使用，提高混凝土的耐久性和强度。

（4）尾矿用来制玻璃、微晶玻璃及陶瓷

国内利用尾矿制取微晶玻璃、陶瓷等的研究很早就开始了，制备出的玻璃和陶瓷可供地面、墙面装饰之用，陶瓷可代替天然花岗岩作高级装饰材料。同济大学与上海玻璃器皿二厂合作，以安徽琅琊山铜矿尾矿为原料，已研制出可代替大理石、花岗岩和陶瓷面砖等具有高强、耐磨和耐蚀的铜尾矿微晶玻璃。大厂铅锌尾矿中含硅 80% 以上，并含有一定数量的钾长石和钠长石，多年来一直是株洲玻璃厂生产平板玻璃、压花玻璃和玻璃球的重要原料之一。中国地质科学院研究采用尾矿砂烧出工业陶瓷和日用陶瓷，品质优良，符合国家相关质量标准和环保要求，已投入批量生产。

1.2.2 废石资源化利用概况

1.2.2.1 废石提取有价成分

江西德兴铜矿是我国最大的露采斑岩铜矿，含铜低于 0.3% 的矿石作为废石丢弃，废石中含铜 0.25%～0.3% 的矿石约占总储量的 20%。为了回收这部分资源，德兴铜矿采用堆浸—萃取—电积工艺提取废石中的铜，已建成年产商品铜 1000t 的湿法冶铜厂。该矿 10 多年来已处理含铜品位 0.25%～0.3% 的矿石 5500 多万吨，回收铜 1.47×10^5 t，黄金 11.6t，取得了较好的经济效益。

紫金山金矿 1 年采剥废石量 1.5×10^7 m³ 以上，为充分利用资源，紫金矿业启动了固体废物（含金 0.3～0.7g/t）二次资源化综合利用工程，对含金 0.2～0.3g/t 低品位废石采用"挑块品位分级法"回收资源，实现了低品位矿石的回收利用，为企业创造了新的经济效益。

1.2.2.2 生产建筑材料

铁矿区多数围岩具有力学性能稳定、强度高的特点，因此在后续开发中所生产的岩石能够广泛用于道路、厂房、铁路等工程建设，可以满足市场需求。尤其是对于矿区周围是平原、丘陵的地区，由于建筑石材来源缺乏，矿区生产的石材具有广泛的市场需求前景[11]。

参 考 文 献

[1] 王峰举. 我国有色金属尾矿资源化利用现状与趋势 [J]. 有色金属文摘，2015，(05)：26-27.

［2］焦明富，姚红，薛红梅. 试论矿山废石的分类及其综合利用［J］. 新疆有色金属，2007，30，（2）：8-9.

［3］李小娜. 悬振选矿机在弓长岭选矿厂铁尾矿再选中的应用［J］. 矿产综合利用，2016，（03）：80-82.

［4］朱运凡，杨波，卢琳. 云南大红山铁尾矿再选新工艺研究［J］. 矿冶，2012，（01）：35-38.

［5］秦煜民. 磁选尾矿铁资源回收利用现状与前景［J］. 中国矿业，2010，（05）：47-49.

［6］邵广全. 焦家金矿选矿厂尾矿综合利用选矿工艺研究［J］. 国外金属矿选矿，2006，（07）：41-43.

［7］许世伟. 用微生物氧化预处理-硫脲法综合回收金尾矿中金的研究［D］. 包头：内蒙古科技大学，2014.

［8］邓湘湘. 我国有色金属矿山固体废物利用现状与研究［J］. 湖南有色金属，2011，（05）：75-77.

［9］李颖，张锦瑞，赵礼兵，等. 我国有色金属尾矿的资源化利用研究现状［J］. 河北联合大学学报（自然科学版），2014，（01）：5-8.

［10］王峰举. 我国有色金属尾矿资源化利用现状与趋势［J］. 有色金属文摘，2015，（05）：26-27.

［11］孙超铨. 废石利用的新途径［J］. 采矿技术，2005，5（1）：11-12.

第2章

尾矿和废石基本特性

2.1 尾矿物理、化学性质

矿山尾矿是矿石选矿过程中的排放废料，是金属矿产资源开发利用过程中排放的主要固体废料，具有量大、集中、颗粒细小的特点，往往占采出矿石量的 40%～99%。依据《土的分类标准》(GBJ 145—90) 规定的土颗粒粒径范围划分，尾矿的物理形态和砂土类似，主要的物理化学性质有相对密度和容重、孔隙率和孔隙比、颗粒级配、化学成分等。

2.1.1 尾矿基本物理性质

2.1.1.1 相对密度

相对密度的定义为：尾矿在 105～110℃下烘干至恒重时的质量与尾矿同体积 4℃纯水质量的比值，无量纲。尾矿的粒径普遍小于 5mm，采用比重瓶法进行测定。

容重(最小干密度) 是处于松散状态的尾矿单位体积所具有的质量，单位为 g/cm³。

相对密度试验参照《土工试验规程》(SL 237-005-1999)[1]，采用比重瓶法测定，步骤如下。

1) 将干尾矿约 12g，用漏斗装入烘干了的比重瓶内并称其质量，得瓶加砂的质量 m_1，准确至 0.001g。

2) 将已装入干尾矿的比重瓶注纯水至瓶的 1/2 处。摇动比重瓶，使尾砂初步分散，然后将比重瓶放在电热砂浴上煮沸排气，煮沸时间从开始沸腾时算起不小于 30min。亦可用真空抽气法排气，时间不少于 1h。

3) 将蒸馏水注满经排气后装有试样的比重瓶，然后放比重瓶于恒温水槽内，待瓶内悬液温度稳定后（与恒温水槽内的水温相同），测记水温（T），准确至 0.5℃。取出比重瓶，擦干比重瓶外部水分，称瓶加水加砂的总质量（m_4），准确至 0.001g。

4) 根据测得的温度，从已绘制的温度与瓶、水总质量关系曲线中查得瓶水总质量（m_3）。按下式计算相对密度：

$$d_s = \frac{m_0}{m_0 + m_3 - m_4} \cdot G_{iT}$$

(2-1)

$$m_0 = m_1 - m_2$$

式中　d_s——相对密度；

　　　m_0——干尾砂质量，g；

　　　m_1——瓶加砂质量，g；

　　　m_2——瓶质量，g；

　　　m_3——比重瓶、水总质量，g；

　　　m_4——比重瓶、水、试样总质量，g；

　　　G_{iT}——T℃时纯水的相对密度。

2.1.1.2　孔隙率

孔隙比是指尾矿中孔隙体积与固体颗粒体积之比，用 ε 表示孔隙比。

孔隙率是指堆放的松散尾矿总体积中孔隙体积所占的百分率，用 ω 表示孔隙率，则有：

$$\varepsilon = \omega/(1-\omega) \tag{2-2}$$

相对密度 d_s、容重 $\rho_{a\min}$ 和孔隙率 ω 之间有如下关系：

$$\rho_{a\min} = d_s/(1-\omega) \tag{2-3}$$

2.1.1.3　渗透系数

渗透系数主要反映充填尾砂渗透脱水的难易程度，即透水性，通常用渗透系数（cm/h）表示。

常水头渗透试验用于测试粗粒土的渗透系数，变水头渗透试验用于测试细粒土的渗透系数。

（1）常水头渗透试验

试验采用基马式渗透仪测定尾砂的渗透系数，试验装置见图 2-1。

根据达西定律，渗透系数 K 计算公式如下：

$$K = VL/(Aht) \tag{2-4}$$

式中　K——水温 T℃时的渗透系数，cm/s；

　　　V——t 时间内的渗透水量，cm³；

　　　L——二测压孔间的试验长度，cm，通常 $L=10$cm；

　　　A——试样断面积，cm²；

　　　h——平均水位差，cm；

　　　t——测定时间，s。

工程中一般以 20℃的渗透系数为标准。计算公式如下：

$$K_{20} = K_T \cdot \frac{\eta_T}{\eta_{20}} \tag{2-5}$$

式中　η_T、η_{20}——T℃和 20℃时水的动力黏滞系数，kPa·s/10⁶。

（2）变水头渗透试验

试验采用南 55 型变水头渗透仪测定尾砂的渗透系数。渗透容器由环刀、透水板、套筒及上、下盖组成。参见图 2-2 变水头渗透装置。

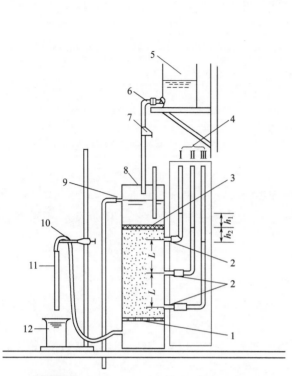

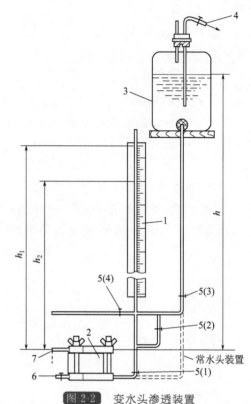

图 2-1　基马式渗透仪测定尾砂渗透系数示意

1—金属网格；2—测压孔；3—砾石层；4—玻璃测压管；
5—供水瓶；6—供水管；7—管夹；8—封底金属网；
9—溢水管；10—支架；11—调节管；12—量筒

图 2-2　变水头渗透装置

1—变水头管；2—渗透容器；3—供水瓶；4—接水源管；
5—进水管夹；6—排气管；7—出水管

按式(2-6)计算渗透系数：

$$k_T = 2.3 \frac{aL}{At} \lg \frac{h_1}{h_2} \tag{2-6}$$

式中　a——变水头管截面积，cm^2；

　　　L——渗径，等于试样高度，cm；

　　　h_1——开始时水头，cm；

　　　h_2——终止时水头，cm；

　　　A——试样的断面积，cm^2；

　　　t——时间，s；

　　　2.3——ln 和 lg 之间的换算系数。

国内部分矿山尾矿的基本物理性质见表 2-1。

表 2-1　尾矿的基本物理性质

矿山名称	安庆铜矿	甲玛铜多金属矿	凡口	金川	冬瓜山	锡矿山
相对密度	2.969	2.88	3.00	2.75	3.21	2.50
容重/(g/cm³)		1.91	1.73	1.32	1.7	1.54
孔隙率/%		33.68	42.3	44	47.1	38.4
渗透系数/(cm/h)		0.35			2.65	5.4

2.1.2 尾矿化学成分

尾矿是选矿厂在特定经济技术条件下，将矿石磨细、选取"有用组分"后所排放的废物，也就是矿石经选别出精矿后剩余的固体废料。一般是由选矿厂排放的尾矿矿浆经自然脱水后所形成的固体矿业废料，是固体工业废料的主要组成部分，其中含有一定数量的有用金属和矿物，可视为一种"复合"的硅酸盐、碳酸盐等矿物材料，并具有粒度细、数量大、可利用性大的特点。通常尾矿作为固体废料排入尾矿库中。

2.1.2.1 尾矿的选矿工艺类型

不同种类和不同结构构造的矿石需要不同的选矿工艺流程，而不同的选矿工艺流程所产生的尾矿，在工艺性质上，尤其在颗粒形态和颗粒级配上，往往存在一定的差异，因此按照选矿工艺流程，尾矿可分为如下类型。

（1）手选尾矿

因为手选主要适合于结构致密、品位高、与脉石界限明显的金属或非金属矿石，因此，尾矿一般呈大块的废石状。根据对原矿石的加工程度不同，又可进一步分为矿块状尾矿和碎石状尾矿，前者粒度差别较大，但多在 100～500mm 之间，后者多在 20～100mm 之间。

（2）重选尾矿

因为重选是利用有用矿物与脉石矿物的密度差和粒度差选别矿石，一般采用多段磨矿工艺，致使尾矿的粒度组成范围比较宽。分别存放时，可得到单粒级尾矿；混合储存时，可得到符合一定级配要求的连续粒级尾矿。按照作用原理及选矿机械的类型不同，可进一步分为跳汰选矿尾矿、重介质选矿尾矿、摇床选矿尾矿、溜槽选矿尾矿等。其中，前两种方法选别的尾矿粒级较粗，一般大于 2mm；后两种方法选别的尾矿粒级较细，一般小于 2mm。

（3）磁选尾矿

磁选主要用于选别磁性较强的铁锰矿石，尾矿一般为含有一定量铁质的造岩矿物，粒度范围比较宽，一般从 0.05mm 到 0.5mm 不等。

（4）浮选尾矿

浮选是有色金属矿产的最常用的选矿方法，其尾矿的典型特点是粒级较细，通常在 0.02～0.5mm 之间，且小于 0.074mm 的细粒级占绝大部分。

（5）化学选矿尾矿

由于化学药液在浸出有用元素的同时，也对尾矿颗粒产生一定程度的腐蚀或改变其表面状态，一般能提高其反应活性。

（6）电选尾矿及光电选尾矿

目前这种选矿方法用的较少，通常用于分选砂矿床或尾矿中的贵重矿物，尾矿粒度一般小于 1mm。

2.1.2.2 尾矿的成分

尾矿的成分包括化学成分与矿物成分，无论何种类型的尾矿，其主要组成元素有 O、Si、Ti、Al、Fe、Mn、Mg、Ca、Na、K、P 等几种，但它们在不同类型的尾矿中其含量差别很大，且具有不同的结晶化学行为。

尾矿的化学一般采用电感耦合等离子体(Inductive Coupled Plasma，ICP) 光谱发生仪，对尾矿中所含的金属元素进行半定量分析，根据测试结果确定定量测试的元素种类后，再进行化学元素分析。矿物成分可通过 X 射线衍射仪（X-ray diffraction，XRD）测得。

根据我国一些典型金属和非金属矿山的资料统计，各矿山尾矿化学成分和矿物组成见表2-2。

表 2-2　我国几种典型矿床尾矿的化学成分

尾矿类型	化学成分/%											
	SiO_2	Al_2O_3	Fe_2O_3	TiO_2	MgO	CaO	Na_2O	K_2O	SO_3	P_2O_5	MnO	烧失量
鞍山式铁矿	73.27	4.07	11.60	0.16	4.22	3.04	0.41	0.95	0.25	0.19	0.14	2.18
岩浆型铁矿	37.17	10.35	19.16	7.94	8.50	11.11	1.60	0.10	0.56	0.03	0.23	2.74
火山型铁矿	34.86	7.42	29.51	0.64	3.68	8.51	2.15	0.37	12.46	4.58	0.13	5.52
矽卡岩型铁矿	33.07	4.67	12.22	0.16	7.39	23.04	1.44	1.40	1.88	0.09	0.08	13.47
矽卡岩型铁矿	35.66	5.06	16.55		6.79	23.95	0.65	0.47	7.18			6.54
矽卡岩型钼矿	47.51	8.04	8.57	0.55	4.71	19.71	0.55	2.10	1.55	0.10	0.65	6.46
矽卡岩型金矿	47.94	5.78	5.74	0.24	7.97	20.22	0.90	1.78		0.17	6.42	
斑岩型钼矿	65.29	12.13	5.98	0.84	2.34	3.35	0.60	4.62	1.10	0.28	0.17	2.83
斑岩型铜钼矿	72.21	11.19	1.86	0.38	1.14	2.33	2.14	4.65	2.07	0.11	0.03	2.34
斑岩型铜矿	61.99	17.89	4.48	0.74	1.71	1.48	0.13	4.88				5.94
岩浆型镍矿	36.79	3.64	13.83		26.91	4.30			1.65			11.30
细脉型钨锡矿	61.15	8.50	4.38	0.34	2.01	7.85	0.02	1.98	2.88	0.14	0.26	6.87
石英脉型稀有矿	81.13	8.79	1.73	0.12	0.01	0.12	0.21	3.62	0.16	0.02	0.02	
长石石英矿	85.86	6.40	0.80		0.34	1.38	1.01	2.26				
碱性岩型稀土矿	41.39	15.25	13.22	0.94	6.70	13.44	2.98					1.73

表 2-3 和表 2-4 为凡口铅锌矿尾矿化学成分。

表 2-3　凡口铅锌尾矿化学成分

元素	结果/%	元素	结果/%
Al	1.90	Li	＜0.05
As	0.11	Mg	0.95
Ba	0.052	Mn	0.15
Be	＜0.05	Ni	＜0.05
Bi	＜0.05	Pb	0.50
Ca	12.96	Sb	＜0.05
Cd	＜0.05	Sn	＜0.05
Co	＜0.05	Sr	＜0.05
Cr	＜0.05	Ti	0.07
Cu	0.070	V	＜0.05
Fe	12.28	Zn	0.65
K	0.90	Na	0.053

表 2-4　凡口铅锌尾矿化学组成

成分	SiO₂	Al₂O₃	TFe	Pb	MgO	CaO	Na₂O	Zn
含量/%	32.07	3.59	12.28	0.50	1.58	18.14	0.14	0.65
成分	K₂O	TiO₂	P₂O₅	MnO	S	Cu	烧失量	
含量/%	2.17	0.12	0.11	0.19	12.95	0.07	11.38	

图 2-3 为凡口尾矿 XRD 衍射图谱，尾矿中主要含有石英、绿锈、方解石、白云母和硫化亚铁，其化学组成分别为 SiO_2、$Fe_6(OH)_{12}(CO_3)$、$CaCO_3$、$(K,Na)(Al,Mg,Fe)_2$ $(Si_{3.1}Al_{0.9})O_{10}(OH)_2$ 和 FeS。

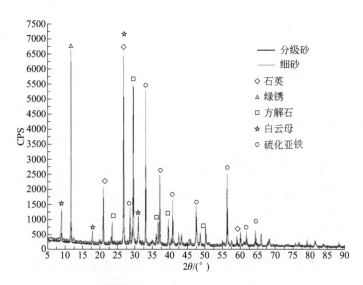

图 2-3　凡口尾矿 XRD 衍射图谱

表 2-5 和表 2-6 为安庆尾矿化学成分。

表 2-5　安庆尾矿化学成分

元素	结果/%	元素	结果/%
Al	3.00	Li	<0.05
As	<0.05	Mg	5.69
Ba	<0.05	Mn	0.15
Be	<0.05	Ni	<0.05
Bi	<0.05	Pb	<0.05
Ca	13.95	Sb	<0.05
Cd	<0.05	Sn	<0.05
Co	<0.05	Sr	<0.05
Cr	<0.05	Ti	<0.05
Cu	0.080	V	<0.05
Fe	8.00	Zn	<0.05

表 2-6　安庆尾矿化学组成

成分	SiO$_2$	Al$_2$O$_3$	TFe	FeO	MgO	CaO	Na$_2$O
含量/%	46.52	6.20	7.86	5.44	8.99	19.20	1.64
成分	K$_2$O	TiO$_2$	P$_2$O$_5$	MnO	S	Cu	烧失量
含量/%	0.25	0.27	0.18	0.21	0.61	0.11	5.08

图 2-4 为安庆尾矿 XRD 衍射图谱,主要矿物组成为绿脱石、方石英、董青石、透辉石、铁韭闪石及珍珠云母,各矿物化学组成分别为 Na$_{0.3}$Fe$_2$Si$_4$O$_{10}$(OH)$_2$·4H$_2$O、SiO$_2$、Mg$_2$Al$_4$Si$_5$O$_{18}$、Ca(Mg,Al)(Si,Al)$_2$O$_6$、NaCa$_2$Fe$_4$AlSi$_6$Al$_2$O$_{22}$(OH)$_2$ 及 CaAl$_2$(Si$_2$Al$_2$)O$_{10}$(OH)$_2$。

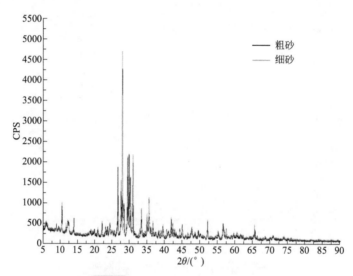

图 2-4　安庆尾矿 XRD 衍射图谱

2.1.3　尾矿粒级组成

尾矿的粒级组成,是指尾矿中各粒径范围颗粒的相对含量,各级含量用占总重量的百分数表示。粒级组成可用列表法(传统的方法为筛分法和水析法)。现代新兴科技的发展使激光和微电子技术应用到粒度测量领域,产生了先进的激光粒度分析技术,它利用激光粒度分析仪,根据激光与颗粒之间相互作用的光散射原理(Fraunhofer 衍射理论和 Mie 光散射理论等),得到激光探测到的颗粒粒径及其分布,其主要用于有色金属矿产的粒径较细的尾矿。

粒级组成曲线通常都画在半对数坐标纸上,横坐标表示尾矿颗粒的粒径,纵坐标表示尾矿颗粒在该粒径以下各级所占总重量的百分数。粒级组成曲线能比较直观的表示出粒径相对大小和颗粒的均匀程度。坡度较陡的线段表示粒径比较均匀。

在工作中,也常用粒级组成的某种特征值来表达其组成情况,常用的特征值有以下几种。

(1)加权平均粒径(d_j)

其求法是:把一个试样按粒径大小筛分成若干粒级,并定出每一粒级上下极限粒径 d_{max} 和 d_{min},以及这一粒级在总试样中所占重量百分比 G_i;然后,先求出每一粒级的算术

平均粒径 d_p，$d_p = \dfrac{d_{\max} + d_{\min}}{2}$ ；再用加权平均的方法求出整个试样的加权平均粒径 d_j 。

如令试样划分的粒级数目为 n ，则试样的加权平均粒径 d_j 可用下式求之：

$$d_j = \frac{\sum\limits_{i=1}^{n} d_p \cdot G_i}{100} \tag{2-7}$$

由式（2-7）可见，同一试样由于划分粒级的方式和数目不同，求得的加权平均粒径的数值也不一定完全相同。应说明的是，无论是平均粒径或是加权平均粒径都是相对的数值。

（2）粒级组成不均匀系数（α）

若以 d_p 代表平均粒径，而 d_{90}、d_{60} 和 d_{10} 分别代表相当于粒级组成曲线上颗粒百分含量占 90％、60％和 10％处的粒径时，则以 $\alpha = \dfrac{d_{90}}{d_{10}}$ 或 $\alpha = \dfrac{d_{60}}{d_{10}}$ 来反映颗粒组成的不均匀情况。当 α 值越大时，表示充填料中大小颗粒相差越悬殊，粒级组成很不均匀。α 值永远大于 1。

总之，尾矿粒级组成影响着充填体的渗透性和压缩沉降率，而且是水力输送计算和设备选择的重要原始资料，也是选择破碎筛分方法和确定加工工艺流程的重要依据。

2.1.3.1 分级尾砂

不同矿山的全尾砂，其粒级组成各不相同。由于不同矿山充填工艺和充填体强度的不同要求，常常要对不能满足生产条件的全尾砂进行不同程度的分级处理。对尾砂进行分级的指标通常以 $37\mu m$ 为界限。分级界限的确定，要与生产实践相结合，根据具体的生产情况和尾砂的粒级级配而定。在国内外的充填矿山中，许多都选用分级尾砂作充填材料。国内部分矿山分级尾砂的粒级组成见表 2-7。

表 2-7　一些充填矿山分级尾砂的粒级组成

矿山名称	粒级组成								
黄砂坪	粒径/mm	0.2	0.147	0.074	0.043	−0.043			
	产率/%	4.77	12.89	32.79	43.15	6.40			
铜录山	粒径/mm	0.053	0.038	0.027	0.017	0.01	−0.01		
	产率/%	77.6	14.9	3.6	1.7	0.6	1.6		
凤凰山	粒径/mm	0.053	0.038	0.027	0.019	−0.019			
	产率/%	92.16	6.29	0.99	0.16	0.40			
东乡矿	粒径/mm	0.50	0.30	0.217	0.15	0.121	0.104	0.077	0.05	−0.04
	产率/%	0.15	1.08	3.82	11.37	12.21	3.72	14.43	20.73	28.45
锡矿山	粒径/mm	0.3	0.15	0.105	0.074	0.037	0.02	0.01		
	产率/%	22.5	15.0	20.5	7.50	21.17	9.31	4.02		
招远	粒径/mm	0.18	0.15	0.125	0.09	0.075	0.063	0.053	0.044	−0.044
	产率/%	41.0	13.5	8.0	17.5	4.3	4.8	2.0	1.0	8.0
焦家	粒径/mm	0.9	0.28	0.105	0.076	0.04	0.024	0.016	<0.016	
	产率/%	0.642	5.916	49.096	20.794	14.948	6.03	1.246	1.338	

矿山名称	粒级组成								
金川	粒径/mm	0.1	0.08	0.06	0.05	0.04	0.03	0.02	−0.02
	产率/%	27.5	15.5	25.0	7.0	5.0	3.0	2.0	15

表 2-8 为安庆铜矿尾矿激光粒度分析汇总结果。

表 2-8　安庆尾矿激光粒度分析汇总结果

粒径/μm	筛下分计/%	筛下累计/%	粒径/μm	筛下分计/%	筛下累计/%
0.40	0.07	0.07	65.00	2.43	32.03
0.50	0.25	0.32	70.00	2.39	34.42
0.60	0.30	0.62	74.00	1.87	36.29
0.70	0.29	0.91	75.00	0.47	36.76
0.80	0.26	1.17	80.00	2.27	39.03
0.90	0.24	1.41	85.00	2.21	41.24
1.00	0.20	1.61	90.00	2.14	43.38
1.50	0.75	2.36	95.00	2.06	45.44
2.00	0.59	2.95	100.00	1.98	47.42
2.50	0.55	3.50	110.00	3.73	51.15
3.00	0.51	4.01	120.00	3.43	54.58
3.50	0.45	4.48	130.00	3.16	57.74
4.00	0.46	4.92	140.00	2.90	60.64
4.50	0.41	5.33	150.00	2.68	63.32
5.00	0.39	5.72	160.00	2.46	65.78
5.50	0.34	6.08	170.00	2.27	68.05
6.00	0.36	6.42	180.00	2.11	70.16
6.50	0.32	6.74	190.00	1.95	72.11
7.00	0.31	7.05	200.00	1.81	73.92
7.50	0.29	7.34	210.00	1.68	75.60
8.00	0.27	7.61	220.00	1.56	77.16
9.00	0.51	8.12	230.00	1.46	78.62
10.00	0.47	8.59	250.00	2.63	81.25
15.00	1.95	10.54	260.00	1.19	82.44
20.00	1.67	12.21	270.00	1.12	83.56
25.00	1.71	13.92	280.00	1.04	84.60
30.00	1.87	15.79	290.00	0.98	85.58
35.00	2.04	17.83	300.00	0.91	86.49
38.00	1.30	19.13	310.00	0.86	87.35
40.00	0.89	20.02	320.00	0.81	88.16
43.00	1.38	21.40	340.00	1.47	89.63
45.00	0.94	22.34	360.00	1.31	90.94
50.00	2.39	24.73	380.00	1.15	92.09
55.00	2.43	27.16	400.00	1.02	93.11
60.00	2.44	29.60	450.00	2.07	95.18

粒径/μm	筛下分计/%	筛下累计/%	粒径/μm	筛下分计/%	筛下累计/%
500.00	1.54	96.72	700.00	0.36	99.56
550.00	1.12	97.84	800.00	0.33	99.89
600.00	0.81	98.65	900.00	0.09	99.98
650.00	0.55	99.20	1000.00	0.02	100.00

图 2-5 为安庆尾矿粒级分布曲线，安庆尾矿 d_{10} 为 $13.494\mu m$，d_{50} 为 $106.834\mu m$，d_{90} 为 $345.389\mu m$。粒级组成不均匀系数分别为 9.33。

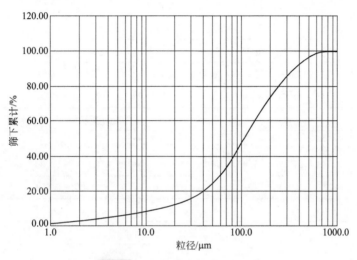

图 2-5 安庆尾矿粒级分布曲线

2.1.3.2 全尾砂

过去几乎所有用尾砂作充填料的矿山都采用分级尾砂，随着充填工艺技术的进步和新工艺的产生，如膏体充填、高水速凝充填等新工艺的产生，使得全尾砂作充填料有了广阔的天地。但又由于尾砂中含有的硫是有害物质，在用全尾砂作胶结充填的工程中应通过试验，查明其有害物质对充填体的影响程度。另外，采用全尾砂进行充填，不能对其透水性提出过多的要求。

矿山常用的尾砂分类方法见表 2-9。

表 2-9 矿山常用的尾砂分类方法

分类方法	粗		中		细	
按粒级所占百分含量分	+0.074mm	−0.019mm	+0.074mm	−0.019mm	+0.074mm	−0.019mm
	>40%	<20%	20%~40%	20%~55%	<20%	>50%
按平均粒径 d_{CP} 分	极粗	粗	中粗	中细	细	极细
	>0.25mm	>0.074mm	0.074~0.037mm	0.037~0.03mm	0.03~0.019mm	<0.019mm
按岩石生成方法分	脉矿(原生矿)		砂矿(次生矿)			
	含泥量小，<0.005mm 细泥少于 10%，例如南芬矿尾砂		含泥量大，一般大于 30%~50%，例如云锡大部分尾矿			

国内部分矿山的全尾砂粒级组成见表 2-10。

表 2-10　国内部分矿山的全尾砂粒级组成

矿山名称	粒级组成										
凡口铅锌矿	粒级/mm	0.296	0.152	0.074	0.037	0.019	0.013	−0.013			
	产率/%	2.90	7.97	7.85	6.15	4.14	1.84	18.36			
	累计/%	2.90	10.87	18.72	24.87	29.01	30.85	49.21			
大红山铜矿	粒径/mm	0.074	0.037	0.018	0.010	−0.01					
	产率/%	28.00	32.90	22.20	6.40	10.50					
	累计/%	28.00	60.90	83.10	89.50	100.0					
武山铜矿	粒级/mm	0.5	0.3	0.15	0.074	0.05	0.04	0.03	0.01	−0.01	
	产率/%	0.54	3.21	27.19	24.91	14.34	14.34	1.83	9.05	9.54	
	累计/%	0.54	3.75	30.94	55.85	70.19	72.02	72.02	90.46	100	
金城金矿	粒级/mm	0.45	0.28	0.18	0.154	0.125	0.098	0.076	0.05	0.02	0.01	−0.01
	产率/%	3.16	15.52	23.31	19.8	13.19	11.85	1.64	4.36	5.58	1.25	0.33
	累计/%	3.16	18.68	41.99	61.79	74.98	86.83	88.47	92.83	98.41	99.66	99.99
金川公司一选厂	粒径/mm	0.128	0.064	0.032	0.016	0.008	0.004	0.002	0.001	−0.001	
	产率/%	0.4	20.4	12.8	8.8	17	12.5	7.6	6.1	3.6	
金川公司二选厂	粒径/mm	0.128	0.064	0.032	0.016	0.008	0.004	0.002	0.001	−0.001	
	产率/%	0.8	24.0	12.1	7.9	15.4	10.8	6.2	4.9	3.5	

表 2-11 为甲玛尾矿激光粒度分析汇总结果。

表 2-11　甲玛尾矿激光粒度分析汇总结果

粒径/μm	筛下分计/%	筛下累计/%	粒径/μm	筛下分计/%	筛下累计/%
1.0	5.26	5.26	13.0	1.33	31.42
1.1	0.60	5.86	14.0	1.27	32.69
2.0	3.70	9.56	15.0	1.21	33.90
3.0	3.14	12.70	16.0	1.15	35.05
3.1	0.29	12.99	17.0	1.11	36.16
5.0	4.87	17.86	18.0	1.06	37.22
6.0	2.20	20.06	19.0	1.02	38.24
7.0	2.00	22.06	20.0	0.98	39.22
7.5	0.94	23.00	25.0	4.44	43.66
8.0	0.90	23.90	30.0	3.80	47.46
8.5	0.86	24.76	35.0	3.33	50.79
9.0	0.84	25.60	38.0	1.81	52.60
9.5	0.81	26.41	40.0	1.15	53.75
10.0	0.78	27.19	43.0	1.62	55.37
11.0	1.49	28.68	45.0	1.04	56.41
12.0	1.41	30.09	50.0	2.41	58.82

粒径/μm	筛下分计/%	筛下累计/%	粒径/μm	筛下分计/%	筛下累计/%
60.0	4.27	63.09	200.0	4.80	89.86
70.0	3.69	66.78	300.0	5.49	95.35
74.0	1.34	68.12	400.0	2.54	97.89
80.0	1.89	70.01	500.0	1.26	99.15
90.0	2.86	72.87	600.0	0.59	99.74
100.0	2.53	75.40	650.0	0.13	99.87
150.0	9.12	84.52	700.0	0.06	99.93
154.0	0.54	85.06	800.0	0.07	100.00

图 2-6 为甲玛尾矿粒级分布曲线，甲玛尾矿 d_{10} 为 2.129μm，d_{50} 为 33.752μm，d_{90} 为 201.758μm。粒级组成不均匀系数分别为 28.2。

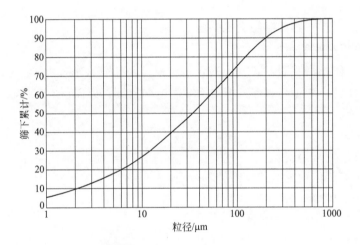

图 2-6　甲玛尾矿粒级分布曲线

2.2　废石物理、化学性质

矿山废石是矿床开采过程中排放的主要固体废料源之一，主要有井下掘进废石、回采过程中的剔除废石以及露天采场剥离废石。根据开采工艺不同，其废石的产出率差别很大。露天开采废石产出率高，地下开采的废石产出率较低。一般条件下的地下开采，其掘进废石料产出率较低，往往低到占出矿石量的10%。即使在脉状或矿体规模较小的极端条件下，采掘废石的最大产率也不到采出矿石量的50%。

每座矿山的岩石类型存在差异，产生的废石的性质也就不一样。废石料的这些性质对充填料的工作特性和强度特性有一定的影响。废石料性质包括以下几种。

① 废石料的矿物成分。

② 废石料的物理特性，包括密度、孔隙率、吸水率，以及作为充填料的废石粒度组成。

③ 废石料的力学特性。

2.2.1 废石基本物理性质

废石料的物理性质指的是密度、体积密度、孔隙率和吸水率等。密度性能为固有属性，其他性能与废石料的制备工艺有关。

2.2.1.1 密度

测定废石的密度时，将被测废石物料破碎至 0.25mm，置于 105～110℃ 温度下烘干至恒重，取一定量的干试样置于一定容积的容器中进行测试。根据测试值按式（2-8）计算其密度，取 3 次测试结果的平均值作为测定值。

$$\rho = \frac{g_0}{g_0 + g_1 - g_2} \tag{2-8}$$

式中　ρ ——废石密度，g/cm^3；

　　g_0 ——干试样重，g；

　　g_1 ——容器与容器中注满水的合重，g；

　　g_2 ——试样在容器中注满水的合重，g。

2.2.1.2 体积密度和实密度

测定废石料的体积密度时，将烘干的废石装满一定容积的容器，称出总质量减去容器的质量后为废石的净重。净重与容器容积之比即为体积密度，见式（2-9）。取 3 次测试结果的平均值作为测定值。

$$\rho_v = \frac{g_1 - g_0}{V} \tag{2-9}$$

式中　ρ_v ——废石的体积密度或实密度，g/cm^3；

　　g_0 ——容器质量，g；

　　g_1 ——容器与试样干重，g；

　　V ——容器容积，cm^3。

废石料的实密度是指废石颗粒之间相互嵌布密实的体积密度，这时废石集料的孔隙率最小。实密度的测试方法基本上与体积密度的测试方法相同，只是往容器中装入废石时需分 2～3 次装入，并按规定振动，直至装满为止。

2.2.1.3 孔隙率

废石的孔隙率可根据所测的密度和体积密度按以下公式计算：

$$q = \left(1 - \frac{\rho_v}{\rho}\right) \times 100\% \tag{2-10}$$

式中　q ——废石料的孔隙率，%；

　　ρ_v ——废石的体积密度，g/cm^3；

　　ρ ——废石密度，g/cm^3。

2.2.1.4 吸水率

废石吸水率是试样自由吸入水的质量与废石干质量之比值，其计算方法为：

$$K_w = \frac{g_1 - g_0}{g_0} \times 100\% \tag{2-11}$$

式中　K_w ——废石吸水率，%；

g_1——试样浸泡 12h 后在空气中的称重，g；

g_0——试样烘干重，g。

由上述测定方法，安庆铜矿废石料物理基础参数测定结果见表 2-12。

表 2-12　安庆铜矿废石料物理基础参数表

废石	表观密度 /(g/cm³)	松散体积密度 /(g/cm³)	压实体积密度 /(g/cm³)	空隙率 /%	含水率 /%	含泥量 /%
大理岩	2.975	1.887	2.202	36.38	6.07	5.1
闪长岩	2.778	1.543	1.895	44.71	1.41	3.1

2.2.2　废石化学成分

废石化学特性主要指废石集料碱活性、硫化物及硫酸盐含量。废石集料按照《建筑用卵石、碎石》(GB/T 14685—2011) 标准试验测试，针对安庆铜矿测试结果见表 2-13。

表 2-13　安庆铜矿废石料化学特性测定表

废石料	快速碱-硅酸反应 14d 膨胀率/%	硫化物及硫酸盐含量/%
大理岩	0.083	0.2
闪长岩	0.022	0.36

根据 GB/T 14685—2011 规定，集料碱活性(快速碱-硅酸反应) 判定准则为：当 14d 膨胀率小于 0.1% 时，在大多数情况下可以判定为无潜在碱-硅酸反应危害；当 14d 膨胀率大于 0.2% 时，可以判定为有潜在碱-硅酸反应危害；当 14d 膨胀率在 0.1%～0.2% 之间时，不能最终判定有潜在碱-硅酸反应危害，可以按碱-硅酸反应方法再进行试验来判定。试验用快速碱-硅酸反应测试结果：大理岩为 0.083%，闪长岩为 0.022%；均小于 0.1%，可以判定大理岩和闪长岩均无潜在碱-硅酸反应危害。

硫化物及硫酸盐含量的测定结果：大理岩为 0.2%，闪长岩为 0.36%；两者均小于《建筑用卵石、碎石》(GB/T 14685—2011) 硫化物及硫酸盐含量规定的Ⅰ类指标<0.5%。

2.2.3　废石的力学特性

废石的力学特性包括废石试块的单轴抗压强度、抗拉强度、弹性模量、泊松比、内摩擦角、内聚力等。不同岩石类型具有不同的性能指标。由于岩石成因条件和相关影响条件的不同，因此即使是同种岩石类型，其力学指标仍有较大的变化区间(见表 2-14)。因此，针对每个矿床的岩石均需要进行取样测试。

表 2-14　几种废石的力学特性。

岩石类型	抗压强度/MPa	抗拉强度/MPa	弹性模量/MPa	泊松比	内摩擦角/(°)	内聚力/MPa
花岗岩	98～245	7～25	$(50～100)×10^3$	0.2～0.3	45～60	15～16
石英岩	150～340	10～30	$(60～200)×10^3$	0.1～0.25	50～60	20～60
大理岩	100～250	10～30	$(10～90)×10^3$	0.2～0.35	35～50	15～30
砂岩	20～200	4～25	$(10～100)×10^3$	0.2～0.3	15～30	3～20
石灰岩	50～200	5～20	$(50～100)×10^3$	0.2～0.35	35～50	20～50

岩石类型	抗压强度/MPa	抗拉强度/MPa	弹性模量/MPa	泊松比	内摩擦角/(°)	内聚力/MPa
白云岩	80～250	15～25	$(40～80)×10^3$	0.2～0.35	15～30	3～20
页岩	10～100	2～10	$(20～76)×10^3$	0.2～0.4	15～50	3～20

2.2.4 废石粒度组成

废石的粒度组成既取决于岩体或岩石的节理裂隙等构造特性和强度等力学指标,还与废石的生产工艺有十分重要的关系。对于自然级配的掘进废石,取决于岩体构造特性与爆破工艺及其爆破参数;对于破碎废石的自然级配,则主要取决于岩石的力学特性与破碎工艺流程。

废石料粒度组成可采用四分法取样进行筛分测定。一般将试样拌匀后按四分法取50kg,在105～119℃温度下烘至恒重,将其冷却至室温时进行筛分。5mm以上的集料用ϕ500mm金属筛进行手筛,5mm以下的集料则用ϕ200mm的振动筛,然后对不同粒径段的筛下量按质量进行分级和累计。

表2-15和表2-16为安庆铜矿废石粒度组成。

表 2-15 安庆铜矿废石——大理岩粒度组成

粒径/mm	+200～-400	+100～-200	+50～-100	+25～-50	+10～-25	-10
分计/%	9.44	20.36	21.87	18.40	14.56	15.37
筛下累计百分比/%	100.00	90.56	70.20	48.33	29.93	15.37

表 2-16 安庆铜矿废石——闪长岩粒度组成

粒径/mm	+400	+200～-400	+100～-200	+50～-100	+25～-50	+10～-25	-10
分计/%	6.68	16.62	20.89	18.14	12.73	8.85	16.09
筛下累计百分比/%	100.00	93.32	76.70	55.81	37.67	24.94	16.09

金川公司棒磨砂取材于戈壁卵砂石,卵砂石经"两段一闭路"的破碎工艺和棒磨工艺后加工成-5mm棒磨砂用以充填。卵砂石和棒磨砂的物理参数如表2-17所列,棒磨砂的化学成分见表2-18,-5mm棒磨砂级配见表2-19。

表 2-17 戈壁卵砂石和棒磨砂物理参数

序号	参数名称	单位	参数值
1	卵砂石自然容重	t/m³	2.26
2	卵砂石干燥容重	t/m³	2.67
3	卵砂石堆集容重	t/m³	1.84
4	卵砂石含水率	%	1～3
5	卵砂石自然安息角	(°)	35.5
6	卵砂石自然级配	>10mm	62%
		2～10mm	16%
		0.1～2mm	20%

序号	参数名称	单位	参数值
7	卵砂石含土率	%	1～3
8	棒磨砂干燥容重	t/m³	2.67
9	棒磨砂松散容重	t/m³	1.45
10	棒磨砂空隙率	%	45.69

表 2-18　棒磨砂的化学成分　　单位:%

成分	SiO_2	MgO	Fe_2O_3	SO_3	Al_2O_3	CaO	Cr_2O_3	Na_2O	K_2O	TiO_2	其他
棒磨砂	63.6	3.68	3.44			1.39	0.132				1.39

表 2-19　－5mm 棒磨砂级配

筛孔直径 /mm	中位粒径 /mm	金川矿山现用棒磨砂级配	
		粒级频度/%	负累计分布/%
5.00	＋5.00	1.6	100.00
2.50	3.75	6.2	98.4
1.25	1.875	14.9	92.2
0.63	0.94	27.1	77.3
0.31	0.47	28.4	50.2
0.074	0.192	14.9	21.8
－0.074	0.0375	6.9	6.9
0	0	0	0

2.3　尾矿矿物组成及加工特性

我国矿产种类齐全，资源蕴藏丰富，在已探明矿产储量中共生、伴生矿床为 80%左右，具有很高的综合利用价值。在金属矿床中，除铁、锰、铬、汞和锑矿有约 50%以单一矿形式产出外，其他金属矿很大部分都是共生、伴生的综合矿；钴、铋、贵金属及稀散金属矿则都以共生、伴生矿产出。在非金属矿床中，在煤系地层中共生、伴生着十分丰富的高岭土、高铝黏土、膨润土、硅藻土、石墨矿等，其储量都占我国相应矿产储量 50%以上，其中石墨数量居世界第一。

目前，全国开发利用的 139 个矿产资源中，有 87 个矿产部分或是全部来源于共生、伴生矿产，占总数的 62.6%。仅对 23 个矿区伴生组分的统计，其潜在价值达 1600 多亿元，占总潜在价值的 37%以上。如广东大宝山多金属矿伴生有用元素多达 17 种，若能回收利用，其价值可达 100 亿元以上。个别生产矿山共生、伴生矿产的价值甚至超过主矿产，如广东泰美花岗岩风化壳铌铁矿区，在回收铌铁矿时，将长石、石英等非金属矿产作为陶瓷、玻璃原料予以回收，其产值约占矿区年产值的 80%。

有的矿山仅一种共生、伴生组分就达到了大型矿床的规模，如黑龙江的多宝山铜矿，伴生有 10 种以上的有价元素，其中仅伴生的黄金就达 98t。

全国铜矿储量中有将近 1/5 是伴生铜矿，而单一矿产仅占总储量的 9%。据统计，与铜矿伴生的几种主要有价组分达到：铝 8.74×10^5 t，铅 1.07×10^6 t，锌 3.34×10^6 t，镍 5.593×10^6 t，钴 2.42×10^5 t，金 7.3×10^6 t，铂族金属 1.88×10^6 t，此外还含有 1.08745×10^8 t 硫。全国 1434.65t 金储量中，伴生金的储量占 21.3%（305.79t）。我国伴生硫储量达 6.0122×10^8 t。

但是，由于历史、技术设备、管理及市场因素等多种原因，全国对共生、伴生矿进行综合开发的只占其总数的 1/3，综合利用率近 20%，矿产资源总回收率只有 30%。就不同矿种来说，我国能源总利用率为 30%，铁矿为 30%，有色金属矿为 20%。据 2011 年中国矿业联合会对 1845 个重要矿山调查统计，综合利用有用组分 70% 以上的矿山仅占 2%，综合利用有用组分 50% 的矿山不到 15%，低于 25% 的矿山占 75%。据资料统计，国外先进国家共伴生矿产资源综合利用率均在 50% 以上，比我国高 30%；而煤矸石、粉煤灰的综合利用率，国外最好水平是基本完全利用[2~5]。

2.3.1 尾矿中有价金属的回收

我国共生、伴生矿产多，矿物嵌布粒度细，以采选回收率计，铁矿、有色金属矿、非金属矿分别为 60%～67%、30%～40%、25%～40%，尾矿中往往含铜、铅、锌、铁、硫、钨、锡等，以及钪、镓、钼等稀有元素及金、银等贵金属。尽管这些金属的含量甚微、提取难度大、成本高，但由于废物产量大，从总体上看这些有价金属的数量相当可观。尾矿一般是选矿厂将矿石磨细，选取有用组分后排放的尾矿浆经过自然脱水后形成的固体废物，具有数量大、成本低、可利用性好等特点。尾矿含有价金属品位较低，在常规选冶工艺中无法回收，不具有回收价值，一些新型提取方法对规模处理极低品位的矿石或尾砂具有十分可观的经济效益。此外，在尾矿中，由于技术、经济原因，不能回收利用某些稀有贵重金属或没有认识到其价值，如嫁、铟、铌、钽等，均造成大量浪费。

一般情况下，最有价值的各种金属必须首先提取出来，这是矿山固体废物资源化的重要途径。目前我国有色金属矿山和冶炼企业综合回收的伴生黄金占全国黄金产量的 10% 以上，伴生白银占白银产量的 90%，伴生硫占产量的 47%，铂族金属全部是冶炼厂回收的。例如，金川有色金属公司是我国共生、伴生矿产资源综合利用的三大基地之一，十多年来依靠科技进步和资源综合利用，使镍的产量增长了 4.1 倍，伴生铜和钴的冶炼回收率达 88%，铂、钯、金的冶炼回收率达 70%，资源综合利用取得的经济效益达 25 亿元。

2.3.1.1 铁尾矿

铁尾矿成分复杂，种类繁多，作为一种复合矿物原料，除了含少量金属组分外，其主要矿物组分为脉石矿物，包括石英、辉石、长石、石榴石、角闪石等，化学成分以铁、硅、镁、钙、铝的氧化物为主。目前，我国堆存的铁尾矿量高达十几亿吨，占全部尾矿堆存总量的近 1/3。因此，铁尾矿再选已引起钢铁企业的重视，并已采用磁选、浮选、酸浸、絮凝等工艺从铁尾矿中再回收铁，有的还补充回收金、铜等有色金属，经济效益更高[6]。

① 歪头山铁矿选矿厂采用 JHC 型矩环式永磁磁选机和 BX 磁选机，构成磁铁矿高效回收工艺。每年可从尾矿中回收品位 65% 铁精矿 5.52×10^4 t。

② 马钢南山铁矿凹山选矿厂、大孤山选矿厂用中钢集团马鞍山矿山研究院设计的

$\phi500\text{mm}\times4$ 圆盘磁选机选别尾矿，年回收铁精矿 $(4\sim8)\times10^4\text{t}$。

③ 梅山铁矿、昆钢大红山铁矿选矿厂采用高梯度强磁选机回收尾矿中的铁矿物，每年可多产精矿 $(7\sim15)\times10^4\text{t}$，获得了较好的技术效益、经济效益。

④ 攀枝花铁矿年产铁矿石 $1.35\times10^7\text{t}$，同时又从铁尾矿中回收了钒、钛、钴、钪等多种有色金属和稀有金属。

⑤ 包钢选矿厂尾矿中稀土氧化物（REO）的平均品位在 7% 左右，与原矿稀土品位相当。于秀兰提出碳热氯化法提取包钢选矿厂尾矿中稀土的新工艺，实验结果表明，在脱氟剂 $AlCl_3$ 存在下，800℃氯化反应 2h，稀土的提取率高达 83.48%。

⑥ 针对山西省南部有丰富的矽卡岩型铁矿资源，尾矿中金含量一般在 $(0.3\sim0.7)\times10^{-6}$，并且大部分为中粗粒金，单体解离度可达 71.5%，贺轶才开发制造了集金盘重选设备，经生产验证取得了满意的效果。

⑦ 武钢大冶铁矿等矿山，尾矿中可综合回收利用的有价元素有 Fe、Cu、S、Co、Ni、Au、Ag、Se 8 种。根据尾矿的性质，确定采用泥砂分选方案。实验研究结果表明，金、银、铜、钴、硫、铁的回收率分别为 39.08%、19.97%、11.37%、26.96%、52.74% 和 52.59%。按现在价格计算可创产值达 5.23 亿元。

2.3.1.2　金属和非金属尾矿

有色金属的尾矿由矿石、脉石及围岩中所含多种矿物组成，通常含有硅酸盐、碳酸盐和多种化学元素，其主要化学成分为 SiO_2、CaO、MgO、Al_2O_3、Fe_2O_3 等，具有以下特点：a. 尾矿中含多种金属元素且关系复杂，颗粒极细，多数小于 $74\mu\text{m}$，数量大、易流动、输送浓度低；b. 大多数是硫化物尾矿，易氧化形成酸性水；c. 有少量的有毒有害物质，如既有矿石中带来的如铜、铅、砷、汞等，也有药剂中带来的氰化物、重铬酸盐、黄药、黑药等。

① 任浏伟等通过对锡品位为 0.29% 的锡石-多金属硫化矿尾矿先浮选脱硫，脱硫产品再进行选锡的研究表明，经过 3 次精选后，最终得到锡精矿产率 2.17%、品位 8.56%、回收率 61.32% 较好的选别指标。云南云龙锡矿采用重选-磁选，重选-浮选-磁选两种选矿工艺从锡尾矿回收锡；栗木锡矿也成功应用先重选后浮选流程，从老尾矿中回收锡，使锡的回收率达到 63.11%。

② 刘忠明、刘翔等对鄂东南地区综合利用程度不高的尾矿进行了研究，其研究表明分布在大冶市东部，阳新县北部和东部的铜矿山尾矿含铜较高。其中，铜铁矿亚类 TFe 较高，S 较低，Pt＋Pd 较高；铜钼矿亚类 TFe 较高，S 较低，Se 高；铜矿亚类 TFe 较高，S 低，As 较高。根据其尾矿特性，铜绿山铜铁矿建成了尾矿回收系统，依照广州有色金属研究院推荐的再磨-硫化浮选-磁选流程，对选矿厂的尾矿进行处理，利用该工艺平均每年可从尾矿中回收铜 200t，铁精矿 $3\times10^4\text{t}$，黄金 10 余千克，白银 100 余千克，在为公司创造经济利益的同时也为保护环境做出了突出贡献。

③ 苏州高岭土矿是中国规模最大的高岭土生产基地。中国高岭土公司经过多次更新改造，使高岭土产品的产能及质量的稳定性得到大幅度提高，但每年仍有 $1.0\times10^5\text{t}$ 左右富含大量高岭土的尾矿产生。翟栋、孙体昌、朴道贤等根据其尾矿性质，经摇床分选出的硫化矿产品中含铅 2.19%，含锌 2.94%，采用混合浮选流程，在不磨矿的情况下，用石灰抑制黄铁矿、戊基黄药为捕收剂混合捕收铅锌，得到了铅品位 31.67%、铅回收率 83.11%，锌品位 31.27%、锌回收率 68.17% 的混合精矿，加强这部分有价金属的回收，不仅提高了高岭

土尾矿的利用价值，为企业带来了可观的经济效益，同时也避免资源的浪费，促进了矿山经济的循环发展。

④ 倪青林针对福建某铅锌尾矿矿石特征，采用螺旋溜槽，对铅锌尾矿进行泥砂分选后分别浮选，可获得产率 45.59% 的混合硫精矿，含硫 31.22%，硫的回收率为 90.60%。若按年处理尾矿量 1.0×10^5 t 计算，每年可产硫精矿 4.5×10^4 t，可以为企业带来显著的经济效益。此外，每年可减少尾矿排放量约 5.0×10^4 t，节约了大量土地，减轻了尾矿对环境的压力，具有显著的社会效益。

2.3.1.3　黄金尾矿

金矿开采过程中，剥离及掘进时产生的无工业价值的矿床围岩和岩石称为废石。矿石提取黄金精矿后所排出的废渣即为黄金尾矿。黄金尾矿呈碱性（pH＞10），尾矿中 SiO_2、CaO 含量较高，同时含有一定量的 MgO、Al_2O_3、Fe_2O_3 和少量贵金属(如 Au、Ag)、重金属(如 Cu、Pb、Zn)。由于金矿矿石性质、提金工艺的不同，尾矿的矿物性质、有价金属元素含量等也会有所变化；但也存在一定的共性，例如矿物相通常以石英、长石、云母类、黏土类及残留金属矿物为主等；矿物粒度很细，泥化现象严重等[7,8]。

① 陕南安康金矿根据选矿厂的尾矿特性，通过实践，采用磁选-重选联合流程对尾矿进行再选，先用两段干式磁选工艺从尾矿中分选出磁铁矿、赤铁矿（合称铁精矿）、钛铁矿与石榴子石连生体，再用摇床分选尾矿中的金。利用该工艺，安康金矿每年可获得铁精矿 1700t，重选金 2.187kg，创产值 44.12 万元。而毗邻的汉阴金矿则采用湿式磁选机从尾矿中分选出铁精矿，然后对尾矿再用"焙烧-磁选"工艺分选出钛铁矿与石榴子石。初步估算，每年可产铁精矿 1700t、钛铁矿 360t、石榴子石 468t、选铁时未选净的磁铁矿 216t，并可回收黄金 1.218kg，共创产值 170 万元。

② 长春黄金研究院对黑龙江省老柞山金矿从氰化尾矿中回收铜进行了实验研究，粒度为 0.074mm、95% 的氰化尾矿中的铜品位为 0.305%、砷品位为 2.08%，采用浮选工艺从尾矿中直接抑砷选铜。该工艺简单易行、技术较先进，获得铜 18.32%、金 9.69g/t、银 99.20g/t、硫 33.60%、砷 0.07% 的合格铜精矿，铜回收率为 89.07%。

③ 1985 年山东省七宝山金矿从选金尾矿中回收硫精矿，最初使用硫酸活化法，由于成本太高，于 1996 年下半年采用旋流器预处理工艺，即先用旋流器对选金尾矿浆进行浓缩脱泥，弃掉细泥部分再用一次粗选、一次扫选的浮选流程选硫。该工艺不用硫酸，降低了作业成本，获得硫精矿品位达到 37.6%、回收率 82.46% 的较好技术经济指标，且精矿含泥少，易沉淀脱水，年增加经济效益约 120 万元。

2.3.2　尾矿在建材中的应用

金属矿山尾矿的物质组成千差万别，但其中基本的组分及开发利用途径是有规律可循的。矿物成分、化学成分及其工艺性能这三大要素构成尾矿利用可行性的基础。磨细的尾矿构成了一种复合矿物原料，加上微量元素的作用，具有许多工艺特点。研究表明，尾矿在资源特征上与传统的建材、陶瓷、玻璃原料基本相近，实际上是已加工成细粒的不完备混合料，加以调配即可用于生产，因此可以考虑进行整体利用。由于不需对这些原料再做粉碎和其他处理，制造出的产品往往节省能耗，成本较低，一些新型产品往往价值较高，经济效益十分显著。工艺试验表明，大多数尾矿可以成为传统原料的代用品，乃至成为别具特色的新型原料。如高硅尾矿（$SiO_2 > 60\%$）可用作建筑材料、公路用砂、陶瓷、玻璃、微晶玻璃花岗岩及硅酸盐新材料原料，高铁（$Fe_2O_3 > 15\%$）或含多种金属的尾矿可作色瓷、包釉、水泥配料及新型材料原料等[9~12]。

目前，我国建筑业仍处于不断发展之中，对建材的需求量有增无减，这无疑为利用尾矿生产建材提供了一个良好契机。

2.3.2.1　尾矿制砖

（1）利用尾矿研制生产烧结砖

烧结砖瓦产品是现代建筑不可缺少的一种建筑材料，但是现在的烧结砖瓦产品的生产存在着影响可持续发展的社会问题，怎样有效、合理使用工业废渣替代黏土原料生产烧结砖瓦产品成为当务之急。抚顺石油化工公司热电厂为保护环境，减少粉煤灰外排与储存费用，2000年初决定建设6000万块/年的粉煤灰烧结砖生产线，总投资2530万元，于2001年3月建成投产。工艺流程大致为原料混均、沉化、对辊破碎、成型、焙烧等，生产出来的烧结砖块具有耐久性好、装饰功能强、永不褪色等特点。

齐大山铁矿，以千枚岩和绿泥石作为主要原料，用煤矸石（发热量2550~2680kcal/kg）❶ 或矿山烧结厂烧结炉渣（发热量140kcal/kg）、水、选矿尾砂作为添加物，以适当比例混合制成砖坯，通过对烧成砖的质量、添加物种类和添加物比例进行研究，选取适当配料，掺配一定的内燃料，采用合适的生产工艺、设备，经原料制备和陈化处理，可以满足半硬塑挤出成型、一次码烧和超内燃焙烧的现代化制砖工艺要求，烧成温度控制在970~1140℃，生产出优质烧结多孔砖，物理性能完全达到砖块要求。

（2）利用尾矿研制生产免烧砖

尾矿免烧砖具有生产工艺简单、投资少、见效快的特点。一般工艺过程是：以细尾砂为主要原料，配入少量的骨料、钙质胶凝材料及外加剂，加入适量的水，均匀搅拌后在压力机上模压成型，脱模后标准养护后即成尾矿免烧砖成品。济南钢铁集团总公司郭店铁矿投资30万元采用选矿后的尾矿为主要原料，并配以钢渣粉及少量的水泥，生产出尾矿免烧砖。该砖外观色彩比较鲜艳，装饰效果好，其各项生产技术指标也均能达到普通黏土红砖的技术指标要求。

在科研研究方面，高春梅等对镁质矽卡岩型铁矿尾矿成分、组成、性质等做了分析，并对尾矿免烧砖工艺中几个影响因素进行了研究，探讨出配比量为尾砂25%、水泥10%、水12%，外加剂3%（占水泥用量）时生产出来的免烧砖最好，性能指标满足国家标准，为类似矿山尾矿利用提供了理论依据和实践经验。

Shmari S.等[13]为了制作出环保砖而选用了美国亚利桑那州图森地区的铜尾矿为原材料，提出了NaOH浓度、含水率、成型压力和养护温度4个主要因素对于试样砖的物理机械性质的影响。他们分析了铜尾矿，其含有64.8%的SiO_2，并且有大约36%的尾矿的颗粒粒度在200目以下。研究结论表明：试样的无侧限抗压强度随着60~120℃出现了先上升后下降的趋势，并在90℃时达到最大值，而NaOH的浓度在15mol/L时试样的强度要优于浓度为10mol/L时，在90℃ NaOH的浓度为15mol/L时，试样强度接近15MPa；当含水率为18%时，在0.2MPa的成型压力下，试样强度可达到33.7MPa，并且其强度会随着成型

---

❶　1kcal≈4185.85J，下同。

压力的增大而增大，在成型压力为 25MPa 时其达到最佳值，随后不会出现大幅度增长。

梁嘉琪[14]对贵州省贵定盛源矿业有限责任公司锌尾矿渣进行了化学分析和粒度分析后，进行了 3 组总共 24 个配方的实验室小型配比试验，最终确定了 2 个配方的半工业试验，配方为：A 锌尾矿：砂子：水泥＝70：15：15；B 锌尾矿：砂子：水泥＝60：25：15，用水量为 10%～12%。试验结果表明，在自然条件下养护 50d 后，使用配方 B 制得的标准砖符合 MU10 等级，后续的泛霜和放射性检验均合格。因此，在配比中提高砂子的含量，可以帮助试样获得高的强度。

Zhou 等[15]对废弃的磷石膏制作成免烧砖的可行性进行了评估，发现了一种全新的水化后再结晶的过程对于砖样的形成有指导性意义。通过条件试验后得知，当磷石膏：河沙：水泥：熟石灰＝75：19.5：4：1.5 时，此配比下强度达到最佳，符合 MU20 等级的标准；而养护的龄期对强度的形成也具有比较大的影响，试验发现，当龄期达到 28d 后其强度可以达到 21.8MPa，随后其增幅不明显。

2.3.2.2 尾砂在水泥中的应用

1）倪明江等[16]选取烧失量低于 10%，SO_3 含量低于 3%，SiO_2、Al_2O_3 含量较高，适于作水泥混合材的 6 种金属尾矿进行水泥混合材活性试验研究。6 种金属尾矿分别按 10%、15%、20%、25%、30% 与熟料、石膏进行配比。试验结果表明：6 种金属尾矿不同掺配比活性试验的 R28 在 68.72%～76.54% 之间，高于活性混合材 R28 为 62% 的判定指标，由此可认为此 6 种尾矿均属于活性混合材，可单独用作水泥活性混合材；6 种金属尾矿掺配比在小于 30% 的范围内，水泥安定性、凝结时间等性能指标均符合普通硅酸盐水泥要求；6 种金属尾矿掺配比在小于 30% 的范围内其强度均满足 32.5R 等级水泥强度要求；尾矿掺配比为 10% 时，6 种金属尾矿除 3 号尾矿外均满足 42.5R 等级水泥强度要求。符合要求的金属尾矿用作水泥混合材，将扩大水泥混合材来源，降低水泥粉磨能耗和成本，实现尾矿的资源化和水泥工业的可持续发展。

2）施正伦等[17]为开发利用大量堆弃危害环境的金属尾矿固体废弃物，根据其富含多种微量元素（Fe_2O_3 质量分数较高），且熔点较低的特点，将其作为矿化剂和铁质原料生产水泥开展试验研究。用铜尾矿按质量比为 5% 的掺量配制水泥生料，在实验室高温炉不同温度条件下进行水泥熟料煅烧试验。对熟料样品的 f-CaO、化学成分和 X 衍射矿物成分分析表明，在 1300℃煅烧温度下，f-CaO 质量分数低于 1%，C_3S 质量分数达 56.79%，熟料矿物组成与不加尾矿的传统配料水泥熟料基本相同，而烧成温度比传统配料降低了 100～150℃。金属尾矿用作水泥矿化剂和铁质原料烧制水泥熟料，能降低水泥熟料烧成能耗，减少水泥生产成本，提高熟料产量和质量，实现尾矿的资源综合利用，并能有效地保护环境。

2.3.2.3 尾矿在陶瓷材料中的应用

现代高科技对陶瓷材料的性能要求越来越高，沿袭传统的工艺方法已不可能制造出高性能的、适应各种特殊用途的陶瓷材料。陶瓷非传统工艺的创新与突破已成为陶瓷材料发展的关键。近年来，世界陶瓷非传统工艺技术发展十分迅速，借助这些新工艺，使得原来陶瓷无法达到和实现的技术和性能成为现实。运用和发展这些新工艺，为开拓陶瓷材料的新领域创造了条件。利用尾矿研制生产陶瓷打破了传统上以黏土为原料，在有效利用废弃尾矿、减轻环境压力的同时也使得陶瓷的性能得到了很大的改善。但从目前的资料来看，尚没有利用尾矿进行大规模陶瓷工艺生产的生产线[18,19]。

2.3.2.4 尾矿在微晶玻璃生产中的应用

微晶玻璃是近似 $CaO\text{-}Al_2O_3\text{-}SiO_2$ 系统的玻璃，经热处理后（微晶化处理）含硅灰石微晶或近似 $CaO\text{-}Al_2O_3\text{-}SiO_2$ 系统的玻璃就成为含铁橄榄石制品的高级建筑材料。微晶玻璃作为一种新型微晶材料，以其优异的耐高温、耐腐蚀、高强度、高硬度、高绝缘性、低介电损耗、化学稳定性在国防、航空航天、电子、生物医学、建材等领域获得了广泛的应用。在2010年远景规划中，微晶玻璃被规划为国家综合利用行动的战略发展重点和环保治理的重点，被称为跨世纪的综合材料。

矿业尾矿中含有制备微晶玻璃所需的 CaO、Al_2O_3、SiO_2 等基本成分，因此，利用尾矿制备各种性能的微晶玻璃，不仅能够实现资源的充分和有效利用，而且可解决尾矿堆存所带来的环境和经济成本等问题，实现经济、环境和社会的多重效应。

北京科技大学以大庙铁矿尾矿和废石为主要原料制成了尾矿微晶玻璃花岗岩，其成品抗压强度、抗折强度、光泽度、耐酸碱性等均达到或超过天然花岗岩。

刘维平等[20]用铜尾矿研制的微晶玻璃板材和彩色石英砂具有很好的理化性能，与天然石材理化性能相当。

金矿尾砂主要矿物组成为石英、钠长石、白云母，此外还有少量的钾长石，其主要化学成分是 Al_2O_3 和 SiO_2，且还含有制造硅酸盐玻璃所必需的其他原料 MgO、CaO、K_2O、Na_2O 和 B_2O_3 等，只要引入一些其他氧化物，调整它们的比例，制成玻璃是可行的。

邢军、宋宁志、徐小荷[21]根据微晶玻璃的基础组成，选择镁铝硅酸盐系统作为配方依据，组成 $MgO\text{-}Al_2O_3 \cdot SiO_2$ 系统，在尾砂中加入镁、铝质材料，制得了堇青石型微晶玻璃。

参 考 文 献

[1] 中华人民共和国行业标准. 土工试验规程（SL237-1999）[S]. 1999.

[2] 张锦瑞，等. 金属矿山尾矿综合利用与资源化 [M]. 北京：冶金工业出版社，2002.

[3] 杜林华. 我国矿山尾矿、废石综合利用现状及其管理制度建设研究 [D]. 北京：中国地质大学，2008.

[4] 蒋家超等. 矿山固体废物处理与资源化 [M]. 北京：冶金工业出版社，2007.

[5] 李颖，张锦瑞，赵礼兵，等. 我国有色金属尾矿的资源化利用研究现状 [J]. 河北联合大学学报（自然科学版），2014，(01)：5-8.

[6] 刘永光，王晓雷. 铁尾矿资源化综合利用的发展 [J]. 现代矿业，2010，(02)：28-30.

[7] 姚志通，李金惠，刘丽丽，等. 黄金尾矿的处理及综合利用 [J]. 中国矿业，2011，(12)：60-63.

[8] 李礼，谢超，陈冬梅，等. 金尾矿综合利用技术研究与应用进展 [J]. 能源环境保护，2012，(03)：1-4.

[9] 李洪国，张洪林. 年产 6000 万块粉煤灰烧结砖生产线改造及探讨 [J]. 辽宁建材，2004，(01)：16-17.

[10] 项阳，宋守志. 利用矿山废弃物生产烧结多孔砖的工艺研究 [J]. 辽宁建材，2003，(04)：10-11.

[11] 宋守志，项阳. 利用矿山废弃物生产烧结砖 [J]. 墙材革新与建筑节能，2003，(08)：25-27.

[12] 高春梅，邹继兴. 镁质矽卡岩型铁矿尾矿免烧砖 [J]. 河北理工学院学报，2003，(04)：1-7.

[13] Shmari S. Production of eco-friendly bricks from copper mine tailings through geopolymerization [J]. construction and Building Materials，2012.

[14] 梁嘉琪. 利用锌尾矿渣生产非烧结砖的探索 [J]. 墙材革新与建筑节能，2006，(07)：25-27.

[15] Zhou J. Utilization of waste phosphogypsum to prepare non-fired bricks by a novel Hydration-recrystallizationprocess [J]. Construction and Building Materials，2012.

[16] 倪明江，焦有宙，骆仲泱，等. 金属尾矿作水泥混合材活性试验研究 [J]. 环境科学学报，2007，(05)：868-872.

[17] 施正伦，骆仲泱，林细光，等. 尾矿作水泥矿化剂和铁质原料的试验研究 [J]. 浙江大学学报（工学版），2008，

(03)：506-510.

[18] 袁定华. 稀土尾矿在陶瓷坯釉中的应用 [J]. 陶瓷研究，1991，(03)：121-127.

[19] 张会敏. 利用铁矿尾矿生产卫生洁具 [J]. 陶瓷，2002，(01)：28-30.

[20] 刘维平，邱定蕃，苍大强. 铜尾矿在装饰材料中的应用 [J]. 中国矿业，2003，(09)：18-19.

[21] 邢军，宋守志，徐小荷. 金矿尾砂微晶玻璃的制备 [J]. 中国有色金属学报，2001，11，(2)：319-322.

第3章
尾矿和废石综合利用途径

现在，一般将矿山尾矿、废石归为矿山二次资源。矿山尾矿、废石的综合利用包括在矿山二次资源的利用范围内。因此，研究我国矿山尾矿、废石综合利用应以矿山二次资源管理研究为基础。

矿产资源是指天然赋存于地壳内部或地表，由地质作用形成的，呈固态、液态或气态的，具有经济价值或潜在经济价值的富集物；从地质研究程度来说，矿产资源不仅包括发现的并经工程控制的储量，还包括目前虽然未发现，但经预测是可能存在的矿物质；从经济技术条件来说，矿产资源不仅包括在当前经济技术条件下可以利用的矿物质，还包括根据技术进步和经济发展，在可预见的将来能够利用的矿物质[1,2]。

矿山二次资源是指矿山尾矿、固体废料、废水（液）、废气、余热、余压、坏损土地以及待治理的生态环境要素的总称，包括矿山选矿的尾矿、矿石湿法处理时的浸出尾矿（也有人称之为化学选矿的尾矿）、采矿时废石（包括煤矸石）或表外矿石、矿泥、煤泥以及矿山废水、废气等。从产业经济和资源科学的角度，矿山二次资源是综合利用产业和环保产业经营的对象，具备资源的基本属性；从矿山环境保护和地质灾害防治的角度，矿山二次资源又是矿山环境污染和灾害产生的重要因素，是影响矿业可持续发展和矿山社区可持续发展的障碍。因此，矿山二次资源及其利用是一个资源与环境密不可分的复杂问题，即：从资源综合利用的角度，矿山二次资源利用必然伴随着矿山生态环境的综合治理；从环保和地质灾害防治的角度，矿山生态环境污染破坏要素治理的过程也是资源的再生和资源的第二次获取过程。所以，矿山二次资源利用涉及资源环境与经济发展的各种复杂关系，关系到矿山企业及其社区的产业发展和矿业生产领域的环保产业化。

就矿山二次资源来说，其中最重要、最有利用价值的是矿山尾矿和废石。任何矿床的原矿经过选矿之后，所选出的精矿送去冶炼，都还要剩下大量的尾矿。这些尾矿在现有的技术经济条件下看来是无用的，但随着技术水平的提高或开采对象的转变，它恰恰是再次开采的矿产资源，特别是其中的共生或伴生组分价值特别大，被遗弃的尾矿以及废石（围岩、夹石或脉石矿物等）是重要的补充资源。在一定的技术经济条件下开发利用它，采用一定技术措施对其加以分采和加工，废石也会变成十分有用的新的矿产资源。它们是可用来回收金属或矿物的新型矿产资源，又是可用作建材及其他用途的廉价原料资源，其整体综合利用正是目前亟待解决的问题。矿山二次资源的开发与综合利用，对节约资源、改善环境、提高经济效益、促进我国矿业可持续发展有着重要的作用和意义。

①《中华人民共和国矿产资源法》第 28 条规定："在开采主要矿产的同时，对具有工业价值的共生和伴生矿产应当统一规划、综合开采、综合利用、防止浪费"；"对暂时不能综合开采或者必须同时采出而暂时还不能综合利用的矿产以及含有用组分的尾矿，应当采取有效的保护措施，防止损失破坏。"在《中华人民共和国环境保护法》中也规定："废石及尾矿必须堆存在固定的场地和尾矿库内，以免造成环境的污染或使其遭受破坏与损失。"

这些规定说明，对于尾矿、废石等矿山二次矿产资源的管理，正在生产的矿山企业负有明确的责任，对此我国国有大中型矿山和一些地方矿山在管理上也做了大量的工作。但已闭坑的老矿山堆存的尾矿和废石，基本上处于无人管理状况，不少尾矿库已经成为病库或险库，潜伏着极大隐患。对已闭坑矿山尾矿和废石的管理现没有明确法规。

②《中华人民共和国矿产资源法》第三条明确规定："矿产资源属于国家所有，国家保障矿产资源的合理开发利用，禁止任何组织或者个人用任何手段侵占或者破坏矿产资源。"

从广义上讲，矿产资源是指通过勘探确定的，具有开采、回收和利用价值的一种自然资源，它由包含不同金属和非金属矿物的矿石或岩石组成。不难看出，矿产资源有着自然性和可利用性双重特点。对于矿山二次资源来说，废石和尾矿虽然经过了开采加工处理，但并未失去作为矿产资源的双重性特点，而且矿山尾矿、废石等本身就是矿产资源的一部分，只不过是由于技术经济等原因在矿产资源一次利用后暂时被废弃或搁置的资源。如果说采选作业是对矿产资源的第一次利用的话，那么尾矿、废石的综合利用则是矿产资源的第二次利用。

因此，矿山二次资源的矿产资源属性并未改变，矿山二次资源作为矿产资源的另一种形式也理应属于国家所有，受到法律保护，采矿权人在采矿权授予范围内有权优先综合利用并获得国家有关政策的支持和鼓励。但对于这点，我国有关法规中没有明确规定，长期以来矿山二次资源没有以应有的资源地位得到保护与合理利用，造成了资源的极大浪费，也对矿山环境造成了危害。

目前，尚没有进行全国矿山二次资源总量系统的统计工作，从几次局部调查的情况看，其数量已足以说明中国矿山二次资源总量潜力巨大。我国矿山尾矿、废石堆存数量巨大，矿山环境问题日趋严重，随着科学技术的进步和环境保护的要求，必须进行综合治理与利用。但是这项工作必须在中央有关部门的直接领导、统一规划下才能进行，政府部门已将矿山尾矿、废石的综合利用排在了非常重要的位置。

3.1　尾矿综合利用途径

近年来，矿山尾矿作为二次资源加以开发利用引起了人们的高度关注，尾矿综合利用是国家缓解资源供需矛盾、减轻环境污染压力的重要途径。尾矿资源综合利用涉及面广、难度大，与矿产资源的一次开发相比，尾矿的综合利用技术更复杂，对尾矿产品的质量控制要求更为严格。因此，亟需加强尾矿综合利用技术标准研究，建立完善的尾矿综合利用技术标准体系和尾矿综合利用产品质量监督检测体系，推进尾矿资源综合利用，规范和促进尾矿资源综合利用产业健康发展[3~7]。

随着近年来人们对尾矿资源综合利用的重视和技术研发，尾矿综合利用不断加强，尾矿资源综合利用率不断提高。据统计，2005 年我国尾矿资源综合利用量为 0.5×10^8 t，综合利用率仅为 7%。到 2010 年，尾矿资源综合利用量为 2.18×10^8 t，综合利用率提高到 15.7%。2013 年我国尾矿综合利用量为 3.12×10^8 t，与 2012 年相比增长了 7.96%，综合利用率为 18.9%。2009～2013 年我国尾矿产生与综合利用情况见表 3-1。

表 3-1 2009～2013 年我国尾矿产生与综合利用情况

年份	尾矿产生量/10^8 t	尾矿利用量/10^8 t	尾矿利用率/%
2009	11.92	1.59	13.3
2010	13.93	2.18	15.7
2011	15.81	2.69	17.0
2012	16.21	2.89	17.8
2013	16.49	3.12	18.9

目前我国矿山尾矿综合利用方式主要有：尾矿再选，回收有价成分；利用尾矿生产建材，如制作水泥、微晶玻璃、免烧砖等；矿山采空区充填、筑路等。从尾矿中回收有价组分约占尾矿利用总量的 3%，有价金属资源回收量超过 1.0×10^7 t，生产建筑材料约占尾矿利用总量的 43%，充填矿山采空区约占尾矿利用总量的 53%，其他途径利用约占 1%。

近年来尾矿资源综合利用取得了较快的发展，综合利用技术水平不断提高，综合利用产品产值、利润均得到较大提升，取得了较好的经济效益、环境效益和社会效益。尾矿作为我国工业产出量最大的大宗固体废弃物，与粉煤灰、煤矸石等其他固体废弃物的综合利用相比还远远落后，被列入首位、需要重点解决的项目。

3.1.1 尾矿再选

我国铁矿选厂很多且分布较广，排放的铁尾矿量很大，现一般采用堆场堆放的方式，不仅占用农田，且污染环境。很多学者对铁尾矿制备胶凝类材料进行了大量研究，如利用铁尾矿制备高强结构材料、加气混凝土、贝利特水泥、新型轻质隔热墙体材料、陶粒等，但由于不同的铁矿中含硅量不同、粒度组成等不同，在使用时需要先进行相应的试验研究。聂轶苗等对铁尾矿中铁、钛、磷元素含量较高的特点，通过一粗三精重选—再磨——粗四精三扫浮选联合流程，回收其中有用元素；而后利用铁尾矿选别后的尾矿（简称 ZXW）制备矿物聚合材料。结果表明，用尾矿代替细砂制备建筑砌块，在粉煤灰用量 4.5%、矿渣 25.5%、ZXW 用量 70%、液固比为 0.22 的条件下，可得到 3d 抗压强度为 10.2MPa，28d 抗压强度为 43.4MPa 的制品，达到了国家标准对矿渣、火山灰、粉煤灰硅酸盐水泥 425# 的抗压强度的要求。铁尾矿原矿性质研究表明，其中铁、钛、磷元素含量较高，不能直接排放，通过两段重选—再磨——粗两精联合流程，可得到产率为 10.12%、含钛 30.69%、含铁 48.86% 的重选精矿和产率 5.03%、磷含量为 30.44 的磷精矿。通过此联合流程，降低了铁尾矿中 3 种有价元素的含量，利于资源的综合回收利用。对铁尾矿提取有用元素之后剩余的尾矿 ZXW，进行放射性、粒度筛析及化学成分分析，确定该 ZXW 可用作制备矿物聚合材料的原材料。

尾矿对生态环境的影响是显著的，它不仅会污染土壤和水质，并且在不断积累中会导致严重的水土流失和诱发次生地质灾害。所以尾矿治理作为一个现代工业生产不得不面对的问题被越来越多的人关注。以尾矿的治理工艺为主，本书综述了近年来国外的浮选、重选、微生物处理和植物修复等技术，以及其中所获得的研究成果和研究思路，希望能对国内尾矿治理提供一些帮助。

国外在尾矿再选的研究中，不仅从新药剂、新设备和新工艺中得到了较好的选别指标；同时，在数据支撑的前提下，他们从多个独立的变量中总结、归纳和模拟，采用数学统计和计算机模拟技术建立选别体系的模型，之后进行验证和改进，最终建立的选别模型可以很便利地帮助研究人员调控选别的指标，为后续的深度机理研究和工业生产提供了有利的参考条件。

微生物处理技术中微生物矿化技术为尾矿治理提供了一个全新的思路，例如尾矿污水的净化；该技术作为一种环保技术，可以在很大程度上改善尾矿污水对环境所造成的破坏，很值得国内企业进行借鉴和开发；当然矿化后，矿化矿物是否可以继续回收也有待进一步的研究。

植树修复技术作为一种很有前景的尾矿治理手段，现在的研究成果还很有限，植树修复的主要作用还只是体现在植物稳固上，短期的植物提取结果不甚理想，所以作为一个未来将大幅度应用于尾矿治理的研究方向，研究人员应从植物提取上做进一步的努力。

微生物处理和植树修复研究中，基因工程技术的应用不仅给研究工作带来了便利，同时也为未来的生物修复技术研究提供了一条宝贵的思路，即通过对特性基因的提取、复制和引入，最终提高生物抗性和生化处理能力，从而得到优良的生物样本，达到高效、环保和廉价治理尾矿的目的。

对比国外尾矿治理的研究我们不难发现，国内与国外的尾矿治理思路存在较大差异，国外的尾矿治理更倾向于环境保护，而国内则更侧重于尾矿的再选，所以如何学习和借鉴国外尾矿治理的思路与方法也必将是未来国内尾矿治理的一个重要的研究方向。

现代工业生产中尾矿的治理成为一个越来越受关注的问题。尾矿作为矿物加工工业生产中的一种废料，其被大量地引入我们的生态环境中，对生活环境造成了很大的影响。首先，尾矿粒度细，长期堆存风化现象严重，会产生二次扬尘。粉尘在周边地区四处飞扬，特别在干旱、狂风季节中，细粒尾矿腾空而起，可形成长达数里的"黄龙"，对周围土壤造成污染，并且严重影响居民的身体健康。据专家论证，尾矿也是沙尘暴产生的重点尘源之一。其次，尾矿中含有的重金属离子、残留的有毒浮选药剂和剥离废石中含硫矿物引发的酸性废水，对矿山及其周边地区环境所造成污染和生态破坏影响将是持久的。另外，由于选厂大多数是依山傍水而建，尾矿在积累后长期不受重视，最终将会以"跨域报复"和"污染转移"等不同形式影响区域环境，甚至给人们带来严重灾难。

长期以来，矿山固体废物堆存诱发的多次次生地质灾害，诸如排土场滑坡、泥石流和尾矿库溃坝等多起重大工程事故与地质灾害，给社会带来了极大的损失。

浮选是现代矿物加工工业中最为常见的一种生产工艺，它具有适应性广、处理能力强和可控性好等特点。在尾矿处理中，浮选工艺常作为尾矿再选的主要方法。由于新药剂、新工艺和新设备等的发展，对于一些尾矿尤其是一些老尾矿，经浮选再选后，不仅可以得到品质优良的精矿产品，更可以大量减少最终尾矿的产量，减轻尾矿对环境造成的压力。

土耳其的 Kestelek 选厂利用擦洗和分级作业生产硬硼钙石产品，由于生产条件的限制，有很大一部分的硬硼钙石流失于尾矿中，B_2O_3 含量高达 20.7%。A. Gul 等对此尾矿进行浮选试验研究，确定试验最佳的条件为：pH＝10，捕收剂特性磺酸盐（由 R-801、R-825 和

Hoechst 公司生产的 F-698 配制而成），用量为 600g/t；抑制剂糊精，用量为 80g/t，可获得 B_2O_3 品位为 44.5%、回收率为 86.1% 的精矿。

氧化锌矿作为一种常见的难浮矿物，在很多选厂的尾矿中大量存在。Goshfil 选厂位于伊朗伊斯法罕，储有 2.0×10^6 t 以氧化矿为主的尾矿，其中锌主要赋存在菱锌矿中，品位为 5.3%；A. Hajati 等对该尾矿进行了相关的浮选研究，试验流程上采用田口模式（一种以变量因素干扰的权重作为主要参考依据的试验方法）设计正交试验，发现相对于传统捕收剂，采用同等用量的羟基喹啉和双硫腙作为捕收剂可以更好地回收尾矿中的锌，可以将原本 37.1% 的回收率分别提高到 53.2% 和 46.3%。

煤泥作为一种煤炭工业的副产品，近年来其被越来越多的研究人员关注。哥伦比亚选煤厂的煤泥产品中−400 目含量高达 71.9%，干燥基灰分为 58.6%；Juan Barraza 等对其进行了浮选研究，采用捕收剂煤油，起泡剂甲基异丁基甲醇；发现捕收剂用量为 2lb/t（约 900g/t），起泡剂用量为 30×10^{-6} 时，可得到干燥基灰分为 20%、回收率为 92% 的煤精粉，选别效率为 79%；并且研究了最高浮选速率常数（一种反应浮选速率参考数据），确定为 $0.9457min^{-1}$。对于同一煤泥，A. P. Chaves 等也做了相关的研究，发现当添加所谓"促进剂"（煤油）时，最高浮选速率常数不仅没有上升，反而呈下降趋势。他们还对试验数据进行了浮选动力学的拟合，得到了决定系数（R_2）大于 0.96 的拟合方程，为煤泥浮选动力学研究提供了一个很好的模型。

巴西 Bunge 公司在米纳斯吉拉斯州 Araxá 有一磷矿选厂；由于选厂自身工艺的限制，大量的磷灰石损失于尾矿中；经荧光光谱分析（XRF）得知，尾矿中含 9.52% P_2O_5、26.20% Fe_2O_3、1.59% $BaSO_4$、11.50% CaO、3.49% MgO 和 22.69% SiO_2。Michelly S. Oliveira 等利用浮选柱对该尾矿进行了浮选研究，发现混合使用磺基琥珀酸酯和米糠油作为捕收剂，比率为 1:4、总用量为 100g/t 时，试验效果最佳；可得到 P_2O_5 品位为 29.4%、回收率为 46.2% 的精矿。针对浮选柱的工作特性研究了捕收剂和抑制剂用量、充气量、中矿循环量和浮选时间对尾矿浮选的影响；对试验数据进行无量纲化处理后（具体请参看原文），通过独立多元回归统计分析得出了：精矿中 P_2O_5 品位（G）、P_2O_5 回收率（R）、Fe_2O_3 含量（$SRFe_2O_3$）和 SiO_2 含量（$SRSiO_2$）与捕收剂用量（X_1）、抑制剂用量（X_2）、充气量（X_3）、中矿循环量（X_4）和浮选时间（X_5）的数学统计模型拟合方程。在后续的验证试验中，通过严格的统计校验，发现拟合方程的误差均小于 10%，可见上述拟合方程具有极高的准确性。

重选是一种传统、高效和清洁的选矿工艺，分选效率高、几乎无污染，在尾矿回收中应用极其广泛。尤其在近年来，很多新型重选设备的发明和完善，使重选这种传统的选矿工艺在细粒和超细粒尾矿再选中有了越来越多的应用。

温哥华猎鹰选矿公司研制了一种名为 Falcon 的选矿机，其主体形式是一个立式离心机，可产生强大的离心力场，足以分选超细粒（$-10\mu m$）的煤，并且可以连续作业；除了应用于选煤，它还广泛应用于硫化矿、铁矿、锡矿、钛矿和金矿等的选别。

针对煤尾矿中细粒与超细粒煤难回收的问题，Filiz Oruç 等基于土耳其 Tunçbilek 洗煤厂的超细（$10\mu m$ 占 60% 以上）煤泥（灰分高达 66%）进行了相关的选别研究。Filiz Oruç 等使用水力旋流器预选煤尾矿后经 Falcon 选矿机精选，可获得回收率 85% 以上、灰分降至 36% 的煤精粉；除此之外，利用统计软件 Minitab 15 对试验数据进行了最小二乘法线性回归分析，发现灰分预测的决定系数（R_2）在 0.73～0.58，回收率的预测决定系数在 0.65～0.40，此预测结果可以很好地为其他类似研究以及相关预测提供了较为准确的依据。

复合力场摇床是一种新型重选设备，其主要分选机理类似于常规摇床，不过其床面为筒形，可转动产生离心力场，所以该重选机越来越多地应用于细粒与超细粒尾矿的选别。Selçuk Özgen 等对 Soma 洗煤厂的细煤尾矿做了相关的研究，此煤尾灰分为 52.65％；采用复合力场重选机选别可获得回收率为 60.01％，而灰分仅为 22.89％的煤精粉；在多组数据的支撑下，Selçuk Özgen 等也利用统计软件 Minitab 15 对实验数据进行了最小二乘法线性回归分析，发现灰分预测的决定系数（R_2）为 0.842，回收率的预测决定系数为 0.831，表明该重选机工作的稳定性和可调节性，为类似研究提供了很好的范例。

复合力场离心机（Multi Gravity Separator，MGS）在传统卧式连选离心机的基础上，加入了轴向的高频振动，即在普通离心机分选的过程中增加了一个相对于筒体的剪切力，这样更加有利于矿浆中微粒即时地分散，在一定程度上改善了离心机选别效率低下的问题。

A. Erdem 等将 Tunçbilek 洗煤厂的煤泥筛分为 $+500\mu m$、$-500\mu m+300\mu m$、$-300\mu m+38\mu m$ 和 $-38\mu m$ 四个粒级，针对 $-300\mu m+38\mu m$ 粒级的产品他们使用复合力场离心机进行回收，在原矿灰分为 50.47％的前提下最终可获得灰分为 21.50％、回收率为 82.84％的煤精粉。土耳其 Fethiye 地区有一个铬铁矿尾矿，其 Cr_2O_3 品位为 14.79％；尾矿 $-38\mu m$ 粒级中，Cr_2O_3 的分布率为 53.25％；而在传统重选工艺中，$-38\mu m$ 粒级的矿石往往很难得到较好的回收指标，所以此尾矿中 Cr_2O_3 的回收是一个很值得研究的问题。Selçuk Özgen 利用水力旋流器与复合力场离心机组合处理此尾矿，先通过水力旋流器抛粗，旋流器溢流进入复合力场离心机进行分选，得到铬铁精矿；针对转鼓的尖端直径（a）、尾端直径（d）、转速（v）、倾角（t）和冲洗水量（w）等参数进行了详细的研究后，提出了两个数学模型：一个是有关 Cr_2O_3 回收率的多元方程；另一个是有关 Cr_2O_3 品位的多元方程（具体方程请参看原文），并且这两个模型的决定系数（R_2）均高于 0.9。依靠这两个模型，分别确定了尖端直径（a）、尾端直径（d）、转速（v）、倾角（t）和冲洗水量（w）在最高回收率和最高品位时的具体参数，并且在之后验证试验中分别得到了 Cr_2O_3 品位为 31.35％、回收率为 81.38％和 Cr_2O_3 品位为 45.76％、回收率为 69.24％的铬铁精矿，与预期结果十分接近。

微生物处理是依靠微生物的生化作用改善尾矿性质，它是一种环保、高效和廉价的尾矿修复和回收技术。微生物处理可分为微生物浸出和微生物矿化两个方面；微生物浸出是利用微生物的侵蚀和代谢作用将矿石中含的有害金属离子释放出来进入液相，进而将有害金属离子提取出来；微生物矿化则是将液相已存在的超标的有害金属离子矿化沉淀出来，从而达到净化液相的目的。因为化学浸出与微生物浸出非常类似，所以也归到这节里。韩国全罗北道井邑市有含铅 1050mg/kg 的尾矿，当中可溶性铅离子对周围环境造成了极大的压力。

Muthusamy Govarthanan 等利用本土菌种对该尾矿的可溶性铅离子进行了矿化沉淀研究，发现本土的 KK1 型芽孢杆菌对铅离子有较好的矿化作用，其主要是使铅离子反应生成碳酸盐化合物；结果显示，铅的碳酸盐化合物含量明显上升（由 26％上升至 38％），所以由细菌引起的铅的碳酸盐沉淀是此尾矿生物修复技术的关键。研究还发现，在生物修复过程中，土壤酶活性显著增强，表明 KK1 型芽孢杆菌的确拥有修复此尾矿对环境造成的负面影响的潜力。

俄罗斯乌拉尔地区的 UMMC（即 UGMK）公司属下的 Uchalinsky 和 Gaisky 等选厂供应

俄罗斯国内 90％的铜、锌精矿，同时这些选厂也排出了大量的尾矿。据不完全统计，每年将近有 15t 的金和 50t 的银流失于这些尾矿中，金、银的总损失量分别预计已超过 250t 和 1000t，并且有数百倍于金银损失量的铜锌流失于尾矿中。

Tamara F. Kondrat'eva 等[8] 采用生物浸出技术研究此尾矿的可浸性，试验试样由 Svyatogor 选厂制取，在确保试样的矿物学和元素组成的代表性前提下，化验分析得知尾矿中主要有价元素含量为：铜 0.29％、锌 0.26％、金 0.7g/t 和银 10.8g/t；生物浸出采用一种嗜酸无机化能营养微生物，由于浸出的速率较慢，Tamara F. Kondrat'eva 等进行了长达 134d 的浸出对比试验，酸性浸出和生物浸出试验结果分别为：锌回收率为 59.5％和 87.0％、铜回收率为 46.0％和 54.5％、金回收率为 56.4％和 57.8％、银回收率为 50.5％和 50.9％，说明生物浸出比之酸性浸出可以明显地提高锌和铜的浸出率，但是对金银没有显著的提升作用。

塞尔维亚的 Bor 铜矿的浮选尾矿含有铜 0.2％，M. M. Antonijević 等在硫酸浸出体系下对此尾矿进行了研究，他们通过浸出动力学分析，研究了 pH 值、搅拌速度、矿浆浓度、矿石细度、Fe^{3+} 浓度、浸出温度和浸出时间等条件，发现铜和铁的平均浸出率分别为 60％～70％和 2％～3％。他们在研究中认为矿浆中 Fe^{3+} 对铜的浸出存在一定的影响，所以 Fe^{3+} 的补充有益于铜的浸出的，说明黄铁矿一定程度上的氧化有利于铜的浸出。

与其他方法相比，尾矿的植物修复更加环保和廉价，并且植物修复还可以改善环境的物理、化学和生物状态。

植物修复的作用可以分为植物提取和植物稳固两个方面：植物提取的目的是从被污染土壤中吸收超标的金属离子，从而改善尾矿土壤的化学和生物状态；植物稳固则是通过植物根系去固定原本微细和松散的尾矿，从而改善尾矿土壤的物理状态，防止水土流失对环境造成的负面影响。

Donghwan Shim 等[9] 利用基因工程技术把抗重金属基因片段（ScYCF1）引入到一种无花白杨植株中，后经无性繁殖培育出了一组对高浓度重金属离子土壤具有良好抗性的试验植株。

对比普通杨树植株，转基因植株无论在温室培养中，还是在现场条件下都表现出了对高浓度重金属离子的优良抗性；通过对其根系和芽系的测定认为该植株可以有效吸收土壤中的重金属离子，实验室条件下，2 周可使培育基中的 Cd^{2+} 浓度下降近 50％；将此类杨树植株移栽到韩国奉化锦湖区的一个关闭矿区尾矿堆的重金属污染土壤中，发现比之普通植株，转基因植株可以更好地适应该土壤，并且显著降低了土壤中重金属的含量。

斯洛文尼亚 Boršt 铀尾矿中含有一定的放射性元素，Marko Štrok 等按照放射性浓度测定发现，铀尾矿中 ^{238}U 为 995Bq/kg±80Bq/kg、^{230}Th 为 3930Bq/kg±580Bq/kg、^{226}Ra 为 8630Bq/kg±340Bq/kg 和 ^{210}Pb 为 7610Bq/kg±495Bq/kg。研究认为植物对放射性元素的吸收强度依次是树叶、树枝和树干。由此可见，植物吸收放射性元素可能主要是依靠植物的蒸腾作用物理吸附上去的，吸附的结果依次为：^{238}U 为 0.01～5.4Bq/kg、^{230}Th 为 0.03～11.3Bq/kg、^{226}Ra 为 2.7～2728Bq/kg 和 ^{210}Pb 为 5.1～321Bq/kg。虽然整体数据指标并不尽如人意，但是从 ^{226}Ra 的高峰值放射性浓度可知，通过植物降低铀尾矿中的放射性元素是可行的，但是还有待进一步的研究。同时，未来放射性元素高富集植株的处理以及可能带来的问题也是值得后续工作进一步关注的。

3.1.2 尾矿充填

尾矿充填技术是一种制备尾矿充填料并将其输送到井下采空区，形成具有一定强度的充填体以支撑围岩或堆存尾矿废料的技术。尾矿充填技术主要可分为充填料配比与强度、充填料制备、充填料输送和采场工艺等4部分。我国尾矿充填技术经历了从卧式砂池工艺到立式砂仓工艺，从干式充填到水力充填，从分级尾砂充填到全尾砂充填，从高浓度自流充填到膏体泵送充填的发展过程。

尾矿充填技术在保护环境、保护资源、提高采矿资源回收率、保证安全和保证矿山可持续发展等方面有着非常重要的意义，随着全球矿产资源的不断减少和对环保重视程度的提高，除了传统的有色矿山外，越来越多的黑色矿山和煤矿也开始采用尾矿充填技术进行矿产资源的开采。

由于有色金属矿产的价值较高，有色行业普遍采用了充填法采矿，所以有色行业的矿产资源回采率较其他行业要高，尾矿库库容较小，对地表塌陷及环境影响较少，井下采矿更为安全。但充填需要一定的成本，如何在材料配比、充填料制备输送等方面创新、降低充填成本，提高充填的可靠性，减少工人的劳动强度，使得尾矿充填技术得以推广应用意义重大。

随着我国倡议建设绿色矿山，提高资源综合利用率，节能减排，保护环境，科学发展的模式得到人们的普遍认同，全尾砂胶结充填在以上这些方面具有明显的优越性。全尾砂胶结充填技术是一种新型高效的充填方式，随着该技术在矿山的实施运用，能最大限度地利用尾矿资源，以减少对环境的污染和土地、资源的浪费。可以从根本上解决矿产资源开采带来的环境和安全问题，同时还能充分地回收矿产资源，对于促进采矿工业与资源、环境、安全的协调发展，避免或减轻对大气、水体、土壤的污染，保护地表生态环境，节能减排降耗、保护人民群众的生命财产安全，提高矿山开采经济效益和社会效益。同时，一些矿山开采将转向深部矿体、"三下矿体"以及其他复杂难采矿体，地压控制问题将日益突出，并成为深部高效、安全作业的主要障碍。胶结充填是深部及复杂应力环境下地压控制的有效途径。

随着现代采矿设备机械化和自动化程度的不断提高，充填技术的发展以及相关采矿技术的不断革新和完善，充填法逐步成为安全、高效的采矿方法。目前，水平分层充填采矿法（上向和下向）在我国得到了较为广泛的推广使用。此外，为了进一步提高采场生产能力及工效，大空场嗣后充填法、分段充填法也在铁矿山进行了试验和推广应用，它兼具空场法效率高及充填法贫损指标低的特点，也是我国今后若干年充填采矿法发展方向之一。众所周知，充填采矿技术具有消除采动引起的地表下沉和改善采矿应力环境功能，具有低贫损开采、提高资源综合利用率功能和采富保贫（远景资源保护功能、具有降低废石尾砂等固体废料排放达到无废开采的功能）以及具有适应各种复杂难采矿床开采的功能。

一些井下矿山原先采用上向分层分级尾砂充填采矿法，即在采出矿完成之后用分级尾砂对采空区域进行充填。为使充填尾砂具有较好的渗水性，约有60%的粗尾砂能够用于井下充填，其余细尾砂被排入尾矿库储存。随着开采深度的快速延伸，深部地压应力不断增高，给安全管理和生产组织带来较大的困难。为实现安全高效采矿，该矿对井下矿山的充填工艺进行了全面改造，应用了上向进路式全尾砂胶结充填采矿法。将尾砂和水泥按照设定灰砂比造浆，再进入高速活化搅拌机进行活化搅拌，最后通过充填管路送入井下。整个流程通过电动控制系统对各阀门、开关，尤其是浓度、流量、灰砂比进行控制。

与传统分级尾砂充填工艺相比，全尾砂胶结充填采矿法实现了尾砂的全部利用，减少排入尾矿库尾砂的运输量，降低了尾矿库的管理成本，又保证了胶结充填材料的足够供应。由于胶结充填体的强度足够大，它可以在回采中起到间柱的作用，可以有效回采矿柱，大幅降低损失率和贫化率。分级尾砂充填损失率约为 15%，年损失矿柱矿量约 $2.64 \times 10^4 t$，而全尾砂胶结充填损失率约为 8%，每年能够回收价值千万元的金属量。此外，在控制地应力显现集中和控制岩层移动方面，全尾砂胶结充填体结构坚硬、优势明显，并且为深部中段的回采提供了安全的作业环境。

全尾砂胶结充填在金属矿山作为一项新技术，需朝着改进充填工艺、改善充填体质量、降低充填成本、减少环境污染和生态破坏等方向努力。全尾砂胶结充填在深部回采和采空区充填与传统的回填相比都有非常明显的优势，因此进一步推广全尾砂胶结充填的应用，减少矿山地质灾害事故，实现矿产资源的二次利用，提高矿山企业的经济效益和社会效益，实现固体废料的减量排放或零排放，避免固体废料对环境的污染。

充填采矿是将一种或多种材料填充到采空区，以实现安全采矿生产目的。充填材料通常为人工砂、砾石、废石以及选矿厂排放的尾砂，常与水泥或胶结材料混合成浆体，并根据采场和料浆工作性能，采用自流或泵送输送到采场。由于自流输送料浆浓度低，存在充填体强度低、充填体沉缩率高、采场溢流水污染井下环境等问题。20 世纪 70 年代末，德国普鲁赛格金属公司佰德-格隆德铅锌矿在混凝土泵送工艺和设备的基础上，开展了 6 年多的试验研究，创造了全尾砂膏体泵送充填新工艺，并在德国、奥地利、南非、加拿大、美国和澳大利亚的一些矿山推广应用。到 80 年代，德国格隆德矿的膏体充填技术已经基本趋于成熟。

1965 年，为了防止采空区大范围的地压活动，我国开始发展了尾砂水力充填工艺，利用选厂尾砂对采空区进行充填，对减缓地表下沉取得了一定的成效；20 世纪 70 年代，为加快充填料浆的脱水速度以及提高充填体的强度，以此来满足采矿工艺高回收率的要求，我国 60 余座金属矿山开始发展分级尾砂充填工艺，在提高资源回收率方面取得了显著的效果。由于分级尾砂充填对尾砂的利用率较低，充填成本较高，并且满足不了对环境保护的要求；随着尾砂充填技术的发展，20 世纪 80 年代，我国开始发展了全尾砂充填工艺，该工艺将全部尾砂作为充填骨料，无需建尾矿库，为矿山无废开采奠定了基础；但传统的充填浓度低，充填料浆在脱水过程中，细粒级尾砂和水泥会从料浆中离析出来，严重影响充填效果，在 80 年代末，提出了高浓度全尾砂充填工艺，并取得了技术上的重大突破；20 世纪 90 年代初在凡口铅锌矿建成我国第一个全尾砂胶结充填系统，并随后在我国很多金属矿山得到广泛应用和推广。

1987 年金川镍矿开展了膏体充填技术的室内试验及半工业试验，于 1992 年进行膏体充填系统建设；1999 年 8 月初步建成了具有自己特色的膏体泵送充填系统。通过试验研究，在膏体可泵性测定、膏体物料流变特性、膏体充填系统可靠性等方面取得了可喜成果，提出了金川似均质料浆水力坡度经验公式；在膏体制备、膏体输送等方面研究也取得成果，其中膏体二段连续搅拌设备已经定型，并得到推广应用。在废弃物利用方面，开展了由全尾砂、粉煤灰、棒磨砂以及废石组成的混合充填料试验研究．针对全尾砂细泥和 MgO 含量高不利于脱水等问题，通过加入粉煤灰和棒磨砂，极大地改善了物料粒级组成。

1999 年铜绿山铜矿建成了第 2 套全尾砂膏体充填系统，进行了膏体充填工业试验。为了保证带式过滤机工作性能稳定，铜绿山矿对 $400 m^3$ 的立式砂仓添加了简易搅拌系统，提高全尾砂的供矿浓度和流量，同时对水泥添加方式进行改进，由井下湿式添加改为地表湿式添加，确保膏体浓度。试验过程中仍然出现全尾砂过滤机难以符合工艺要求、系统故障率较高，仍难以实现工业化应用。充填材料最初设计粗骨料为水淬渣，由于水淬渣供不应求，改为露天矿堆场的大理岩经破碎后的小于25mm的碎石，但碎石加工系统没有建成，只进行全尾砂膏体充填试验，最终未实现工业化生产。

2006年会泽铅锌矿建成了第三套膏体充填系统。该矿引进深锥浓缩机，避免传统过滤机工艺中尾砂脱水再加水的尴尬，采用地表干水泥直接添加到搅拌槽中制备膏体。针对全尾砂-水淬渣以及废石混合充填料，开展了早强剂以及充填钻孔优化布置等研究，由此实现了工业化生产，并取得了显著成效。从目前的应用效果来说，会泽铅锌矿全尾砂-水淬渣膏体充填技术是我国较为成功的矿山之一。

由于膏体充填技术含量较高，膏体流变特性及输送理论不同于两相流体，同时在充填料选择、配比与料浆制备工艺、充填设备、输送方法、管道系统设计以及采场充填工艺设施等方面均具有独特的技术要求。因此，膏体充填技术的应用不仅需要开展大量的理论与试验研究，而且还必须通过工程实践，不断总结经验才可能获得成功。

地下开采过后留下的空区，是地质灾害一大隐患，选厂排出的尾矿砂存放地表又不利于环保。由于尾矿排放不规范，导致库容利用率降低，阻碍了尾矿正常排放。采空区充填尾矿是直接利用尾矿的最有效途径之一，用尾砂充填采空区，既可支撑采空区，避免地质灾害发生，又可减少地表污染，缓解了库容不足的矛盾，确保尾矿库继续使用。用尾矿作充填料，其充填费用较低。有的矿山由于地形的原因，不能设置尾矿库，将尾矿填入采空区就更有意义。

金属矿山一般采用管路充填，关键是高浓度尾矿的制备和胶结材料的选择。采空区充填一般在封堵墙砌完24h以后进行，以充分保证封堵墙达到工艺设计的抗压强度。根据采空区的实际情况，决定分次充填，一般矿房充填分3次，即一次试充、预接顶充填、接顶充填。接顶充填工序必须在上次充填24h以后进行。张马屯铁矿采用全尾胶结充填采空区的方法，将尾矿全部用于充填地下采空区。选矿尾矿浓缩采用浓缩-压滤的方法，获得浓度为75%～80%的滤饼；然后，采用双轴搅拌机和高速搅拌机将滤饼与水、水泥混匀，制成质量浓度为65%～70%的膏体充填料浆。

3.1.3　尾矿建材

面对日益减少的矿产资源，其科学利用和合理开发显得尤为重要。金属矿山尾矿综合利用与资源化是解决资源匮乏、治理与保护环境的根本措施。只有对开采、制造及使用过程中丢失和废弃的尾矿等进行再生利用，使其成为"第二资源"，才能使人类赖以生存的矿产资源得以持续。金属矿山尾矿综合利用与资源化，不仅直接带来经济效益，还能产生良好的环境效益与社会效益。矿产资源是地区经济、社会与环境实现可持续协调发展的重要保证，面对日益严重的生态问题，无污染的开采资源、矿山尾矿综合利用与资源化是大势所趋。

金属矿山尾矿可以制造砖、水泥、陶瓷材料、新型玻璃材料、建筑微晶玻璃等建筑材料，不但解决了环境污染，维持了生态平衡，而且实现了尾矿的综合利用和资源化。

我国利用尾矿作建筑材料的研究起于20世纪80年代。目前，国内利用尾矿作混凝土骨料、铁路和公路的筑路碎石以及建筑用砂、砖的成功例子较多，如梅山铁矿、迁安铁矿等，其特点是利用量较大，但附加值较低。其次，可以利用尾矿制作烧结空心砌块，并可制作高档广场砖，成本低廉，市场效益良好。王金忠利用铁尾矿部分代替黏土研制了建筑用烧结砖，该砖比普通砖具有更高的强度和硬度，并且制作成本低，其前景极为可观。

国内铁矿资源嵌布粒度细，一般需经二段磨矿，少数三段磨矿选别后，除预选抛出部分粗粒尾矿外，大部分选矿排出和堆存的尾矿粒度较细，一般尾矿粒度小于 0.074mm 的占 50%～75%。铁尾矿主要矿物组分由硅酸盐、铝硅酸盐、碳酸盐矿物和微量元素矿物组成，可作为建筑材料的重要原料。

目前，尾矿生产建筑材料已有一些成熟技术，但主要是借鉴建材行业已有的成熟工艺，原始创新性不足，产品附加值低，没有显示出生产成本、运输成本和产品质量的综合优势，难以大范围推广。

以下以铅锌矿尾矿制造耐火砖为例，说明其在建筑材料方面的应用。湖南邵东铅锌选矿厂在尾矿利用分支浮选回收萤石的生产流程中，第一支浮选尾矿经水力旋流器分级的部分溢流的主要成分为 SiO_2 和 Al_2O_3，其耐火度为 1680℃。利用该溢流产品，再配加部分 2.362mm 黏土熟料和夹泥，经混炼成型后自然风干，在 80℃ 和 120℃ 条件下烘干，然后在重烧炉中烧成，即得到最终产品，其性能经测试可达到国家高炉用耐火砖标准。

长春金世纪矿业技术开发公司根据建筑材料需求，以尾矿提取有价元素之后的尾矿渣为主料，开发研究的"尾矿轻质保温建材——尾矿泡沫混凝土砌块、轻集料混凝土小型空心砌块"项目，已取得了突破性的成果。目前，样品经过有关部门检测，各项指标（抗压强度、冻融系数、导热系数、隔声效果等）完全符合国家轻体保温材料的标准。同时，成功申请了《尾矿轻体保温砖》《尾矿泡沫混凝土》《尾矿保温干混砂浆及制造方法》《尾矿轻集料混凝土复合砌块及制造方法》多项发明专利；该技术产品完全可以取代建筑行业正在应用的空心砌块、黏土砖等建材，并具有质量轻、隔热、隔凉、隔声性能好、延长建筑物使用寿命等优点，为工业固体废料再利用、减量化、资源化开辟了新的领域。

利用尾矿制备建筑砖（SiO_2＞65%）是尾矿利用较广途径之一，在传统烧结黏土砖逐渐被禁用、淘汰的情况下，尾矿制砖显示出了较大的活力，目前市场上采用金属尾矿为原料研发出的产品有免烧砖、透水砖、蒸压砖、加气混凝土切块等，其中免烧砖是以密度较小的细粒石英砂尾矿为主料（掺入量80%以上）经钙化处理而获得的一种新型建筑制品，透水砖中高硅尾矿掺入量80%左右，外加一些煤矸石、黏土，注意合适的颗粒级配，经过烧结成型制得。尾矿砖选用的原料包括石英脉型金矿尾矿、磁铁石英岩尾矿等高硅尾矿，以及部分 SiO_2 不足 35% 的铜尾矿。

利用尾矿中部分物质的特性作为配料应用到生产硅酸盐水泥、矿物肥料（土壤改良剂），对于没有经济价值的尾矿，从减少环境污染的目的出发，可以对尾矿进行土地复垦。硅酸盐水泥生产中一般需要配入 20% 的黏土和铁，而部分铅锌、铁、铜、钼尾矿主要成分与水泥生料所用黏土质原料接近，同时还含有校正原料铁，完全可以替代水泥生产所需的全部黏土和铁；尾矿中的一些微量元素还可以提高水泥生料的易烧性，起到降低能耗作用；尾矿用作水泥配料时一般加入量小于 5%；此外，部分尾矿含氧化钙成分较高时，可以用作水泥原料的主要成分，此时尾矿加入量介于 15%～55% 之间。

对于无较大经济价值的尾矿或二次回收后的二次尾矿，可用作井下充填料或填坑铺路，也可对尾矿库复垦造田、绿化造林，或建成生态公园、体育娱乐场地。例如，凡口铅锌矿有

50％的尾矿用作井下充填。大冶铁矿在洪山等老尾矿库上种植梨树、橙柑、桃树3000余株，并种植大片火枸等药材林。山东招远地区一些金矿山在老尾矿库复土造梯田，种植红薯、花生等作物。矿山通过对尾矿进行各种处置与利用，可实现尾矿无害化消纳处置处理，也产生了较大的经济效益和社会效益。将一些尾矿库科学规划、在安全处置的前提下，用来建成各种娱乐、休闲、参观、旅游场所用地，也是一种尾矿利用治理环境的有效方法。

中国地质科学院早在1992年就开始尾矿生产新型建材技术开发工作，利用江西德兴铜矿尾矿、首钢铁尾矿、南京梅山铁尾矿制成紫砂美术陶瓷和砂锅、酒具等日用陶瓷，制成外墙砖和锦砖，以及525#水泥、325#无熟料水泥和烧结砖、广场砖。有的矿山企业如山东龙头旺金矿将尾矿分成三部分处理，大粒矿渣做铺路材料，细泥作为副产品出售，其余尾砂用作制砖材料，并于1991年建成一座年产1700万块砖的砖厂。山东焦家金矿于1996年投资200万元，引进国外"双免"砖生产技术，建成4条生产线，每年可利用尾矿6.0×10^4t。1998年，北京首钢铁矿与中国地质科学院合作，"利用废石和尾矿生产空心砌块中试"项目尾矿综合利用量62％，产品符合国家标准，获原地质矿产部科技成果鉴定，填补了北京该类成果空白。1999年9月，首钢迁安铁矿引用该科技成果投资上线，国内第一条空心砌块、彩色铺地砖和建筑用砂石料生产线正式实现产业化。产品销往天津、河北、北京等地，效益显著。

21世纪开始，甘肃白银铜矿、承德寿王坟铜矿、南京梅山铁矿以及邯钢、鞍钢、辽宁凌钢、河北邢钢铁矿在中国地质科学院技术支持下，相继建厂生产小型空心砌块、彩色玻璃砌块、多孔砖、实心砖、保温隔墙板、彩色铺地砖和混凝土添加剂。2001年10月，中国地质科学院尾矿利用技术中心提供技术转让，为承德寿王坟铜矿建成了利用尾矿年生产3000万块小型空心砌块、混凝土多孔砖、混凝土实心砖、彩色地面砖生产线。2002年6月6日，由承德寿王坟铜矿注册的承德凯源新型建材有限公司利用尾矿、废石、煤渣生产的小型空心砌块产品通过了河北省建设厅产品鉴定。2003年北京首钢铁矿"利用废石年生产$1.5 \times 10^6 \mathrm{m}^3$建筑用砂石料产业化"项目，2004年北京威克冶金矿山公司"利用废石年生产$3 \times 10^6 \mathrm{m}^3$建筑用砂石料产业化"项目都先后投产，现运行正常，经济效益显著，实现了矿山排石场当年无废石堆积的治理目标。2006年，鞍钢集团利用铁尾矿、废石建成了年生产8000万块标准实心砖（多孔砖、砌块）生产线。该项目所生产的产品市场价格坚挺，供不应求，极大地缓解了鞍山市在全面禁止使用实心黏土砖生产以后，全市建筑墙体材料市场出现供应缺口的急迫难题。2008年，河北易县铁尾矿年生产6000万块灰砂砖生产线，年生产8000万块混凝土加气块生产线先后投产；该项目70％以上产品销往北京，经济效益显著。

2009年，河北临城县南沟矿业公司铁尾矿生产彩色路面砖、承重砌块，建成了年产$1 \times 10^5 \mathrm{m}^3$砌块生产线，年产值可达2300万元；2010年，辽宁凌源建筑商引入中国地质科学院尾矿中心技术。利用金尾矿年产$4 \times 10^4 \mathrm{m}^3$陶粒生产线，产品除供应当地业主自用外还销往外县；陕西镇安县铅锌尾矿生产彩色路面砖、彩色屋面瓦等，产品销往周边县和西安市及毗邻的湖北省、河南省市场。2011年5月，中国地质科学院为安徽建晟纪元矿业投资有限公司编制完成的《池州尾矿综合利用示范项目可行性研究报告》，利用尾矿年产$3 \times 10^5 \mathrm{m}^3$加气混凝土砌块、$3.0 \times 10^5$t商品砂浆等新型建材产品生产线项目开始建设。2011年11月，本溪清迈尾矿综合利用有限公司引进中国地质科学院技术，利用铁尾矿生产复合保温砌块、加气混凝土砌块、干粉砂浆等新型建材系列产品生产线开工建设，2012年上半年一期工程投产运行，安排就业540人，年可消耗尾矿 $1.0 \times 10^6 t$，年利税3200万元。

与此同时，以中国地质科学院为技术依托，又有四川、江苏、山东、辽宁、新疆、河南、山西、河北、湖南等省及蒙古、印度尼西亚等国家越来越多的矿山和建材企业厂家开始对复合砌块、保温隔墙板、加气混凝土砌块等新型墙体材料，以及尾矿陶粒、干粉砂浆、化工填料、泡沫陶瓷、生态透水砖等新产品进行中试生产或产业生产，在国内涌现出一批产业化生产企业厂家，所开发的产品可作为建材、陶瓷、玻璃等行业企业的换代产品，有利于企业持续发展。

目前生产水泥所用的水泥原材料也大多是石料类材料，而尾矿经过利用后剩余的部分也大多是石料类材料，而且尾矿中的某些微量元素还能提高水泥的质量，对水泥熟料的形成和矿物的组成具有较好的作用。目前许多厂家已开始利用尾矿砂中含铁量高的特点，用铁矿产生的尾矿替代常用水泥配方常使用的铁粉，用硅矿产生的低硅尾矿代替水泥中的石英。通过科学合理地利用各种尾矿可以完成各种水泥的原材料。尾矿由于含有多种成分，所以在建材业的用途特别多，根据尾矿成分的不同可以分别制成不同的耐火材料、人造大理石，以及用于混凝土的骨料和建筑用砂等材料，甚至可以用于铺筑路基的基料等。

3.1.4　高附加值产品

国内现有尾矿库12718座，其中在建尾矿库为1526座，占总数的12%，已经闭库的尾矿库1024座，占总数的8%。截至2007年，全国矿山产出尾矿总量达 $8.0 \times 10^9 t$，仅2007年，全国矿山尾矿排量近 $1.0 \times 10^9 t$。

(1) 泡沫混凝土

泡沫混凝土是指用物理方法将发泡剂水溶液制成泡沫加入到由水泥等胶凝材料、集料、掺合料、外加剂及水制成的料浆中，经混合搅拌浇注成型，自然或蒸气养护而制成轻质多孔混凝土砌块。泡沫混凝土也称为发泡混凝土，尾矿具有合理的颗粒级配，是泡沫混凝土理想的填充料，矿山尾矿在泡沫混凝土中起到了一定的骨架作用，可以提高泡沫混凝土的抗压强度和耐久性。

在研发尾矿泡沫混凝土的基础上，进一步研发了利用尾矿泡沫混凝土进行矿山采空区及露天矿坑回填技术，这项采空区充填技术，根据不同级配尾矿所形成的充填强度变化规律，选择适宜配比，充填体强度可达2MPa以上。

尾矿泡沫混凝土技术应用于矿山采空区及露天矿坑回填，具有以下特点：a. 具有轻质性和良好无侧限抗压强度特性；b. 在填充后无需振捣碾压，初凝后可固化自立；c. 所用材料仅相当于原填充工艺的1/2和1/5；d. 尾矿泡沫混凝土充填过程无需脱水；e. 可实现尾矿泡沫混凝土充填料的大规模生产及充填料高效制备；f. 可以利用砂浆泵在复杂采空区进行充填料的大量输送。

(2) 赤铁矿尾矿在景观水处理方面的应用

赤铁矿尾矿在景观水处理方面应用有一定高附加值应用研究。在阳光照射下，水体中的藻类、绿苔会大量繁殖，浮在整个水面，不仅影响了水体的美观，还直接危害鱼类及其他水生物的生命，而且挡住了阳光，致使许多水下的植物无法进行光合作用，会使水中的污染物质发生化学变化，导致水质恶化，发出难闻的恶臭气味，使水也变成了黑色……这些现象主要是由于水体中的有机物质、磷酸盐、卤化物等使水质营养过剩，而引起藻类和绿苔极速生长。

据有关资料报道，铁氧化矿尾矿中主要含有氧化铁、四氧化三铁、氢氧化铁，其中氧化铁含量最高，当铁氧化矿粉进入水体后，氧化铁在水中的氧气作用下生成氧化铁的水合物，其主要成分是氧化铁和氢氧化铁的混合物，这种混合物除具有吸附和减少水中的磷、氮等特殊功效之外，还有使水质清澈的净化作用，而且还可以减少氮气的产生量，增加水中微生物的活性，促进有害物质的分解作用。

根据上述理论依据，长春金世纪矿业技术开发公司在利用赤铁矿尾矿对水质净化技术方面进行了大量的探讨性试验研究，并且利用赤铁矿尾矿研制了水质净化剂，试验研究结果表明，该净水剂在消除水体污染、净化水质方面具有显著的功效。净水效果中COD（化学需氧量）去除率达到 67%～71%，BOD（生化需氧量）去除率达到 65%～67%，SS（悬浮物）去除率达到 53%～56%，总磷去除率接近 50%。该技术有效利用了赤铁矿尾矿，不仅能够解决景观水等发生藻类、绿苔大量繁殖的难题，还具有降低水质污染、节省水资源、减少清理次数和清理劳动强度等优点。

（3）尾矿天然矿物质土壤改良剂的技术应用

尾矿天然矿物质土壤改良剂的技术研究有一定发展。由于中国人口众多，土地长年耕种，致使土壤中微量元素缺乏，导致营养成分不足，影响农作物生长。矿山尾矿中含有大量的微量元素，经过适当处理可制成用于改良土壤的微量元素肥料，针对这一理化特性，长春金世纪矿业技术开发公司与国外某科研机构共同探索，进行了利用尾矿制作土壤改良剂方面的探索性试验研究，并取得了突破性进展。

在栽培农作物（以白菜为例）的土壤培养箱中，根据面积按比例加入尾矿（撒播 20～40g/m²），从而改变土壤中微量元素含量，用以观测农作物的生长状态。首先选择土壤样本进行化验分析，取土壤中氮、磷、钾及有机质、pH 值等没有达到国家土壤二级标准的样本进行试验。通过分析取得土壤原始数据，确定改良剂的原料组分配比，试验结果证明，非常少量的尾矿使土壤发生巨大的变化，按比例加入尾矿的土壤中生长的白菜比没加入尾矿的土壤中生长的白菜成熟期提前了 1 个星期，且保持绿色成熟状态的时间是未加入尾矿土壤所种植白菜的 2～4 倍，从而充分证明了天然矿物质微量元素可以使植物得到良好的生长。含有更丰富的天然矿物质土壤可使花的颜色会变得更鲜艳，促进植物的生长及保鲜，使蔬菜更具有持久的耐存性；使土壤里的微生物活性化，有效补充土壤中的天然矿物质。改良剂具有使用方法简单、容易操作、成本低的优点，这项研究成果的突破，使尾矿在农用技术应用方面开辟了新的途径，也提高了尾矿产品的工业附加值，为矿山企业带来了新的经济增长点。

（4）金属尾矿制备新型材料

金属尾矿矿物成分和化学组成常与一些建材、轻工、无机化工原料较为接近，是一种不完备的天然混合料，可以通过掺入少量其他原料，适当调配，经过一定的制备工艺，开发新产品，如微晶玻璃、建筑陶瓷等。微晶玻璃、建筑陶瓷等产品均具有高硅特点，较早用于制备这些产品的尾矿主要是可以节约优质石英、长石的高硅尾矿，后逐渐延伸到了低硅尾矿上，这些产品中的代表为微晶玻璃和建筑砖。利用尾矿制备微晶玻璃属高层次尾矿利用途径，国内已有 30 多年的研发历史。微晶玻璃是由基础玻璃控制晶化而形成的微晶体和玻璃相均匀分布的复合多晶陶瓷，兼具有玻璃和陶瓷的性能，机械强度高，耐腐蚀、耐磨、抗氧化性、热稳定性能好，广泛应用于电子、化工、建筑、航天等领域。

利用尾矿生产高附加值新型材料——微晶玻璃，是十多年以来国家多家部委联合鼓励支持的一项高新产业技术。微晶玻璃是近年国际上发展起来的一种新材料，可以应用在机械力学材料、光学材料、电子与微电子材料、生物医学材料、化学化工材料、建筑材料等领域。泡沫微晶玻璃作为结构材料、热绝缘材料和纤维复合增韧微晶玻璃都得到了广泛研究和应用。微晶玻璃还被用于制造原子反应堆控制棒上的材料、反应堆密封剂、核废料存储材料等核工业方面。

自 20 世纪 90 年代以来，中国地质科学院在国内首先提出并开始进行"尾矿微晶玻璃"生产技术研究，于 1994 年获得了中国新发明专利，承担《中国二十一世纪议程》的"尾矿的处置、管理及资源示范工程"，代表了国内尾矿整体利用最先进技术水平和新技术；2000年，该院承担完成国家科技部《尾矿微晶玻璃生产工艺研究》国家重点科技攻关项目，成果通过国家科技部验收和国土资源部科技成果鉴定。2001 年 11 月，国家发展和改革委员会、科学技术部联合发布的《当前优先发展的高技术产业化重点领域指南(2001 年度)》中第 101项"工业固体废弃物资源综合利用"明确了近期高技术产业化的重点是"尾矿微晶玻璃，建立有代表性、技术起点高、综合效益显著并能达到一定规模的产业化示范工程，逐步形成适用、先进的资源化成套设备及工艺。"2007 年 2 月，国家发展和改革委员会、科学技术部、商务部、国家知识产权总局再次把该院开发的"尾矿微晶玻璃"列入我国"十一五"规划期间《当前优先发展的高技术产业化重点领域指南》。国家工业信息化部、国土资源部、科学技术部、国家安全监察总局于 2010 年 4 月发布的《金属尾矿综合利用专项规划(2010—2015年)》，将尾矿生产微晶玻璃技术作为重点技术。

中国地质科学院在国内外首次把"尾矿微晶玻璃"专利技术成果在新疆、陕西、山西企业工程项目中成功实施转化。2007 年 5 月，新疆锦泰微晶材料有限公司"年产 $2 \times 10^5 \, m^2$ 尾矿微晶玻璃"生产线在新疆率先建成投产，利用中国地质科学院 60% 稀有金属尾矿生产配方工艺成果成功生产出新疆红色微晶石。2009 年 8 月，君达(凤县)公司在陕西宝鸡新建我国第二家"年产 $2 \times 10^5 \, m^2$ 尾矿微晶玻璃"生产线建成投产，利用该院 60% 铅锌尾矿生产配方工艺成功生产出君达黑微晶石。目前，产品销往我国西安、宁波、保定等地及意大利、日本等国家，产品供不应求，从而在国际上表明，只有我国实现了尾矿微晶玻璃技术成果产业化。

3.2 废石综合利用途径

3.2.1 废石再选

随着我国资源贫化日趋严重，高品位金铜资源日趋减少，而近年来我国对金铜资源的需求量逐年递增，每年我国都从国外进口大量铜精矿以弥补国内铜产量的缺口；此外，我国低品位金铜资源储量巨大，前期金铜资源无序开发造成的废石中含有大量的低品位金铜资源。据统计，有色金属矿山每采出 1t 矿石平均产生 1.25t 废石，废石年产量高达 $1.06 \times 10^8 \, t$。若按铜的边界品位为 0.3% 计算，每年将有数十万吨铜被丢弃，这是相当巨大的资源量，若能有效回收这部分低品位资源，将能极大地缓解我国铜资源短缺现状，提高我国铜资源的自给率。若按金的边界品位为 0.5×10^{-6} 计算，每年丢弃的废石中含金高达 30 多吨，相当于一个大型金矿的储量。因此，如何有效利用这些低品位资源是科研人员急需解决的问题。

某金铜矿废石堆场中的含金铜废石虽然金铜品位较低，含金 0.41×10^{-6}、含铜 0.17%，但金主要以自然金和硫化物包裹金为主，占比达 70.74%；铜主要以硫化铜为主，占比达 84.24%，且部分金铜矿物嵌布粒度较粗，具有较好的可浮性，可通过浮选进行回收。含金铜废石经"部分快速优先—粗三精三扫闭路流程"，可获得含金 26.26×10^{-6}、含铜 13.34% 的金铜精矿，金回收率达 63.16%，铜回收率达 79.23%，选矿效果较好。按现有金、铜金属价格进行初步经济估算，该含金铜废石采用浮选工艺，可获得较好的经济效益，初步估算处理每吨矿废石可产生利润 34.2 元左右。该技术方案的实施将有助于进一步提高矿山资源综合利用水平，提升矿山经济效益。

某铁矿矿石以磁铁矿为主，伴有少量黄铁矿、黄铜矿、镜铁矿、赤铁矿、菱铁矿等。铁矿选矿厂目前生产流程为中碎后干式磁选抛废—阶段磨矿—弱磁—浮选流程。目前铁矿选矿厂年处理量为 1.0×10^{6} t，每年产生的干抛废石约为 2.0×10^{5} t，干抛废石中主要可综合回收的有用成分平均含量为全铁 11.05%、铜 0.091%、硫 3.74%，尤其在中细粒级中损失较多，在目前国内铁、硫、铜资源极度紧缺的情况下，回收这部分资源十分必要。为此拟对干抛废石采用跳汰等手段进行预先富集，预选粗精矿再进行铁硫铜综合回收。干抛废石磁性矿物含量较少，因此试验研究重点是 $50\sim100\mu m$ 粗粒跳汰重选等工艺研究，通过重选等选矿方法，预先富集铁硫铜矿物，对富集后的产品以现场流程和工艺参数为基础，进行铁硫铜的综合回收。

通过对某铁矿干抛废石选矿综合回收试验结果可知，跳汰粗精矿中的铁从 10.76% 提高到 13.03%，硫品位从 3.420% 提高到 4.440%，给入磨矿的物料（即 $50\sim5$mm 干抛废石经跳汰选别后的粗精矿及 -5mm 干抛废石混合）铁品位为 13.59%，硫、铜含量分别为 4.440% 和 0.1081%，铁、硫、铜均得到一定程度的富集，说明采用粗粒跳汰工艺处理此干抛废石还是比较有效的。由于干抛废石中的铁矿物主要为赤褐铁矿、碳酸铁和黄铁矿等，磁性铁含量较低，磁铁矿只占 6.45%，所以跳汰粗精矿经弱磁选选铁所获得的铁精矿虽然铁品位达到了 65.02%，但产率和铁回收率都较低。综合回收铁、硫、铜的工艺流程能够获得比较好的选别指标，说明处理此干抛废石采用跳汰—阶段磨矿—弱磁选选铁—混合浮选—硫铜分离浮选的工艺流程是合适的。铜硫混合浮选所抛弃的尾矿中含铁 9.46%、含硫 0.421%、含铜 0.015%，说明对此干抛废石的综合回收利用效果较为明显。

将采矿-冶金生产所产生的固体废料，按照其中是否含有金属进行分类。若其中含有金属的废料，则对其中有用组成部分含量指标进行确定；而后通过样品的采集与分类，将其分为Ⅰ类含金属可回收废石、Ⅱ类金属量较少但仍有利用价值的废石、Ⅲ类无回收价值的废石。对其中非金属废料，以相应工业标准衡量其是否有再利用的价值，而后采样分析，判断其可否应用到建筑工程领域。若可，则通过需求量估算，将之合理分配为建筑材料或土地恢复材料；若否，则直接针对其在土地恢复中的经济效益进行评价，从而减少废料对土地的占用，并适度填充挖掘后的土地。

首先，开采铁矿后所遗留的空洞，需要进行填充，以防止地面大面积塌陷。而由于国家对填井材料有着明确的标准要求，因此过去部分铁选厂，大都由外界购入大量的填料。在运输与材料购买等方面花费了大量资金。其次，大型铁选厂的抛尾废石量极多，而在现代技术的视角下，发现这些废石中尚有部分可供利用的金属元素没有被充分提炼出来，从而造成不少的材料资源浪费。最后，大量的抛尾废石并不符合填井材料的要求，所以只能占用大量的场地面积，造成土地资源浪费。废石分类再利用的优势，在对废石进行分类、回收、利用之后，优化生产流程，使现有的生产设备得到充分利用，从而将废料中金属元素重新提取出，并达到半成品与成品规格。而余下的尾砂等材料，又能达到井下填充的标准，极大地提升了矿石开采效率。尾砂废料又可直接填充于井下，而不占用地面面积，无需再购入填井材料，从而降低了生产成本。

首先在厂内选取废石并进行破碎处理，而后对砂料进行磁干选，将其中磁块矿选出并将其余部分磨碎。经弱磁选后将弱磁粗精矿筛选出，并将剩余材料进行强磁选筛。选出其中强磁精矿，将其余材料做脱水处理，一部分作为尾砂，另一部分作为溢流。该厂的废石再选工作全流程均由铁选厂进行管理，从而使其形成独立于生产环节之外的另一流程体系。在现有生产设备的基础上对生产流程进行改进。首先，采用皮带运输机将废石场地中的废石输送给粗碎集料斗，经过粉碎处理后，达到标准的粒度要求。在此过程中，以 120kA/m 的磁场强度对材料进行预选。而后，在湿料状态下对材料进行脱水回收，将回收后的尾砂填充入矿井下。

为了促进对低品位金矿资源的回收利用，在对潼关地区低品位含金氧化矿石的化学成分和矿石特征进行研究的基础上，开展矿石可浸性、泥化程度检查、NaCN 浓度、喷淋强度、吸水性、渗透性和初始耗碱量等条件试验，对其氰化浸出性能及影响因素进行了试验研究。氰化堆浸法回收金在我国已有数十年的历史，技术比较成熟，也有不少成功的矿山应用案例，但不同地区矿床地质构造、矿石的类型和特征有着很大的差异。因此，在考虑以堆浸法回收利用低品位金矿资源时开展前期相关模拟条件试验工作极为必要。该类低品位金矿石氧化程度较低，属原生矿-半氧化矿石的过渡类型。裂隙不发育，岩石结构紧密，且自然金以中-粗粒为主，属不易堆淋矿石。该类矿石氰化有害元素含量低，可浸性试验表明，24h 机械搅拌浸出率达 95.2%，为良好可浸性矿石。从试验结果来看，该类矿石堆淋浸金回收率偏低，从地下采矿进行堆淋生产很难获得效益，若在开采富矿的同时作为废矿石进行回收利用，尚可获得效益。此类低品位矿石氧化程度低，为可浸性良好的矿石，目前最佳方法应为全泥氰化法。

随着我国经济的不断发展，钢铁需求量迅猛增长，带动了铁矿石需求的增加，从而出现了矿石供应短缺现象。因此，充分利用现有矿石资源，特别是"三废"的再利用尤为重要。为此，就石人沟铁矿大块磁滑轮所抛废石的再利用进行了试验研究，通过试验可获较为可观的经济效益。

矿山废石综合利用清洁节能新工艺研究的新工艺和新药剂对矿山废石综合利用有很强的适应性，较好地解决了提高技术指标的技术问题，解决了长期困扰从矿山废石中回收钴的生产难题。而且把技术改造的费用降至最低，降低了生产成本，提高了矿产综合利用水平和企业经济效益，增强了矿山企业抵御市场风险能力，促进了矿山的可持续发展，具有较显著的经济效益、社会效益和环境效益。

3.2.2 废石充填

近几十年来，充填采矿法以其技术优势在世界范围内得到了广泛的使用。这一方面主要是出于地下开采深度逐步增加，维护矿山和采场稳定性的需要；另一方面是出于提高资源回收率和环境保护的需要。其中废石胶结充填技术以它可以处理消纳井下矿坑废石，且无污染，进一步实现废石不出坑胶结充填的技术优势而备受关注。废石尾砂胶结充填技术的应用为世界无废采矿技术发展起到了良好的推动作用，其不仅能够节约成本，有效处理废石和尾砂，而且能更好地促进矿山安全、高效开采，有利于矿山开采工程的可持续发展。

废石胶结充填是根据混凝土理论，在废石干式充填和砂浆胶结充填基础上发展起来的一种新充填方法。该法一般利用矿山开采中排出的废弃物为充填材料充填于井下采空区，以控制矿山地压、防止地表塌陷，实现矿柱回采。废石胶结充填从21世纪初在澳大利亚芒特艾萨矿的大规模试验取得成功后即在许多国家得到了广泛的推广应用。我国在20世纪80年代末开始进行此项技术的系统研究，现已得到全面的发展。它主要分为废石砂浆胶结充填、废石水泥浆胶结充填等。

废石砂浆胶结充填是以水泥砂浆包裹废石形成胶结充填体。由于充填体中的部分砂浆被废石替代，不但提高了充填体的整体强度，而且可显著降低充填成本。该工艺往往是将废石与水泥砂浆按照一定的配比分别输送至井下，同时同点下放到采空区自行混合形成胶结体，其充填能力大，机械化程度高。因此，该工艺技术一般适用于阶段空场法、VCR法、分段空场法、留矿法等大空场采矿法的嗣后充填。废石砂浆胶结充填的废石粒径一般小于300mm，砂浆为尾砂浆或细砂浆。

废石水泥浆胶结充填是以自然级配的废石包裹上水泥浆的一种充填工艺。废石和水泥被分别送到井下，废石用矿车或无轨设备送入采场，采用自淋混合或电耙搅拌。因此，该方法的适用范围广，既可用于大空场采场的嗣后充填，也可用于小采场的充填。当利用井下掘进废石充填时，其充填系统就相当简单，基建投资也很少，并可减少井下掘进废石的提升及运输费，减少废石对环境的污染，其经济效益和社会效益都很显著。

由于具有充填体的强度高、水泥砂量少、充填成本低等优越性，同时还能减轻矿山开采对环境造成的严重污染以及减少占用土地，因此废石胶结充填技术将在我国的采矿业中得到更加广泛的应用。

加拿大的纳缪湖镍矿和基德克里克矿、前苏联捷格佳尔斯克矿等国外矿山在20世纪80年代就采用了废石水泥浆胶结充填技术。我国于20世纪90年代在鱼儿山金矿、金山金矿、东沟坝金矿等采用了该技术。

废石尾砂复合集料胶结充填较早地被应用在加拿大基德克里克矿的岩层支护中，1976年，规定废石胶结充填体的强度要求为7MPa，这个值能保持高120m、长70m已暴露的充填体不坍塌。满足强度要求的硅酸盐水泥粗骨料为5%（质量比）。早在1981年，Corson等试验了水泥砂浆浇注充填碎石空隙，形成坚固的胶结充填体，并称之为"粗骨料充填"。Arioglu（1983）试验研究在胶结尾砂料浆中掺入一定比例的废石能改进胶结充填体的强度，其复合充填材料由60%的粗大理岩集料和40%的尾砂构成，颗粒尺寸分布范围为30～0.15mm。复合集料与水泥比（质量比）变化从5∶1至20∶1，水灰比变化范围为0.72～2.21。Afiodu研究表明，尽管掺入粗糙废石能改进充填体强度特性，但是对胶结充填体强度起主要作用的是水泥的含量和水灰比，颗粒级配对胶结体强度起很小的作用。G Grice（1983）在Fill Research at Mount Isa Mines研究报告中提到芒特艾萨矿早在1973年就讨论过水泥尾砂料浆胶结废石的概念。但是Mathews（1973）和Cowling（1983）曾分别就铜矿采区多数采场所使用的胶结废石充填系统及其设计的早期问题进行探讨。T. R. Yu（in Annor，1990）已经提出几种不同的胶结废石材料，包括 5%～10% 的砂或尾砂称为"胶结"充填。可以基本认为是胶结废石充填的雏形。同时 T. R. Yu（1990）提到基德克里克矿早在 1982 年就开始试验在硅酸盐水泥中掺入高炉炉渣或废石进行胶结充填，有效地降低了成本。Annorr（1999）提出 4 种形式的复合集料充填集料，调查研究了其中 2 种类型的复合集料充填材料，构成混合膏体充填和复合骨料膏体充填（CAP）。掺入尾砂和淤积的岩石常被作为混合充填材料。另外，复合骨料膏体（CAP）充填需要细骨料的量占充填材料干重量应大于 20%。

我国很早就使用废石充填采场，华锡集团铜坑锡矿采用井下机车、溜井分配系统、皮带输送机将废石运送至采场口，然后与管道输送来的水泥浆同时充入采场，在下落过程中自然混合充填，形成高强度的废石胶结充填体。该法是一种高效率的充填法，日处理废石量较大，较适用于大矿山、大矿体。另外，金山金矿、湘西金矿和锡矿山将废石和水泥浆直接充填采场，用电耙混合，也取得了很好的效果。

红透山铜矿是当前我国矿山开采最深的矿山，其开采深度已达到 1100m，开拓深度达 1337m。随着开采深度的增加，开采条件不断恶化，地压增大。为了防止岩爆，提高充填体的整体稳定性，降低充填成本，采用了废石尾砂胶结充填。红透山铜矿进入深部开采后，矿石和废石需两段提升和转运才能到达地表，提升费用明显增加，而且使提升系统的提升能力下降，影响了生产的正常运行。建立井下废石充填系统，将井下废石充填于采空区，不仅解决了砂源不足的问题，而且降低了提升、充填、排土等一系列费用，同时提高了充填体的整体稳定性。井下废石充填系统的废石仓设在 -467m 与 -527m 中段之间，利用 -527m 中段 14 号采空区作为废石仓，其容积 $2 \times 10^4 m^3$。掘进产生的自然块度废石汇集到废石仓，并通过新设在仓底部的溜井直接放至 $8m^3$ 梭式矿车，运到各待充采场与水泥砂浆一起充入。废石充填系统的投资为 37 万元，投产后因减少提升费、外运充填料费及节省水泥费等，每年可产生的经济效益达 227 万元。

济钢张马屯铁矿地处济南市郊，地表不允许塌陷。矿床属矽卡岩型交代矿床，矿体呈透镜状、似层状，水平厚度为 35～45m，倾角 30°～70°，采用分段空场法回采，嗣后充填，阶段高 40～60m，分段高 10～12m，矿房垂直矿体走向布置，矿房宽，矿柱宽 10m。该矿于 1995 年开始采用高浓度全尾砂废石胶结充填。

铅硐山铅锌矿是第三批国家级绿色矿山试点单位，有责任在绿色矿山建设方面做出更突出的成绩。为了减少废物外排，经过研究，对井下可利用的采空区加以充分利用，利用采空区排放采矿废渣，使部分废石不出坑就地消纳，缓解了废石场库容压力，并节约了提升和运输废石所产生的能源消耗。从开采源头控制固体废物的资源化利用，减少废石外排，相对延长了废石场的服务年限。长期堆存在蒋家沟废石场的废石容易造成环境污染。利用采空区排放采矿废石，有助于地表生态环境恢复，从消极的后期治理转为积极的源头控制，实现可持续性发展。该研究利用井下采空区排放废石方式与目前矿山井下废石外排方式进行可比性分析，可以了解它的经济性。

（1）方案一：废石集中至 1330 中段后，由电机车牵引运输至溜渣井排废硐室处，采用人工翻卸，将废石排入采空区。运输线路大部分利用已有工程，新投入的工程量很小，如卸渣硐室、调车场、局部弯道、溜渣井等。

（2）方案二：运往坑外后倒运至废石场废石集中到 1330 中段后，由电机车牵引运输至 1330 坑外临时堆渣场，然后采用汽车倒运至 2 号格栏坝上部的废石场内。坑口现有锚桥及相关措施工程，外排的废石包含人工翻渣、铲车铲运、大车二次倒运等整个工作。

通过以上综合分析比较可以看出，利用采空区排放废石，最大限度地降低废石外排，减少对环境的污染，同时相对降低了废石排放成本，带来一定的经济效益。利用了井下已有空间就地消纳废石，减少了固体废物外排对矿区生态环境的影响，达到了人与自然的和谐共处。因此，矿山企业技术人员应该借鉴该技术方案，在确保矿山安全生产和经济效益的基础上应尽可能利用井下现有设施对采矿空区加以利用，这不仅符合国家绿色矿山建设的目标要求，而且也最终实现了经济效益、环境效益和社会效益的有机统一，意义重大。

3.2.3 建筑材料

我国近年来经济高速发展，各种基础设施、工业设施和民宅等工程大量兴建，导致可利用资源越来越少，而且在消耗建筑材料、利用土地资源的同时也给环境造成了一定破坏。对于我国这样一个资源相对缺乏的国家来说，要长期发展就必须走循环经济、资源综合利用之路。目前我国矿山排放的矿山剥离废石的堆存量已达数百亿吨，仅露天矿山每年剥离废石就达 1.0×10^9 t 以上，这些废弃物需要设置专门的排土场用于长期堆放，不仅占用大量的土地，而且存在工程灾害隐患，一旦发生事故，会给社会、经济、环境造成严重危害。

矿山废石是在采矿、选矿过程中产生的固体废弃物，其中还包括尾矿和其他的固体废物等。废石主要产生于开采过程中的剥离围岩环节。我国矿山废石的排放量相当大，这不仅严重地影响到对矿产资源的充分利用，同时还对环境造成了严重的危害，例如废石的堆积不仅侵占了大面积的农田和土地，而且对土地造成了严重破坏，水体受到污染。同时，若没有对这些废石加以完善的管理，极有可能造成废石堆的自燃以及堆积坝的滑坡等，造成重大事故的发生。因此，在充分认识当前严峻形势的基础上，要进一步加强对矿山废石的管理，研究对废石的综合利用和治理的措施，对于确保矿山的安全、绿色运行具有非常现实的意义。

鞍钢矿山有目前国内较大的弓长岭、东鞍山、大孤山、鞍千、齐大山 5 大露天矿，每年在生产铁矿石的同时也需剥离大量废石。以 2014 年的排岩量为例，每年排放岩石约 $1.327 \times 10^8 \, m^3$，大孤山铁矿 7.379×10^7 t、齐大山铁矿 5.102×10^7 t、东鞍山铁矿 1.06×10^7 t、弓长岭铁矿 6.925×10^7 t、鞍千铁矿 6.078×10^7 t。

近几年随着生产规模的扩大和开采深度的不断下降，岩石排放量逐年增加，使矿山排土工作面临着空前的压力。一方面征地成本在不断增加；另一方面受排土场周围环境条件、城市规划的限制，已无土地可征。所以要继续维持生产和扩大生产规模，除在排土工艺上采取必要的措施（胶带高排土、内排、废弃尾矿库排土等）外，综合利用剥岩废石，减少排放量，延长排土场服务年限是必经之路。

齐大山铁矿有目前国内铁矿山最大的排土场，很具有代表性，为此废石用于尾矿筑坝的研究主要在该矿开展。

齐大山铁矿由 5 个排土场组成，将各排土场占地采场破碎后排弃的废石用于尾矿库筑坝是一项应大力推广的新技术，应用该技术可以有效解决尾矿库筑坝所需大量材料的来源问题和矿山排土场征地困难的难题。鞍钢矿山在这方面进行了多年攻关，完成了利用破碎后 0～350mm 废石筑坝的应用研究，总结归纳出了废石碾压坝设计所需的稳定性分析、渗流分析和非线性强度等设计指标。

风水沟尾矿库总汇水面积 $7.828km^2$，140m 标高时全库容 $2.28×10^8m^3$，有效库容为 $1.68×10^8m^3$，该库由 140m 加高到 155m 时需修建副坝 10 座，其中 3 座副坝全部采用废石碾压坝。

大孤山球团厂尾矿库汇水面积 $6.34km^2$，由 150m 加高到 180m 后，有效库容为 $7.3495×10^7m^3$，加高工程分两期建设，其中 150m 加高到 160m 为一期工程，采用废石碾压坝。目前该工程已竣工投入使用。共计消耗废石 $3.6×10^6m^3$，节省工程和征地费用近 1000 万元。

利用废石原料加工后的碎石用于公路路面基层结构中的材料，应符合 JTG/T F20—2015 的规定；利用废石原料加工后的混铺块碎石用于矿山道路基层结构中的材料，应符合 GBJ 22 的规定。这些部位的碎石，对加工废石的抗压强度、粒径组成等没有严格规定，便于大规模推广使用。

关于废石用于道路混铺块碎石基层的研究与应用，国内各矿山企业已有先例。《厂矿道路设计规范》（GBJ 22—1987）进行了系统总结，规范第 4.2.3 条对碎石基层的定义是："这种材料是露天矿山道路使用较多的一种基层和底基层材料，其最大尺寸一般不宜超过 200mm，含土量不大于 30%。"目前这种基层材料在鞍钢各矿山大量应用，以齐大山铁矿为例。该矿设有一座道路混铺块碎石加工基地，年产量 $7.5×10^5t$，约为 $3.3×10^5m^3$，考虑到鞍钢其他矿山的使用量，年消耗约 $1.0×10^6m^3$。

鞍钢关宝山选厂工程与眼前山铁矿排土场相邻，工程施工中，将眼前山铁矿排土场废石筛选后的片石用于 2 号、3 号片石混凝土挡土墙施工。该片石是在排土场采用简易筛分设备筛选出来的，片石混凝土中掺入 25% 片石，掺入量 $1.085×10^4m^3$；1 号、5 号、6 号浆砌片石挡土墙消耗片石 $5000m^3$，石料强度设计要求 MU30。实际挡土墙片石检测报告 2 份，其中鞍钢集团矿业设计研究院检测中心 1 份，检测值为 MU104；冶金工业工程质量监督总站鞍钢监督站检测中心 1 份，检测值为 MU103，均大于设计值。上述检测单位指标试验方法均按《工程岩体试验方法标准》（GB T 50266—2013）中的要求进行。

采场排弃的废石用于场地回填除设计有特殊要求外均可使用，其最大粒径应控制在分层厚度 3/4 以下，其分层厚度、填筑要求、压实控制等执行《土方与爆破工程施工及验收规范》（GB 50201—2012）4.5 条中的规定。鞍钢关宝山选厂工程紧邻眼前山铁矿排土场，工程施工中，将眼前山铁矿排土场废石直接用于山下工业场地、140m 台阶边坡回填，消耗废石约 $1.2×10^5m^3$。

铁矿山废石综合利用前景广阔，其中废石碾压尾矿坝、道路混铺块碎石基层和场地回填等方面的年消耗量都在 $1.0×10^6m^3$ 以上，应用前景可观。随着采矿方式逐渐向地下开采转变和井下废石充填技术的不断完善，再加上其他废石综合利用技术的不断发展，铁矿山废石堆存量会不断减少，最终达到节省土地，促进矿山生产良性循环的目的。

程潮铁矿每年产生的废石量为 $4.84×10^5t/a$，其中 67.2% 已用于回填塌陷区，但仍有 $1.588×10^5t/a$ 未被利用，这些废石堆放在地面废石场，场满为患，占用农田，影响工农关系。可对出笼废石进行检选，选取 150cm 以上的大块石料，用于尾砂坝维修，垒砌护坡构筑挡土墙等，选出狗头石（其直径通常在 20cm 左右），用于建筑基础，其余小块的加工成碎石、小石子和瓜米石等，用作铁路道渣和制造混凝土预制构件原料。用装载机装入汽车运至搅拌站进行搅拌，用于制作混凝土。在振动筛处有单机袋式除尘器进行粉尘收集，所收集的粉尘又可作为沥青的填充料或路基的垫层料。为矿山节约大量废石运输费用和废石堆存占地费，既节约了大量可耕地，又产生了较大的经济效益，变废为宝，为国家节约了资源。

首钢矿业公司一直着力开发综合利用固体废弃物，重点发展建筑用砂、磁尾碎石、铁路道渣、彩砖砌块等建材产品，取得较好效果。

1）利用磁滑轮碎石、尾砂生产建筑石料　经专项研究，利用尾砂配置的混凝土平均抗压强度比天然砂混凝土高 12%，按一般配比用磁滑轮碎石加尾砂配制的混凝土和易性良好，可以配制 C50 以下泵送混凝土及普通混凝土，比河砂节约水泥 $100kg/m^3$，属于新型环保材料。近几年，磁滑轮碎石、尾砂已经广泛应用到钢铁基地、技术改造、市政等工程建设上。

2）利用尾砂开发建材产品　已建成建材生产线 6 条，生产五大类几十个规格的建材产品。该产品用于广场、公园、马路等铺设的彩砖，价廉物美，极受用户的欢迎。此类产品不用烧制，不占耕地，没有污染。目前，彩砖产品、小型空心砌块质量均达到同行业先进水平。

3）利用废石加工铁路道渣　建成了一条年产 $4.0 \times 10^5 m^3$ 规模的铁路道渣生产线，产品定点销售给北京铁路局天津分局，平均每年产销 $2.5 \times 10^5 m^3$。其产品结构致密、硬度高、抗风化、耐腐蚀性好，与普通道渣比，可延长铁路路基养护周期 3 倍以上，已被广泛应用于京山线、京秦线、大秦线、京沪线等主干铁路的路基铺设，连续多年获得天津铁路分局免检产品，成为其五家道渣定点生产厂家之一，累计销售 $9.0 \times 10^5 m^3$ 以上。

3.2.4　高附加值产品

在铁尾矿细骨料混凝土的基础上，加入废石作为粗骨料，减少胶凝材料的用量，制备出全尾矿废石骨料混凝土，在提高铁尾矿和废石等固体废弃物综合利用率的同时，使其具有优异的力学性能及耐久性能。全尾矿废石骨料高性能混凝土使用的主要原料包括细骨料铁尾矿砂、粗骨料废石，以及粉煤灰、水淬高炉矿渣、水泥熟料和脱硫石膏。

北京威克冶金有限责任公司的密云地区采场剥离废石，提供配制全尾矿废石骨料高性能混凝土过程中所用的粗骨料废石。采用废石作为粗骨料，通过对废石样品进行显微镜分析和 XRD 分析，得出废石的主要矿物组成为石英、钠长石、角闪石、绿泥石、黑云母等；并进行压碎指标的测试，符合高性能混凝土所用碎石的要求，经过粒度和级配的调整后可作为混凝土的粗骨料。将全尾矿废石骨料高性能混凝土与普通水泥混凝土进行耐久性的对比，证明全尾矿废石骨料高性能混凝土的耐久性能优异，尤其在抗冻融性能和抗硫酸盐侵蚀方面具有较好的表现。

张宁等以磁铁石英岩型铁矿山尾矿和废石作为骨料，以优化配比的钢渣、矿渣和脱硫石膏作为胶凝材料，制备全固废早强型 C30 混凝土。研究利用钢渣、矿渣、脱硫石膏作胶凝材料，北京密云地区铁尾矿废石及废砂作粗细骨料制备无熟料早强型 C30 混凝土。确定钢渣、矿渣超细粉的最佳粉磨时间，试验得出胶凝材料的最佳配合比。结果表明，利用磁铁石英岩型铁矿山尾矿和废石作为骨料，以优化配比的钢渣、矿渣和脱硫石膏作为胶凝材料，可以制备全固废无熟料早强型 C30 混凝土。

随着科技进步和生活水平的提高，我国墙地砖产品质量和档次有了质的飞跃，已拥有不同品种、不同规格、不同功能和不同装饰效果的墙地砖产品。但是，由于墙地砖所用的主要原料为黏土，致使农田损失增加。结合我国国情，寻找新原料已迫在眉睫。研究发现：高岭质煤矸石的主要矿物成分与黏土极为相近，利用高岭质煤矸石研制建筑墙地砖已是各国关注的热点。

煤矸石是目前排放量最大的工业固体废弃物，在 2000 年我国排放量约占当年煤炭产量的 10％，仅 2000 年排放就达 $3.1×10^8$ t。对云南省滇东地区煤矿的陈煤矸石进行抽样分析，结果发现大部分地区的陈煤矸石矿物成分与当地黏土矿物组成极为相似，主要矿物成分均为高岭石、蒙脱石、石英砂、硅酸盐矿物、碳酸盐矿物和少量钛铁矿及碳质。另外，从煤矸石和黏土的化学成分也可看出，陈煤矸石基本上可替代黏土成为生产墙地砖的原料。高岭质陈煤矸石经过一定的加工，可成为传统墙地砖原料的替代品，使工业固体废弃物煤矸石无害化、再资源化。利用煤矸石研制建筑墙地砖，是煤矸石走深加工之路的一个重要方向。

我国自 20 世纪 80 年代以来，煤矸石产品由初级加工向深加工、由单一产品向系列产品发展。随着精选加工工艺技术设备的研制成功，万吨级煅烧超细高岭土生产企业正在出现，目前已有 20 多家，年总生产能力在 $1.5×10^5$ t 左右，加上直接出售原矿的厂矿点，总产量可达 $3.0×10^5$ t 左右。国内高岭土消费领域十分广阔，涉及陶瓷、电子、造纸、橡胶、塑料、搪瓷、石油化工、涂料、油墨、光学玻璃、玻璃纤维、化纤、砂轮、建筑材料、化肥、农药杀虫剂载体及耐火材料等行业。产品分八大系列 60～70 个品种，现开发出超细、超细改性、煅烧、漂白土以满足不同行业的需求。利用煤矸石生产超细高岭土，主要是通过烧结方法，其主要的工艺控制指标是原料品质、煅烧温度、煅烧窑炉、煅烧方式、升温速度、恒温时间、添加剂选择和煅烧气氛控制。

结晶氯化铝，无色结晶，工业品为淡黄色，吸湿性很强，易潮解，在湿空气中水解生成 HCl 白色烟雾，加热亦释放出 H_2O 和 HCl，水溶液为酸性。结晶氯化铝主要用于精密铸造的硬化剂（较氯化铁强度高）、造纸施胶沉淀剂、净化水混凝剂、木材防腐剂、制造氢氧化铝胶、石油工业加氢催化剂、单体原料及污水分离剂、羊毛精制剂、染色和医药等。聚合氯化铝是一种无机高分子化合物，是介于 $AlCl_3$ 和 $Al(OH)_3$ 之间的水解产物。聚合氯化铝为无色或黄色树脂状固体，其溶液为无色或黄褐色透明液体，有时因含杂质呈灰黑色黏液。聚合氯化铝用作絮凝剂，主要用于净化饮用水，还用于给水的特殊水质处理，除铁、铬、氟、辐射性污染和浮油等，也用于工业废水处理，如印染废水等；此外，还广泛用于铸造、造纸、医药和制革等方面。可以煤矸石废石为原料，生产结晶氯化铝及聚合氯化铝。

此外，利用煤矸石废石还能生产含结晶水的硫酸铝，用于造纸工业作为糊料，净水时用作絮凝剂，也用作媒染剂、鞣草剂、医药收敛剂、木材防腐剂及泡沫灭火剂等。用煤矸石废石提炼的氢氧化铝用作聚氯乙烯及其他塑料和聚合物的阻燃填料、合成橡胶制品的催化剂和阻燃填料、人造地毯的填料、造纸的增白剂和增光剂；此外，还用作生产铝盐、氟化铝、冰晶石、铝酸钠和分子筛等产品的原料和生产牙膏的摩擦剂，玻璃、人造地毯的配料以及合成莫来石、尖晶石的原料。用煤矸石制备纳米级 α-氧化铝是生产电子工业上集成电路基片、透明陶瓷灯管、荧光粉、录音（像）磁带、激光材料和高性能结构陶瓷的重要化工原料。

在用煤矸石为原料生产硫酸铝、氯化铝等铝盐过程中，酸浸及过滤后会产生大量的残渣，这些残渣的主要化学成分是无定形二氧化硅，因此，可用来制备水玻璃和白炭黑。白炭黑是一种用途广泛的化工产品，主要用作各种浅色橡胶，如印刷（印染、扎染）滚筒、汽车轮胎、自行车胎、胶管、胶套和鞋底等的补强剂，涂料的增稠、触变和抗沉剂，造纸、印刷油墨的吸附剂，化妆品及牙膏的填料等。

利用煤矸石还可开发莫来石陶瓷和制备赛隆；该材料在工业生产中是作切削金属的刀具，其优良的耐热冲击性、耐高温性和良好的电绝缘性等使该材料适合作焊接工具，其耐磨性又适合制作车辆底盘上的定位销。

参 考 文 献

[1] 蒋承藉. 矿产资源管理导论 [M]. 北京：地质出版社，2001：59.

[2] 中国矿业年鉴编辑部. 中国矿业年鉴. 2002 [M]. 北京：地震出版社，2003：81.

[3] 刘洋. 王书文. 尾矿利用重在建立标准 [N]. 中国经济和信息化，2010-06-09 (2).

[4] 袁树康. 加快实施我国尾矿资源综合利用标准化刻不容缓 [J]. 中国标准导刊，2011，(4)：20-21.

[5] 工业和信息化部. 大宗工业固体废物综合利用 "十二五"规划 [Z]. 2011-12-17.

[6] 国家发展和改革委员会. 中国资源综合利用年度报告 (2014) [R]. 北京：国家发展和改革委员会，2014.

[7] 王湖坤，龚文琪，刘友章. 有色金属矿山固体废物综合回收和利用分析 [J]. 金属矿山，2005，(12)：70-72.

[8] Tamara F. Kondrat'eva, Tatiana A. Pivovarova, Alexandr G. Bulaev, et al. Percolation bioleaching of copper and zinc and gold recovery from flotation tailings of the sulfide complex ores of the Ural region, Russia [J]. Hydrometallurgy, 2012, 111：82-86.

[9] Donghwan Shim, Sangwoo Kim, Young-Im Choi, et al. Transgenic poplar trees expressing yeast cadmium factor 1 exhibit the characteristics necessary for the phytoremediation of mine tailing soil [J]. Chemosphere, 2013, 90 (4)：1478-1486.

第 4 章

尾矿再选技术

　　尾矿再选是尾矿利用的两个主要内容之一，它包括老尾矿再选利用，也包括新产生尾矿的再选以减少新尾矿的堆存量，还包括改进现行技术以减少新尾矿的产生量[1~4]。

　　尾矿再选使其成为二次资源，可减少尾矿坝建坝及维护费用，节省研磨、开采、运输等费用，还可节省设备及新工艺研制的更大投资，因此受到越来越多的重视。尾矿再选已在铁矿、铜矿、铅锌矿、锡矿、钨矿、钼矿、金矿、铌钽矿、铀矿等许多金属矿的选矿尾矿再选方面取得了一些进展，虽然其规模及数量有限，但取得的经济效益、环境效益及资源保护效益是明显的，应用前景较好。

　　尾矿再选的难题在于弱磁性铁矿物和共、伴生金属矿物和非金属矿物的回收。而弱磁性铁矿物，其伴生金属矿物的回收，除少数可用重选方法实现外，多数要靠强磁、浮选及重磁浮组成的联合流程，需要解决的关键问题是有效的设备和药剂。采用磁-浮联合流程回收弱磁性铁矿物，磁选的目的主要是进行有用矿物的预富集，以提高入选品位，减少入浮矿量并兼脱除微细矿泥的作用。为了降低基建和生产成本，要求采用的磁选设备最好具有处理量大且造价低的特点。用浮选法回收共、伴生金属矿物，由于目的矿物含量低，为获得合格精矿和降低药剂消耗，除采用预富集作业外，也要求药剂本身具有较强的捕收能力和较高的选择性。因此今后的方向是在研究新型高效捕收剂的同时，可在已有的脂肪酸类、磺酸类药剂的配合使用上开展一些研究工作，以便取长补短，兼顾精矿品位和回收率。对于尾矿中非金属矿物的回收，多采用重浮或重磁浮联合流程，因此，研究具有成本低、处理量大、适应性强的选矿工艺、设备及药剂就更为重要。

4.1　铁尾矿的再选

　　通常，每选出 1t 铁精矿要排出 2.5~3t 尾矿，我国铁矿选矿厂尾矿具有数量大、粒度细、类型繁多、性质复杂的特点。根据 1996 年黑色冶金矿山统计年报，全国铁矿选矿厂入选原矿量为 $2.15 \times 10^8 t$，排出的尾矿量达 $1.3 \times 10^8 t$，占入选矿石量的 60.46%；全国重点铁矿选矿厂入选原矿量为 $1.10 \times 10^8 t$，排出的尾矿量达 $5.8026 \times 10^7 t$，占入选矿石量的 52.75%。目前，我国堆存的铁尾矿量高达十几亿吨，占全部尾矿堆存总量的近 1/3。因此，铁尾矿再选已引起钢铁企业的重视，并已采用磁选、浮选、酸浸、絮凝等工艺从铁尾矿中再回收铁，有的还补充回收金、铜等有色金属，经济效益更高。

4.1.1 铁尾矿的类型

我国铁矿选矿厂的尾矿资源，按照伴生元素的含量可分为单金属类铁尾矿和多金属类铁尾矿两大类。

4.1.1.1 单金属类铁尾矿

根据其硅、铝、钙、镁的含量又可分为以下几类。

（1）高硅鞍山型铁尾矿

该类铁尾矿是数量最大的铁尾矿类型，尾矿含硅高，有的含 SiO_2 量高达 83%；一般不含有价伴生元素，平均粒度 0.04～0.2mm。属于这类尾矿的选矿厂有本钢南芬、歪头山、鞍钢东鞍山、齐大山、弓长岭、大孤山，首钢大石河、密云、水厂，太钢峨口，唐钢石人沟等。

（2）高铝马钢型铁尾矿

该类尾矿年排出量不大，主要分布在长江中下游宁芜一带，如江苏吉山铁矿、马钢姑山铁矿、南山铁矿及黄梅山铁矿等选矿厂。其主要特点是 Al_2O_3 含量较高，多数尾矿不含有伴生元素和组分，个别尾矿含有伴生硫、磷，-0.074mm 粒级含量占 30%～60%。

（3）高钙镁邯郸型铁尾矿

这类尾矿主要集中在邯郸地区的铁矿山，如玉石洼、西石门、玉泉岭、符山、王家子等选矿厂。主要伴生元素为硫、钴及微量的铜、镍、锌、铅、砷、金、银等，-0.074mm 粒级含量占 50%～70%。

（4）低钙、镁、铝、硅酒钢型铁尾矿

这类尾矿中主要非金属矿物是重晶石、碧玉，伴生元素有钴、镍、锗、镓和铜等，尾矿粒度为 -0.074mm，粒级含量占 70%左右。

4.1.1.2 多金属类铁尾矿

主要分布在我国西南攀西地区、内蒙古包头地区和长江中下游的武钢地区，特点是矿物成分复杂、伴生元素多，除含有丰富的有色金属，还含有一定量的稀有金属、贵金属及稀散元素。从价值上看，回收这类铁尾矿中的伴生元素已远远超过主体金属——铁的回收价值。如大冶型铁尾矿(大冶、金山店、程潮、张家洼、金岭等铁矿选矿厂)中除含有较高的铁外，还含有铜、钴、硫、镍、金、银、硒等元素；攀钢型铁尾矿中除含有数量可观的钒、钛外，还含有值得回收的钴、镍、镓、硫等元素；白云鄂博型铁尾矿中含有 22.9%的铁矿物、8.6%的稀土矿物以及 15%的萤石等。

4.1.2 铁尾矿再选技术

4.1.2.1 尾矿反浮选提铁降硅资源综合利用技术

（1）原理

品位约 11.0%的尾矿，先经立缓脉动高梯度磁选机复选粗精矿，粗精矿汇集后由渣浆泵经脱磁器给入高频细筛，筛上经浓缩磁选给入节能球磨机，球磨机排矿返回缓冲池，筛下经磁选后给入二段磨矿细筛；二段磨矿细筛筛上经浓缩磁选给入二段磨机，二段磨矿细筛筛下经磁选进入反浮选作业除硅，可获得铁品位为 67.2%的铁精粉。

（2）工艺流程

设计原则流程为：两段磨矿—磁选（阶段磨矿阶段选别）—阴离子反浮选工艺流程（一粗三扫，其中一次扫选、二次和三次扫选中矿顺序返回），粗选底流为最终精矿，三扫泡沫为最终尾矿。为保证磨矿效率，对筛上产物增加了浓缩磁选作业。设计工艺流程见图4-1。

（3）关键技术

关键技术为强磁选提取粗精矿—细磨—弱磁选—反浮选除硅工艺技术，可有效提取尾矿中的铁磁性物质生产铁精粉。

（4）技术特点

该技术适用于品位10％以上的铁尾矿，可使尾矿中的铁品位降至5％左右。减少了尾矿中铁资源损失，节约了矿石资源，减少了尾矿堆存，经济效益明显，具有较强的推广价值。

4.1.2.2 钒钛磁铁矿尾矿回收钛铁技术

（1）原理

① 利用钒钛磁铁矿选铁后的尾矿作为原料，经磁场强度为1300A的一段强磁抛尾后获得含TiO₂17％～19％粗钛精矿。

② 将粗钛矿进行一段闭路磨矿后经弱磁扫铁，再给入磁场强度为750A的二段强磁，获得含TiO₂22％～24％钛精矿。

③ 二段强磁尾矿经反浮选除硫作业后，进入全粒级浮钛作业，主要药剂为R-2及硫酸，经过"一粗四精"的选别作业后，可获得含钛47.00％以上的钛精矿，钛精矿经烘干即为成品钛精矿。

该工艺具有流程短、设备配置简单、投资省、成本低等特点。

（2）工艺流程

该项技术的工艺流程详见图4-2。

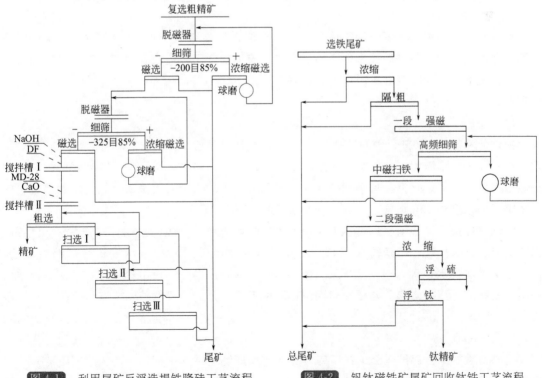

图 4-1　利用尾矿反浮选提铁降硅工艺流程　　　图 4-2　钒钛磁铁矿尾矿回收钛铁工艺流程

（3）关键技术

1）磁选技术 采用目前国内先进的强磁机 SLONϕ1750 进行强磁抛尾，一段磁场强度为 1300A，二段强磁磁场强度为 750A，既保证了钛铁矿的回收率，同时又提高了入浮品位。

2）分级技术 采用具有世界先进水平的 Derrick 高频细筛作为分级设备，避免过磨现象的发生，保证进入浮选的最佳粒度组成，降低浮选药剂消耗。

3）浮选技术 采用新型浮选药剂 R-2，既保证钛精矿的品位和回收率，又大幅度地降低了选矿成本。

（4）技术特点

采用全粒级选别新工艺从钒钛磁铁矿选铁尾矿中回收钛铁矿具有工艺新颖、技术可靠、金属回收率高、设备运转稳定、操作简便、人为因素影响小、对矿浆粒度、浓度有较强的适应性等优点，最大限度地回收了有用矿物，减少了资源浪费。每年可减少废物排放 1.0×10^5 t，减小尾矿占地面积和对环境的污染，延长了尾矿库服务年限。

4.1.2.3 尾矿回收磁性铁矿物技术

（1）原理

针对尾矿中脉石含铁量不同、铁矿物难以回收的特点，利用矿物的磁性差异、密度差异，采用强磁、摇床相结合的磁-重联合流程，采用小直径强磁分选介质，通过不同磁场强度的强磁粗选、精选工艺，生产品位为 50% 以上的铁精矿。

（2）关键技术

① 采用强磁、摇床选别相结合的磁-重联合流程。

② 强磁机选用 ϕ2m 设备，磁介质选用 ϕ2mm 的小直径介质。

③ 设计利用了地形高差，流程实现了全自流，为流程的低能耗创造了条件。

（3）技术特点

该技术针对尾矿浓度低，给矿体积大、矿物嵌布粒度细的特点，采用强磁选-重选联合流程生产铁精矿，特别是设计利用了地形高差，流程实现了全自流，为流程的低能耗创造了条件。本技术适合在国内推广应用。

4.1.2.4 磷铁钛综合利用技术

（1）原理

铁原矿品位 13.00%、磷原矿品位 3.80%；铁精矿品位 66.18%、磷精矿品位 34.07%。破碎是三段一闭路流程，一段粗破采用颚式破碎机、二段中破采用圆锥标准破碎机、三段为细破采用短头圆锥破碎机。其中细破与中破产品进入返回料仓，由振动筛作为控制筛分。破碎系统产品粒度在 15mm 左右，由皮带输送至主厂磨选流程。

磨选流程是"先选磷、后选铁"，即一次磨矿后球磨溢流先行选磷，磷选为一次粗选、二次精选、一次扫选，可获得 34% 以上的磷精矿；磷精矿进入 18m 大井进行浓缩沉淀后，再进行磷过滤脱水处理，得到含水量 10% 左右的磷精矿。扫选后的磷尾矿进入磁选选铁，采用两段磨矿、三次磁选、高频振动筛、磁团聚重选工艺的阶段磨矿磁选流程选铁，经三段磁选后得到 65.5% 以上的铁精粉，铁精粉进入过滤系统脱水后得到含水量 8.5% 左右的铁精粉，进入成品仓。

将磷、铁的综合尾矿送至选钛厂房，经两次螺旋溜槽重选—细筛—两次摇床重选—一次强磁选，得到钛精矿。尾矿输送系统为直径 60m 中心传动轨道式浓缩机 1 台，尾矿输送分一泵站 1 座、二泵站 1 座。利用直径 325mm 陶瓷管送至 2km 外的老营沟尾矿库进行堆存和水处理。生产水主要为清水、生产循环水、尾矿库回水，其中生产循环水采用 ϕ60m 大井作为浓缩池，其溢流作为生产循环水，底流（即尾矿浓度 40%～50%）被送至约 2km 外的尾矿库封存，尾矿库中的清水被泵输送至厂区作为生产补充水（即回水）。

（2）工艺流程

图 4-3 所示为磷铁选矿流程，图 4-4 所示为磷铁选后尾矿选钛流程。

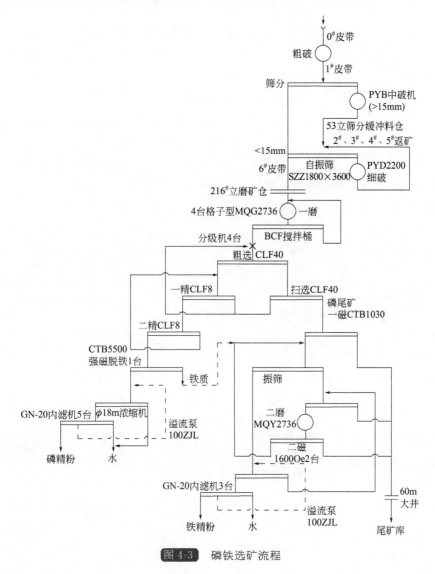

图 4-3 磷铁选矿流程

（3）关键技术

磷生产的最佳温度为 25℃，各季节温度稳定控制是一项关键工作。

（4）技术特点

磷浮选使用了新型药剂，不仅解决了环保问题，而且使原来磷的可选品位由不低于 10%降到 1.8%。磷的尾矿可选品位也由 1.5%以下降到 0.7%以下，大大提高了回收率。在选钛上，可选品位由 10%下降到 3%；同时，在工艺上，由传统的磁选、电选、浮选变为强磁加浮选，不仅降低了能源消耗，而且使北方结晶粒度较粗的钛精矿品位由原来的最多能达到 38%，提高到 44% 以上。

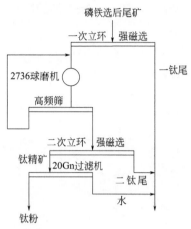

图 4-4　磷铁选后尾矿选钛流程

从尾矿中回收了磷钛，提高了资源利用率，年处理尾矿量 2.85×10^6 t，每年减少尾矿排 3.6×10^5 t，尾矿库服务年限延长 15%，给企业带来较大的经济效益。

4.1.3　尾矿再选实例

4.1.3.1　武钢程潮铁矿选矿厂

武钢程潮铁矿属大冶式热液交代矽卡岩型磁铁矿床，选矿厂年处理矿石 2.0×10^6 t，生产铁精矿 8.511×10^5 t，排放尾矿的含铁品位一般在 8%～9%，尾矿排放浓度 20%～30%，尾矿中的金属矿物主要有磁铁矿、赤铁矿（镜铁矿、针铁矿）；其次为菱铁矿、黄铁矿；少量及微量矿物有黄铜矿、磁黄铁矿等。脉石矿物主要有绿泥石、金云母、方解石、白云石、石膏、钠长石及绿帘石、透辉石等。尾矿多元素分析见表 4-1，尾矿铁矿物物相分析见表 4-2，尾矿粒度筛析结果见表 4-3。

表 4-1　尾矿多元素分析结果

成分	Fe	Cu	S	Co	K_2O	Na_2O	CaO	MgO	Al_2O_3	SiO_2	P
质量分数/%	7.18	0.018	3.12	0.008	2.86	2.17	13.52	11.48	9.00	37.73	0.123

表 4-2　尾矿铁矿物物相分析结果

相态	磁性物中铁	碳酸盐中铁	赤褐铁矿中铁	硫化物中铁	难溶硅酸盐中铁	全铁
品位/%	1.75	0.45	3.75	1.20	0.03	7.18
占有率/%	24.37	6.27	52.23	16.71	0.42	100

表 4-3　尾矿粒度筛析结果

粒度/mm	产率/% 部分	产率/% 累计	品位(TFe)/%	回收率/% 部分	回收率/% 累计
+0.9	1.27	1.27	5.54	0.89	0.89
−0.9～+0.45	6.06	7.33	4.46	3.57	4.46
−0.45～+0.315	5.95	13.28	4.40	3.31	7.77
−0.315～+0.18	14.00	27.28	4.94	8.75	16.52
−0.18～+0.125	7.63	34.91	6.32	6.10	22.62
−0.125～+0.098	2.54	37.45	7.28	2.34	24.96
−0.098～+0.090	2.39	39.84	7.52	2.27	27.23
−0.090～+0.076	6.16	46	8.18	6.37	33.60
−0.076～+0.061	4.89	50.89	2.66	5.36	38.96
−0.061～+0.045	7.13	58.02	8.93	8.05	47.01

粒度/mm	产率/%		品位(TFe)/%	回收率/%	
	部分	累计		部分	累计
−0.045	41.98	100	9.98	52.99	100
小计	100		7.91	100	

由表4-1～表4-3可知,程潮铁矿选矿厂尾矿中,磁性物中含铁量为1.75%,占全铁的24.37%;赤褐铁矿中含铁量为3.75%,占全铁的52.23%。而磁铁矿多为单体,其解离度大于85%,极少与黄铁矿、赤褐铁矿及脉石连生;赤褐铁矿多为富连生体,与脉石连生,其次是与磁铁矿连生,在尾矿中尚有一定数量的磁性铁矿物,它们大部分以细微和微细粒嵌布及连生体状态存在。

程潮铁矿选矿厂选用一台JHC120-40-12型矩环式永磁磁选机作为尾矿再选设备进行尾矿中铁的回收。选矿厂利用现有的尾矿输送溜槽,在尾矿进入浓缩池前的尾矿溜槽上,将金属溜槽2节拆下来,设计为JHC永磁磁选机槽体,安装一台JCH型矩环式永磁磁选机,将选矿厂的全部尾矿进行再选,再选后的粗精矿用渣浆泵输送到现有的选别系统继续进行选别,经过细筛—再磨、磁选作业程序,获得合格的铁精矿;再选后的尾矿经原有尾矿溜槽进入浓缩池,浓缩后的尾矿输送到尾矿库。

程潮铁矿选矿厂尾矿再选工程于1997年2月正式投入生产,通过取样考查,结果表明,选厂尾矿再选后可使最终尾矿品位降低1%左右,金属理论回收率可达20.23%,每月可创造经济效益10.8万元,年经济效益可达124.32万元。尤其所选用的JHC型矩环式永磁磁选机具有处理能力大、磁性铁回收率高、无接触磨损的冲洗水卸矿、结构简单、运行可靠、作业率高、成本造价低、使用寿命长等优点。

4.1.3.2 冯家峪铁矿选矿厂

冯家峪铁矿属鞍山式沉积变质矿床,选矿厂设计年处理原矿8.0×10^5t,选矿厂采用阶段磨矿磁选细筛闭路工艺流程。尾矿含铁品位一般在7%～8%,排放浓度5%～6%,尾矿中的铁矿物为单一的磁铁矿及其贫连生体,脉石矿物主要为石英、云母、角闪石及斜长石等。

为完善工艺流程,充分利用铁矿资源,选矿厂采用HS-ϕ1600mm×8盘式磁选机直接从尾矿中回收粗精矿。将原ϕ426mm铸铁管改为明槽,利用厂房现有尾矿排放高差,使再选后的粗精矿自流至细筛筛上泵池,给入二段ϕ2.7m×3.6m球磨机进行再磨。磨矿及选别、过滤作业均利用原工艺流程的设备。尾矿再选工艺仅增加一台HS-ϕ1600mm×8盘式磁选机及60m²厂房。HS-ϕ1600mm×8盘式磁选机性能见表4-4。

表4-4 磁选机性能列表

选槽形式	逆流	圆盘转速/(r/min)	1.5(可调)
给矿粒度/mm	0.5～0	原矿处理量/(t/h)	75～100
盘面磁感应前度/(kA/m)	97.27	电机功率/kW	5.5
盘数/个	8	机重/kg	5100
圆盘直径/mm	ϕ1600	外形尺寸/mm	1900×2150×1725

生产实践表明,尾矿再选可使选厂最终尾矿品位降低 0.81%,每年可从排弃的尾矿中,多回收合格铁精矿约 7200t。年创利润可达 70 万元。

4.1.3.3 本钢南芬选矿厂

选矿厂设计年处理原矿石 $1.0×10^7$ t,尾矿含铁品位一般为 7%～9%,总尾矿排放浓度在 12% 左右。尾矿中的铁矿物主要为磁铁矿,其次为黄铁矿、赤铁矿;脉石矿物主要为石英、角闪石、透闪石、绿帘石、云母、方解石等。尾矿铁物相分析见表 4-5。

表 4-5 尾矿铁物相分析结果

相态	黄铁矿	磁铁矿	赤铁矿	全铁
质量分数/%	0.61	7.41	0.58	8.60
分布率/%	7.10	86.16	6.74	100

由表 4-5 可知,南芬选矿厂尾矿中除 SiO_2 外,TFe 为 8.60%,而铁矿物呈磁性铁状态的铁含量为 7.41%,占全铁的 86.16%,且铁分布率 -0.125mm 占 95.16%。

南芬选矿厂尾矿再选工艺于 1993 年 11 月投入生产运行。尾矿再选厂选用 HS 回收磁选机和再磨再选加细筛自循环弱磁选流程回收尾矿中的铁矿物,工艺流程见图 4-3。生产实践表明,采用该流程可获得品位 64.53%、回收率为 7.56% 的低硫低磷的铁精矿,1994～1995年处理尾矿 $2.25×10^6$ t,获得铁精矿 $8.6×10^4$ t,创效益 1032 万元以上。

4.1.3.4 威海铁矿选矿厂

威海铁矿是胶东半岛最大的铁矿山,年处理原矿 $(2.5～3.0)×10^5$ t,年产铁精矿 $(8～10)×10^4$ t,每年向尾矿库排放尾矿 12 多万吨。尾矿经取样分析知,尾矿品位为 5.92%,主要金属矿物为磁铁矿,其次为黄铁矿、磁黄铁矿,再其次为赤铁矿、褐铁矿、闪锌矿、黄铜矿、辉铜矿;脉石矿物以蛇纹石、透辉石、透闪石为主,其次为橄榄石、金云母,再次为斜长石、石英、滑石、绢云母、绿帘石、绿泥石。尾矿中有部分非磁性和弱磁性矿物及连生体存在,其构成见表 4-6,尾矿粒度筛析结果见表 4-7。

表 4-6 尾矿中铁构成

相态	非磁性矿物	弱磁性矿物	精矿场流失	工艺设备不正常	合计
质量分数/%	2.64	1.82	1.40	0.06	8.60
比率/%	44.59	30.74	23.56	1.02	100

表 4-7 尾矿粒度筛析结果

粒度/mm	产率/%	品位/%	粒度/mm	产率/%	品位/%
+0.5	4.70	3.52	-0.074～+0.042	16.26	5.94
-0.5～+0.35	4.54	3.76	-0.042	15.23	5.47
-0.35～+0.10	46.05	6.23	合计	100	5.80
-0.10～+0.074	13.22	5.94			

选矿厂根据铁矿原生产工艺特点,在原有最终尾矿输送前增设一台尾矿再选回收设备回收尾矿中的铁,同时把精矿场回水用返矿泵也打入尾矿再选设备。实际生产表明,通过尾矿再选工艺,可使尾矿品位降低 2.63%,金属回收率提高 5.63%。按年处理原矿 $2.0×10^5$ t

计算，可多回收铁精矿 4931t，增加经济效益 150.9 万元。

4.1.3.5 齐大山铁矿选矿厂

齐大山铁矿选矿厂的综合尾矿是用管道输送到周家沟尾矿坝堆存，日排放尾矿约 1.4×10^4t，通过对 2 号泵站收取的尾矿样品进行产品粒度化学分析结果为：尾矿中含铁 11.47%～13.75%，尾矿浓度 14.2%～17.1%，尾矿中尚有数量可观的铁矿物处在螺旋溜槽的有效回收粒度范围内。

齐大山选厂对该尾矿进行了再选的工业试验，其工艺流程是：选矿厂排放的尾矿浆，通过 2 条 ϕ800mm 尾矿输送管路（1 条生产、1 条备用）经泵站加压后，扬送到尾矿坝内，再从二泵站泵房前 30m 处的尾矿主管道的侧下方，分别引出直径为 108mm 的尾矿分管路，经技术处理后，利用矿浆余压和助推力，把矿浆送至距地面 7m 高的矩形矿浆分配器中；矿浆经螺旋溜槽浓缩和脱泥后，再进行两段重选，选别设备分别为 ϕ1200mm 四节距和五节距的螺旋溜槽；最后分离出 3 种产品，精矿和中矿自流到各自的泵池，自然脱水后再运到料场待售。尾矿用 4PNJ 胶泵强制送入后面的尾矿总管路中。考虑连续运转的必要性，线流管路、三段矿浆泵均有备用设备。为了保证连续排矿，修建了容积为 17m³ 的 5 个高位储矿槽，分别堆存精矿和中矿，并修建了面积约 400m² 的露天料场。

通过 1 年多的工业试验表明，尾矿经再选后可获得含铁 57%～62% 的冶金用铁精矿和含铁 35%～45% 的建材工业用水泥熔剂，最终综合尾矿品位为 9.52%～12.47%。

4.1.3.6 昆钢上厂铁矿选矿厂

上厂铁矿厂目前尾矿库已堆积尾矿近千万吨，含铁品位大于 20%，铁金属的损失量巨大。经分析尾矿中有用矿物主要由赤铁矿和褐铁矿组成，另有少量的磁铁矿、碳酸铁、硫化铁及硅酸铁，另外尾矿中矿泥含量很大。尾矿的多元素化学分析、铁的化学物相分析分别见表 4-8、表 4-9。

表 4-8　尾矿多元素化学分析结果

成分	TFe	S	K₂O	Na₂O	CaO	Al₂O₃	SiO₂	P
质量分数/%	22.60	<0.05	2.12	0.075	0.78	12.84	37.05	0.044

表 4-9　尾矿中铁的化学物相分析结果

相态	碳酸铁	磁铁矿	硫化铁	赤褐铁矿	硅酸铁	合计
质量分数/%	2.64	1.82	1.40	0.06	8.60	8.60
分布率/%	44.59	30.74	23.56	1.02	100	100

为了回收尾矿中的铁矿物，上厂铁矿于 1999 年 5 月在其洗选车间安装了 3 台 Slon-1500 立环脉动高梯度磁选机用于尾矿再选，并于 1999 年 7 月投产进行工业生产试验。

上厂铁矿试验洗选车间原生产流程（处理栈桥原矿）是通过二段槽洗机槽洗，使矿泥分离。+2mm 返砂经振动筛分级，+11mm 进入大粒跳汰机；-11mm 经 ϕ1200mm 单螺旋分级机，溢流丢弃，返砂经小振动筛分级，-6mm 进入 CS-1 感应辊式强磁选机一次粗选、一次扫选；+6mm 进入 CS-2 感应辊式强磁选机一次粗选、一次扫选。而一段槽洗机溢流（-2mm）进入 ϕ1500mm 双螺旋分级机，其溢流丢弃，返砂经 ϕ1200mm 单螺旋分级机，溢流丢弃，返砂进入细粒跳汰机。

现在 Slon-1500 立环脉动高梯度磁选机生产流程是以洗选车间原生产流程中 ϕ1500mm 双螺旋分级机溢流和 ϕ1200mm 单螺旋分级机溢流，经 ϕ53m 高效浓密机浓缩，并经 ϕ15m 浓密机脱去部分泥后给入 Slon-1500 立环脉动高梯度磁选机。

操作条件：脉动冲程粗选 16mm、精选 20mm；脉动冲次粗选 220 次/min、精选 270 次/min；背景场强粗选 0.94T、精选 0.74T。

生产试验结果表明，对含 Fe22％左右的给矿，经 Slon-1500 立环脉动高梯度磁选机一次粗选、一次精选全磁选流程选别，可获铁精矿品位 55％以上，精矿产率 13％以上，回收率 34％以上，经济效益可观。

4.1.3.7 梅山铁矿选矿厂

梅山铁矿选矿厂是年设计处理原矿 2.5×10^6t，实际为 1.65×10^6t 的大型选矿厂，每年大约有 22％～23％尾矿从矿石中分离出来，这些尾矿主要是来自重选作业中振动溜槽和跳汰机的抛尾。其中＋0.3mm 是干式粗粒级尾矿（通称废石）；－0.3mm 为湿式细粒尾矿（称尾砂），主要来自 2～0mm 粒级原矿的浓缩锥斗溢流；2～0mm 粒级跳汰重选前浓缩斗溢流；磁选精矿永磁脱水槽溢流；12～0mm 粒级精矿分级机溢流；尾矿分级机溢流。尾砂产率在 7％（占原矿）左右，含铁量在 20％～23％，主要成分为磁铁矿、菱铁矿、石英、方解石、黄铁矿和高岭土，尾砂矿物组成见表 4-10。其中－0.074 粒级占 80％左右，铁主要分布在－0.074mm 粒级中，磁性铁和碳酸铁含量分别为 28.73％和 35.35％。

表 4-10 尾砂矿物组成

矿物	磁铁矿	菱铁矿	赤铁矿	黄铁矿	方解石	高领石	石英	长石	磷灰石	白云石
质量分数/％	10.3	16.05	5.6	5.2	13.42	13.72	15.42	7.0	1.0	9.7

1991 年 8 月选矿厂建立了尾砂再选系统，利用磁选法回收细粒尾矿中的铁矿物，用强磁选机（场强为 191kA/m）对尾砂进行再选（1 次）。经生产可获得含铁 57.8％、含硫 0.4％的合格铁精矿，尾矿品位可降至 19.39％以下，总尾矿品位降低了 2％。按年处理原矿 1.8×10^6t 计，每年可从抛弃的尾矿中回收 0.9×10^4t 铁精矿，年经济效益 150 多万元。

4.1.3.8 太钢峨口铁矿选矿厂

太钢峨口铁矿属鞍山式条带状大型贫磁铁矿床，矿石中的铁矿物虽然以磁铁矿为主，但含有一定数量的碳酸铁矿物（约占全铁的 20％）。目前，选矿厂年处理原矿近 4.0×10^6t，采用阶段磨矿—三段弱磁选工艺，只能回收强磁性铁矿物，含碳酸铁矿物等弱磁性矿物流失在尾矿中，因此铁回收率低（60％左右），造成大量资源的浪费。因此，回收利用尾矿中的含铁、钙、镁等碳酸盐矿物就具有十分重要的意义。马鞍山矿山研究院针对该尾矿的特点，提出了细筛—强磁—浮选工艺回收尾矿中的碳酸铁，扩大连选试验取得了较好的效果。该试验研究已于 1997 年 4 月通过了冶金部组织的专家评审。

选厂尾矿为现生产流程中的弱磁选综合尾矿，尾矿的多元素化学分析、铁物相分析及粒度筛析结果分别见表 4-11～表 4-13。

表 4-11 尾矿多元素化学分析结果

成分	TFe	SFe	FeO	K_2O	Na_2O	CaO	MgO	Al_2O_3	SiO_2	S	P	烧损
质量分数/％	14.82	13.15	11.13	0.23	0.38	3.04	2.70	2.22	60.11	0.26	0.078	9.37

表 4-12 尾矿铁物相分析结果

相态	碳酸铁	赤(褐)铁	磁铁矿	硅酸铁	硫化铁	全铁
品位/%	5.93	4.96	0.78	2.94	0.19	14.80
占有率/%	40.07	33.51	5.27	19.87	1.28	100.00

表 4-13 尾矿粒度筛析结果

粒度/mm	产率/%	品位/%	金属分布率/%
+0.5	11.93	10.48	8.40
−0.5～+0.076	31.35	9.75	20.50
−0.076～+0.010	49.54	17.66	58.80
−0.010	7.18	25.46	12.30
合计	100	14.88	100

由于尾矿中铁品位较低，含硅较高，但钙、镁含量也高，因此碳酸铁回收技术的关键是含铁碳酸盐矿物与含铁硅酸盐矿物的高效分离。

根据小型试验结果，拟定连选试验工艺流程为筛分—强磁选—浮选。其中筛分作业目的为筛除不适于浮选的+0.15mm的粗粒部分，强磁选的磁场强度为800kA/m，浮选为一次粗选、三次精选、中矿顺次返回前一作业，以水玻璃作为分散抑制剂，以 Ps-18(石油磺酸盐为主的混合捕收剂)作为主要捕收剂，辅以少量脂肪酸类捕收剂，以硫酸作为 pH 值调整剂，即浮选为弱酸性正浮选，各种药剂的用量分别为：水玻璃 128g/t，Ps-18 630g/t，脂肪酸 50g/t，硫酸 585g/t。浮选浓度以 30%～40% 为宜，矿浆温度控制在 25～30℃为好。

试验结果表明，可以获得铁品位 35% 以上(烧后 52% 以上)，SiO_2 含量小于 5%、碱比大于 3 的铁精矿，总的铁的回收率可提高 15% 以上。经初步技术经济分析，该矿年处理原矿 $3.8×10^6$t，原产含铁 64.5% 的精矿 $9.8×10^5$t，排尾矿 $2.82×10^6$t，尾矿经再选可增产含铁 35.3% 的超高碱度铁精矿 $5.3×10^5$t，可使选矿厂年增产值约为 8862.38 万元，年增效益额约为 4018.59 万元。

4.2 有色金属尾矿的再选

4.2.1 有色金属尾矿再选技术

4.2.1.1 尾矿再选短流程大型细粒浮选柱

（1）原理

尾矿再选短流程大型细粒浮选柱，是一种新型高效浮选设备，其优势在于处理量大、流程短、工艺过程简单、选别效果显著。尾矿再选系统以尾矿作为矿源，采用正浮选工艺，回收尾矿中的目的矿物和其他主要有价元素。尾矿再选短流程大型细粒浮选柱无机械搅拌器，无传动部件，与浮选机相比，大型浮选柱具有结构简单、制造容易、占地小、维修方便、操作容易、节省动力、对微细颗粒分选效果好等特点。随着柱浮选技术的日益成熟，大型细粒浮选柱技术在我国尾矿再选中的应用范围逐步扩大，其优越性也越来越明显[5-8]。

（2）工艺流程

采用浮选—重选—浮选联合工艺配置方案：尾矿经大浮选柱一次富集后，精矿泡沫给入螺旋溜槽进行重选分离，分离后的目的矿物再给入小浮选柱二次富集后，直接产出精矿。

（3）关键技术

关键技术包括以下几种。

① 浮选柱两相流分选状态及喷嘴高速空气出流仿真 CFD 技术；利用该技术优化浮选柱设计参数，降低研发费用。

② 大型浮选柱分区技术。基于"小浮选柱元"的截面积基本等效的理论，对大型浮选柱进行分区，使每个分区具有较为"独立"的小浮选柱的分选特性，从而使大直径浮选柱具有高效选别的特点。

③ 气泡发生器采用高低双层布置技术。采用了空气直接喷射气泡发生器和混流气泡发生器两种气泡发生系统。气泡发生器布置时，高层沿柱体布置，底层沿大倾角锥底布置。

④ 双锥形稳流气泡弥散技术。利用该技术最大幅度地减小气泡在浮选柱截面分散均匀所需浮选柱高度，增大浮选柱的有效容积。

⑤ 底流采用高位排放方式，降低底流管道的矿浆流速，一方面可以减少管道和锥阀的磨损；另一方面更容易实现线性控制，减少液位自动控制的偏差；同时节省了后续流程泵送矿浆的能量消耗。

（4）技术特点

短流程大型细粒浮选柱对于难选钼尾矿具有较高选矿效率，在给矿品位为 0.020%～0.031%时，获得的粗精矿品位平均可达 0.4%，最高可达 1.29%，富集比平均为 22、最高可达 79。应用该设备可充分利用已出窨的矿产资源，有效回收和利用钼金属，减少金属流失，提高了综合回收率。

大型细粒浮选柱的技术开发有助于实现我国尾矿资源的高效综合利用。该大型浮选柱在取得高品质精矿的条件下，实现了节能降耗和资源高效回收的目的。

4.2.1.2 浮钼尾矿综合回收白钨技术

（1）原理

浮钼尾矿先经过浮选柱常温浮选，所得粗精矿经浓缩机浓缩至 65%～80%的浓度后，送入搅拌筒进行加温脱药（即彼得罗夫法），将脱药后的矿浆以一定流速给入 $\phi2000mm \times 2000mm$ 搅拌筒稀释至 25%～28%的浓度，然后进入精选作业，最终获得品位在 25%～35%的钨精矿。针对栾川地区白钨矿品位低、难选别和冬季气温低的特点，应用该技术较好地回收了白钨矿。

（2）工艺流程

浮钼尾矿经过浮选柱一次粗选、一次扫选获得钨品位在 1.5%左右的粗精矿，经浓缩机浓缩后送入搅拌筒，进行加温脱药作业；然后将矿浆稀释至 25%～28%的浓度进入精选作业，经过一次精粗选、五次精选、三次精扫选获得合格的钨精矿；再经过压滤、干燥，最终获得品位在 25%～35%、水分在 4%以下的钨精矿产品。

（3）关键技术

浮钼尾矿浮选柱选别技术。经过浮选柱粗选后粗精矿品位在 $1.5\%\sim2.0\%$、回收率在 $75\%\sim80\%$，经过精选后精矿品位在 $25\%\sim35\%$ 左右，回收率在 95% 左右。

（4）技术特点

以年处理尾矿量 8.965×10^7 t 计，每年可回收 8000 多吨钨精矿（折合成 65% 一级钨精矿），很好地回收了钨精矿。该技术全部采用国内设备，自动化程度高，高效、节能、环保。

该技术适用于栾川地区浮钼尾矿低品位、难选白钨的浮选，对低品位白钨回收各项生产指标较好。技术水平国内先进，生产成本较低，设备维修方便，效益较好；采用的药剂简单、种类少，对环境没有危害作用。

4.2.1.3　多金属尾矿综合回收萤石技术

（1）原理

① 利用矿石的磁性差异选择适当的磁选设备分离矿物，减少萤石精矿中的杂质含量，提高萤石精矿品位。

② 采用广州有色金属研究院的发明专利"H1105 萤石浮选工艺及其调整剂组合物"（专利号：ZL91112718）和新型改性油酸使萤石与其他脉石矿物表面可浮性差异增大，从而提高萤石精矿品位和回收率。

（2）工艺流程

以下为在不同条件下使用的 4 个工艺流程。

① 磁选（中磁选和高梯度强磁选）—浮选（采用碳酸钠、水玻璃、酸化水玻璃或 H1105 和改性油酸）—萤石精矿。该工艺流程适合在含硅的磁性矿物较多以及萤石的单体解离度较高的条件下使用。

② 浮选（采用碳酸钠、水玻璃、酸化水玻璃或 H1105 和改性油酸、粗精矿再磨工艺）—磁选（高梯度强磁选）—萤石精矿。该工艺流程适合在含硅的磁性矿物比较少以及萤石的单体解离度不高的条件下使用。

③ 浮选（采用碳酸钠、水玻璃、酸化水玻璃或 H1105 和改性油酸、粗精矿不再磨工艺）—磁选（高梯度强磁选）—萤石精矿。该工艺流程适合在含硅的磁性矿物比较少以及萤石的单体解离度较高的条件下使用。

④ 磁选（中磁选和高梯度强磁选）—浮选（采用碳酸钠、水玻璃、酸化水玻璃或 H1105 和改性油酸）—磁选（高梯度强磁选）—萤石精矿。该工艺流程适合在含硅的磁性矿物比较多，采用一段磁选不能脱除干净，以及萤石的单体解离度较高的条件下使用。

（3）关键技术

① 磁选脱除部分弱磁性的含硅矿物，为萤石浮选提供有利的条件，或脱除萤石浮选精矿中的弱磁性矿物，达到提高萤石精矿品位和降低杂质含量的目的。

② H1105 可选择性抑制含硅脉石和碳酸盐矿物，达到提高萤石精矿品位和回收率的目的。

③ 改性油酸对萤石有选择性捕收作用，达到提高萤石精矿品位和回收率的目的。

（4）技术特点

以年处理尾矿 1.2×10^6 t 计，减少 10% 尾矿排放量，同时增加当地人员就业和提高企业经济效益，每年创造产值 4000 万元。采用该技术能达到低碳、绿色、环保和节能减排的生产要求以及和谐社会目标，同时也带来巨大的经济效益和社会效益。

4.2.1.4　锡矿尾矿综合利用技术

（1）原理

锡矿尾矿可以综合利用的矿物资源包括锡石、黑钨矿、钽铌矿物、长石、石英、锂云母、黄玉等，入选尾矿的目的矿物粒度变化大、微细粒含量高。因此，根据不同矿物间矿物学性质及物理化学性质的差异采用重-磁-浮联合工艺，其中重选主要是利用锡、钨、钽、铌、黄玉与长石、石英、云母、其他脉石矿物之间密度的差异，采用螺旋溜槽、摇床等重选设备和重选技术将密度较大的钽铌、黄玉同其他矿物分离或预富集；根据钽铌矿的磁性和其他矿物之间磁性的差异，将钽铌矿和其他矿物分离；根据钽铌矿物、长石矿物、石英矿物、锂云母矿物之间浮游的差异等将这些矿物梯次分离。

该工艺对尾矿的锡、钨、钽、铌、长石、石英、云母的回收率分别达到了 59.4％、62.7％、42.42％、38.25％、72％、75％、70％。二次排放少，基本实现清洁生产。

（2）工艺流程

工艺流程为：尾矿—分级—重磁联合(分离锡钨钽铌粗精矿及磁性产品)—对重选回收锡、钨、钽、铌后的尾矿浓缩脱水，达到浮选浓度后进入浮选作业。在弱酸性条件下，用混合胺或脂肪酸捕收剂浮选分离锂云母，分离云母后的尾矿以硫酸作 pH 值调整剂及长石的活化剂，在 pH＝2～3 的条件下，以阴阳离子混合捕收剂浮选分离长石、石英。

（3）关键技术

重选技术中主要为分级组合、给矿浓度、给矿量、所采用的重选设备、重选工艺及其组合。

磁选技术中主要为分级组合、磁选强度、磁选工艺以及和其他技术方法的组合等。

浮选主要为浮选药剂、浮选工艺、回水利用技术等有机组合清洁生产工艺。

（4）技术特点

该技术为有色金属矿山"二次资源"开发利用提供支撑，对有色金属矿山开展清洁生产有着示范作用和推广意义。

4.2.1.5　选冶联合高效回收锡尾矿有价金属组分技术

（1）原理

针对锡尾矿资源的主要元素含量及矿石性质，其回收利用常采用单一重选、磁选—重选、重选—浮选或几种工艺联合的选矿流程，主要回收锡金属，或少量铁产品。以上几种选矿工艺，锡产品主要为富中矿，品位为 3％～5％，回收率 15％～30％，选矿技术指标不理想，企业经济效益较差。铁产品含铁 40％～50％，回收率为 10％～20％，达不到铁精矿标准，常常难以实现销售。

某些锡选矿厂采用锡石浮选技术回收细粒锡石，虽然选矿技术指标略高于重选厂，但其选矿药剂成本高，企业经济效益差，而且该工艺流程复杂、含药剂成分的废水对环境具有一定的影响。

针对尾矿资源含锡品位低，含泥量大，细粒锡石多，锡、铁结合致密，难磨难选，其他有价金属含量低，综合利用难度较大等特性，采用选冶联合新技术回收尾矿中的锡、铁、铅等有价金属元素。

锡尾矿经过预处理，粗砂采用载体富集技术使尾矿中锡、铁、铅等有价金属得到富集，再采用磁选、重选技术使锡（锡铅）矿物和铁矿物分离，得到锡富中矿和含锡铁物料；细泥经脱泥、分级，采用窄级别分选技术回收微细粒锡金属矿物，得到锡富中矿产品。锡富中矿产品经烟化炉处理技术，获得含锡 40% 的烟尘锡；含锡铁产品物料再经氯化挥发与还原分离技术，使锡、铅、铟等多种有价金属挥发得到回收；挥发后的物料进行还原，直接作为冶炼原料，利用炼铁技术在熔融态中实现金属铁和炉渣的熔融分离，最后得到生铁产品。

（2）工艺流程

选冶联合流程工艺流程如图 4-5 所示。

（3）关键技术

1）高效分级　采用先进的高效分级技术，按 0.037mm 分界粒度将锡尾矿进行分级，实现砂泥分选。

2）载体富集　以锡尾矿中含的弱磁性矿物为载体，控制适宜的工艺参数和设备操作参数，使 75% 以上的锡金属和 80% 以上的铁金属富集于磁性产品中。

3）锡铁分离　采用磁选、重选组合的工艺流程，将已富集的有价金属进行分离，获得锡富中矿产品及含锡铁物料。若处理锡尾矿含铅，则铅富集于锡富中矿中得到回收。

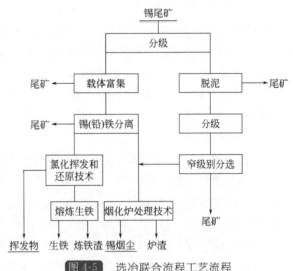

图 4-5　选冶联合流程工艺流程

4）高效脱泥　采用高效脱泥设备，将泥矿中小于 0.010mm 粒级的微细泥脱除，减少微细泥对选别作业的影响，提高入选物料质量。

5）窄级别泥矿高效选别　锡尾矿经一次脱泥、两次分级，使进入砂矿和泥矿选别系统的物料主要集中于 +0.037mm 级别、0.037～0.019mm 级别和 0.019～0.010mm 级别，采用不同的分选设备对各个级别分别进行选别，提高各级别的选别效率。

6）锡富中矿氯化挥发　采用烟化炉氯化技术，于高温时在固态下使富中矿中的锡以氯化物形态挥发出来，再由烟尘中回收锡等有价金属，锡回收率可达 90% 以上。

7）采用氯化挥发技术和还原熔炼技术回收含锡铁物料中的有价金属　将含锡铁物料制备成焙球，在焙球中加入氯化剂，在焙烧过程中氯化剂分离成金属离子和氯离子，氯离子与有价金属结合成易挥发的氯化物挥发，在除尘系统中回收氯化挥发物，使多种有价金属得到回收。有价金属挥发后铁矿球团可直接作为炼铁的原料，利用炼铁技术实现金属铁和炉渣的熔融分离，最后得到生铁和炉渣。

（4）技术特点

该技术充分发挥选冶联合工艺的技术优势，选冶技术指标高、工艺简单、生产成本低、有效利用尾矿资源、减少占用土地。在未来锡尾矿资源综合利用开发中，具有广阔的推广应用前景。

4.2.1.6　旋流喷射浮选柱

（1）原理

旋流喷射浮选柱，较好地解决了传统浮选柱高和气泡发生器存在缺陷的技术难题，将高柱改为矮柱，平均柱高仅为 3m，同时采用带有导流片的旋流喷嘴在强压给矿下自动吸入空气，使固液气三相充分快速地混合接触。通过控制吸入气量的大小将柱内产生的气泡大小、数量及泡沫层厚度调节到所选目的矿物需要的最佳水平，改善了矿化程度和浮选过程。在稳定而厚实的泡沫层内形成多次富集，从而实现高富集比和高回收率，尤其对微细粒级和连生体的回收效果更为突出，$-8\mu m$ 粒级的回收率可达 60% 以上。

旋流喷射浮选柱在气泡矿化、矿浆充气等方面主要有以下特点。

1）大量析出活性微泡　由于矿浆加压，增大了空气在矿浆中的溶解度，当槽外矿浆自喷管射入浮选柱后，压力剧降，于是使空气在矿浆中呈过饱和状态，这时溶于矿浆中的空气便以微泡形式优先在疏水性矿物表面析出，从而强化了气泡的矿化过程。

2）旋流器式充气器有 3 个功能

① 旋流喷射充气器使矿浆产生旋转运动，使气泡有较多的粉碎机会，这样有利于矿浆和气泡的充分接触。

② 旋流喷射充气器的工作原理同射流泵，以砂泵为动力源来产生旋转矿浆射流，将空气介质吸入浮选槽内。与澳大利亚锌公司研制的达夫克拉浮选机相比，该浮选柱减少了空气压入装置，空气是自动吸入的。

③ 旋流喷射充气器是一种喷射式乳化装置。对药剂有乳化作用，它能将液体、气流分散成很微细的状态，使气泡和药剂被乳化，强化气泡的矿化过程，并降低药剂用量。

3）为了使空气分散得更好，防止给矿过早排出槽外，正对着喷嘴孔设有挡板，以保证空气分散，并使射流能量进一步消耗。挡板还迫使矿浆先向上，然后水平，最后向下通过相对稳定的排矿区排出。下降矿流在离开槽子以前，已消除了气泡。矿化气泡积聚在槽子上部，形成泡沫层。在泡沫层中矿化气泡再度富集，最后精矿越过溢流堰，排出槽外。

4）可调式尾矿排出管形式是将斜三通管与一节软管（例如胶皮管）相连作为尾矿排出管，简单实用。要提升或降低矿浆浮选液面时，只需将斜三通管位置提高或降低即可。如果要清空浮选槽中的矿浆，则把斜三通管置于浮选槽底的高度以下即可，非常便利。

（2）关键技术

① 该浮选设备与一般浮选柱相比具有更高的浮选速度。由于矿浆由泵加压后给入浮选槽，而不是自流，对提高精矿品位具有很好的作用，因此浮选效率很高。

② 在相同的处理量下，它比其他型式浮选柱占地面积小得多。

③ 该浮选设备不会引起矿浆短路循环。

④ 尺寸小，选别速度和处理量大，适合单槽浮选，用以去掉可浮矿物，减少过磨。

⑤ 该浮选设备可以在低成本和不增加现有厂房面积的情况下提高现有选厂的生产能力。

⑥ 该浮选设备容易控制。

⑦ 泡沫层的厚度和面积都比普通的浮选柱大，可获得高富集比。保持高回收率且能达到高富集比是旋流器式浮选柱的一个显著的特点。

（3）技术特点

应用旋流喷射浮选机并采用合理的工艺技术，已从包头稀土选矿厂的尾矿中回收了近5000t 稀土；从白银公司厂坝选矿厂的尾矿中回收了 6000 多吨铅锌金属，价值 3000 余万元，取得经济效益 1000 余万元，减少了尾矿堆存，同时为当地提供了上百个就业岗位，经济效益、社会效益和环境效益显著。采用本技术设备可以最大限度地从尾矿中浮出有价矿物，减少尾矿中各种金属元素长期受浸湿给环境造成的影响。

4.2.1.7 尾矿伴生萤石综合回收技术

（1）原理

萤石资源面临枯竭已经成为制约我国氟化工发展的瓶颈，研究和实施伴生萤石资源的回收利用，对缓解氟化工原材料紧张问题意义重大。柿竹园尾矿伴生萤石回收技术，曾列入国家"八五""九五""十一五"科技攻关项目。

柿竹园是国内最大的伴生萤石矿床，其已探明伴生萤石储量约 4.6×10^7 t，占全国伴生萤石储量的 70%。萤石矿物与其他矿物致密共生，浸染交代各种矽卡岩矿物。萤石常与脉石矿物连生，还带有磁铁矿、绿泥石、白云母、绿帘石、石英、长石等矿物的微细粒包裹物。柿竹园伴生萤石属典型的难选矿石。由于选矿技术复杂，柿竹园多金属选厂在生产回收钨、钼、铋几种主产金属后，萤石矿物被排入尾矿库中。该技术主要针对钨钼铋多金属浮选尾矿中萤石的综合回收。按高效浓缩脱药、高梯度磁选去除磁性矿物、常温下新型选矿药剂浮选萤石、浮选柱浮选机连选结合、中矿合理返回、强磁脱硅、产品分流等新的技术思路解决柿竹园尾矿中萤石的回收利用问题。

（2）工艺流程

1）原料准备　浮钨尾矿中的萤石品位一般为 17%～22%，是分离回收的目的矿物。非目的矿物以石英、长石和方解石为主，还有绿泥石、绿帘石、黑云母、白云母、角闪石和透闪石等。从粒度分析结果来看，萤石在浮钨尾矿中主要分布在 $-74\mu m$ 粒级，产率为82.37%，CaF_2 占有率为 85.62%，粒度组成适合浮选。

2）分选　萤石选矿新工艺首先采用弱磁和强磁选对浮钨尾矿进行磁性分组，分组后非磁性产物的萤石品位得到提高，简化了矿物组成，优化了萤石浮选给矿，减轻了浮选的压力。弱磁选回收浮钨尾矿中的强磁性矿物，经精选后获得磁铁矿精矿。强磁选把浮钨尾矿分成两部分，磁性部分含黑钨矿、石榴子石等弱磁性矿物，通过重力分离获得黑钨中矿和石榴子石精矿产品。非磁性部分经浓缩后再浮萤石，使得萤石浮选的给矿量和浓度易于控制。同时浓缩作业可脱除矿浆中的剩余药剂和微细矿泥，减少它们对浮选过程的干扰，加强萤石选矿的稳定性，使精矿质量更有保障。

3）浮选　萤石浮选采用"一粗一扫九精"的流程，浮选精矿脱硅后获得最终萤石精矿，通过中矿合理返回或单独处理分别得到酸级萤石精矿和冶金级萤石精矿。

（3）关键技术

新工艺的技术关键在于以磁选先行，采用弱磁和强磁选对浮钨尾矿进行磁性分组，对非磁性部分浓缩后再选萤石。

（4）技术特点

尾矿伴生萤石回收技术，集成了选矿新技术，减少了尾矿堆存，能够为企业创造显著经济效益，增强了企业竞争力。该技术为我国伴生萤石资源综合回收利用提供了支撑。

4.2.1.8 尾矿回收锰矿物技术

（1）原理

我国大部分有色金属矿山尾矿中含有铁、锰等有价元素。长期以来，企业只注重主要元素的提取，对尾矿中其他有用元素关注较少，资源利用率不高。南京银茂铅锌矿业有限公司铅锌有色金属矿，属于典型的复杂多金属铅锌锰矿。多年来以选别铅锌为主，尾矿中锰平均品位为 4%，尾矿产量为 1.5×10^5 t/a，造成锰矿物流失严重。针对锰矿呈弱磁性的性质特点，采用强磁选工艺流程对浮选尾矿锰资源进行综合回收。

（2）工艺流程

采用的流程为：高梯度—粗—精—扫—中矿返回—锰精矿弱磁选除铁。流程如图 4-6 所示。

（3）关键技术

关键技术在于用立环脉动高梯度强磁选机回收碳酸锰，锰粗精矿弱磁选除铁，以获得较高的锰品位及回收率。

（4）技术特点

锰矿是我国的紧缺资源，自给率不足 20%，而我国大部分铅锌矿尾矿中都含有锰金属，本技术应用前景十分广阔。同时该技术提高了资源利用率，减少了尾矿堆存，保护了矿山周边环境，环境效益与经济效益显著。

4.2.1.9 尾矿综合回收钨、铋、钼技术

（1）基本原理

通过 600t/d 的尾矿再选车间，对现有尾矿库中的尾砂及现产生的尾矿进行再处理，回收钨、铋、钼等，以综合利用资源、提高企业效益，解决尾矿库库容不足的问题。

棉土窝钨矿含有钨，并伴生有钼、铋等金属。目前入选原矿品位 WO_3 35%、BiO12%、MoO 13%，由于选厂工艺是以重选为主，所以铋、钼在摇床回收过程中因为粒度、连生、易浮等原因在淘洗摇床中进入尾矿而被排进尾矿库。尾矿库堆存的尾矿运至再选车间原料仓，经球磨机磨矿后进行浮选，得到铋、钼混合精矿及浮选尾矿，铋、钼混合精矿送现有选厂分离，浮选尾矿进入绒毯溜槽回收钨精矿及氧化铋精矿后，得到最终尾矿，出售给当地的砂砖厂。

（2）工艺流程

运至原料仓的尾矿经过球磨机和螺旋分级机组成的闭路磨矿分级回路，进行磨矿、分级；分级机溢流进入铋、钼混合浮选作业，经一次粗选、一次精选和一次扫选得到铋钼混合精矿；精选后的尾矿并入最终尾矿，扫选尾矿依次经过绒毯溜槽、摇床和磁选得到最终钨精矿和铋精矿；溜槽和摇床分别抛弃部分尾矿。

工艺流程如图 4-7 所示。

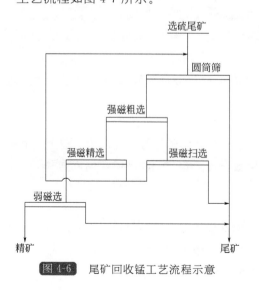

图 4-6　尾矿回收锰工艺流程示意　　图 4-7　尾矿综合回收钨、铋、钼工艺流程示意

（3）关键技术

① 预先分级、脱水：现产生的尾矿通过水力分组箱自然分级、脱水；尾矿库尾矿通过螺旋分级机分级。

② 磨矿浮选：粗粒级尾矿进行磨矿，磨矿细度60%（-0.074mm矿粒的质量分数），细粒级矿直接进入浮选。

③ 药剂制度：以石灰为调整剂，以煤油、黑药为捕收剂，以二号油为起泡剂，在pH值为10的介质中进行浮选。

④ 技术特点

采用该技术不但使资源得到综合回收利用，也解决了尾矿库容不足的问题，此外还增加了就业岗位，提高了企业经济效益与社会效益。该技术先进适用，流程简单，推广方便，同类型的选矿厂尾矿都适用。

4.2.1.10　铜尾矿综合利用湿法冶金技术

（1）原理

湿法冶金技术可应用于各种金属尾砂库、剥离表皮矿的资源再生综合利用和氧化原矿浸出，特别适用于金属元素氧化程度高的大型金属尾砂库。"酸浸—萃取—电积"法简称"L—SX—EW"法，具有效率高、成本低、无"三废"排放（萃余液全部返回循环使用）、绿色环保、低碳节能、金属回收率高等特点，具有巨大的应用发展前景。

铜矿尾砂加硫酸后的反应原理如下。

① 黑铜矿：$CuO+H_2SO_4 \longrightarrow CuSO_4+H_2O$

② 兰铜矿：$2CuCO_3 \cdot Cu(OH)_2+3H_2SO_4 \longrightarrow 3CuSO_4+2CO_2\uparrow+4H_2O$

③ 孔雀石：$CuCO_3 \cdot Cu(OH)_2+2H_2SO_4 \longrightarrow 2CuSO_4+CO_2\uparrow+3H_2O$

④ 硅孔雀石：$CuSiO_3 \cdot 2H_2O+H_2SO_4 \longrightarrow CuSO_4+SiO_2+3H_2O$

$SiO_2+H_2O \longrightarrow SiO_2 \cdot H_2O \rightarrow H_2SiO_3$

⑤ 褐铁矿：$2Fe_2O_3 \cdot 3H_2O+6H_2SO_4 \longrightarrow 2Fe_2(SO_4)_3+9H_2O$

$Fe_2(SO_4)_3+4H_2O \longrightarrow 2Fe(OH)_3+H_2SO_4$

⑥ 硅酸盐：$SiO_3^{2-}+H_2SO_4 \longrightarrow H_2SiO_2+SO_4^{2-}$

⑦ 铝酸盐：$Al_2O_4^{2-}+H_2SO_4 \longrightarrow H_2Al_2O_4+SO_4^{2-}$

$H_2Al_2O_4+H_2O \longrightarrow 2Al(OH)_3$

⑧ 钙化合物：$CaCO_3+H_2SO_4 \longrightarrow CaSO_4\downarrow+H_2O+CO_2\uparrow$

⑨ 镁化合物：$MgCO_3+H_2SO_4 \longrightarrow MgSO_4\downarrow+H_2O+CO_2$

（2）工艺流程

从尾砂库采回的铜矿尾砂，经水冲式下料装置用部分萃余液和循环回用的中水调浆并除去石块、树枝、草根等杂物后，自流进入提升式矿浆搅拌槽，用经浓硫酸稀释器稀释的工业硫酸进行硫酸浸出作业，将尾砂中的酸溶铜全部浸出，酸浸矿浆自流进入几台串联配置的浓密机，用部分萃余液作为洗涤水进行酸浸矿浆的逆流洗涤作业。

一级浓密机溢流即为萃取工段的铜料液，经沉淀澄清后送入萃取工段经过"两萃一反一洗涤"萃取流程，把铜料液中低品位的铜富集到富铜液中成为高品位铜液，排出的萃余液作为调浆水和洗涤水返回上料和末级浓密机循环使用。

富铜液作为电解液自流进入电积工段的电解槽，通入直流电进行电积作业，液体中的铜沉积在阴极板上生产出国标 1#阴极铜板，从电解槽流出的贫电解液作为反萃液返回萃取工段的反萃槽，经反萃负载有机相提高铜品位后成为富铜液，再流入电积工段的电解槽再次进行电积循环作业。

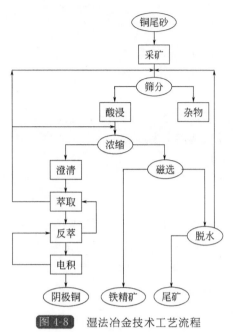

铜尾砂 → 采矿 → 筛分 → 酸浸 / 杂物
酸浸 → 浓缩
浓缩 → 澄清 → 萃取 → 反萃 → 电积 → 阴极铜
浓缩 → 磁选 → 铁精矿
磁选 → 脱水 → 尾矿

图 4-8 湿法冶金技术工艺流程

末级浓密机底流加入部分清水稀释后送选铁工段，经过三级磁选作业，产出的铁精矿作为产品出售，铁尾矿矿浆经卧螺离心机脱水后，干尾矿直接售建材厂和水泥厂作为生产矿渣环保砖和水泥的主辅材料，中水返回上料调浆循环使用。这样，铜矿尾砂中的有价金属铜和铁，经过"L—SX—EW"法湿法冶金流水线，源源不断地以阴极铜板和铁精矿形态被提炼出来，工艺流程如图 4-8 所示。

（3）关键技术

萃取混合室和搅拌桨叶采用创新技术，在低品位铜液萃取上有突出优点。

（4）技术特点

应用该技术可为制砖厂和大型水泥厂，提供优质廉价的辅料，相对减少了建材生产企业对资源的消耗。随着尾砂库的逐步降容，库区安全系数迅速提高，长期困扰尾砂库区的环境污染问题逐渐解决，将来还可对尾矿库复垦造田，改善周边地区生态环境，增加可利用的土地资源 2500 亩以上（1 亩≈666.7m²，下同）。该项目有着极大的社会意义和经济效益，真正实现了企业、社会、政府"三赢"。

4.2.1.11 化学硫化集成技术

（1）原理

以低品位含铜废石为原料，经日晒雨淋、细菌氧化、喷淋堆浸等作用产生含铜酸性水，酸性水再经除杂提纯预处理工序，进入硫化工序以硫化铜的形式回收废矿石中的铜金属。

化学硫化集成技术与传统硫化技术、堆浸技术、膜渗透技术、离子交换、碱式沉淀等同类技术相比，具有以下几方面的优势。

① 与传统硫化工艺相比，解决了 H_2S 二次污染。现场 H_2S 浓度 $1×10^{-6}$ 以下，铜回收率 90% 以上、铜品位 30% 以上，1t 铜成本 1.5 万元以下。

② 采矿废石堆浸喷淋产生的酸性水中的铜离子浓度降到 40mg/L 时，硫化工艺运行仍具有经济性。

③ 该技术能够克服 Fe^{3+}、Fe^{2+}、Al^{3+} 等离子干扰，操作简便，运行稳定。

④ 在环保方面的优势：a. 该技术回收铜的同时，去除大部分的重金属离子；b. 提高了pH 值，减少石灰中和的渣量；c. 硫化工艺无任何有机污染物产生。

⑤ 当废水中的铜离子浓度低于 200mg/L 时，硫化集成技术有明显的运行成本优势，回收成本随浓度变化较小。见图 4-9。

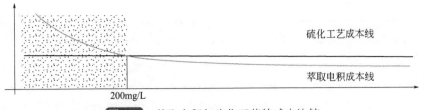

图 4-9　萃取电积与硫化工艺的成本比较

（2）工艺流程

工艺流程如图 4-10 所示。

（3）关键技术

① 预处理工序可将水中 Fe^{3+} 含量控制在 100mg/L 以下，水中 Cu^{2+}/Fe^{3+} 含量比由低于 1/10 提高到 1/1 以上。

② 硫化工序通过控制 pH 值和 ORP（氧化还原电位，电位为正表示溶液显示出一定的氧化性，为负则说明溶液显示出还原性）可使外排水 Cu^{2+} 小于 1mg/L，外排水 S^{2-} 小于 5mg/L，Fe^{3+} 反应率低于

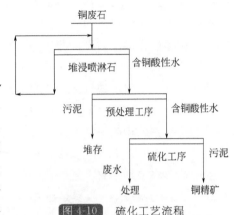

图 4-10　硫化工艺流程

50 mg/L，环境中硫化氢浓度低于 1.0×10^{-6}，铜精矿含铜品位 30％以上。

③ 应用晶种调节技术，反应物沉速达到 2.5m/h，浓度达到 40％。

（4）技术特点

采矿废矿石堆浸喷淋时产生的酸性水 pH 值为 2.2～2.5，含 Fe^{3+}、Al^{3+} 等多种金属离子，在回收铜金属后需经处理才能达标外排或回用。利用化学硫化集成技术回收酸性水中低浓度铜的同时可去除大部分的 Fe^{3+}、Al^{3+} 等多种金属离子，使酸性水达标处理更加简单，降低了废水达标处理的成本。

该技术可以较好地提取含铜废石废水中的金属铜，尤其是它能够提取含铜浓度低的酸性水中的铜，同时还能够起到酸性水处理的作用，减少了排放到环境中的有毒金属离子，使酸性水达标处理更加简单，经济成本更低，环境效益更好。

4.2.2　铜尾矿再选实例

（1）安庆铜矿

安庆铜矿矿石类型分为闪长岩型铜矿、矽卡岩型铜矿、磁铁矿型铜矿及矽卡岩型铁矿等四类，矿石的组成矿物皆为内生矿物。主要金属矿物为黄铜矿、磁铁矿、磁黄铁矿、黄铁矿，经浮选、磁选回收铜、铁、硫后，仍有少量未单体解离的黄铜矿进入总尾矿；磁黄铁矿含铁和硫，磁性仅次于磁铁矿，在磁粗精矿浮选脱硫时，因其磁性较强，不可避免地夹带一些细粒磁铁矿进入尾矿。选矿厂的总尾矿经分级后，＋20μm 粒级的送到井下充填储砂仓；－20μm 粒级的给入尾矿库。尾砂的化学分析见表 4-14。

表 4-14　尾砂化学分析结果　　　　　　　　　　单位：%

产品	Cu	S	Fe
粗尾砂（＋20μm）	0.143	2.36	9.76

产品	Cu	S	Fe
细尾砂（－20μm）	0.07	1.67	13.45
总尾砂	0.119	2.13	11.00

为了从尾矿中综合回收铜、铁资源，安庆铜矿充分利用闲置设备，因地制宜地建起了尾矿综合回收选铜厂和选铁厂。铜矿物主要富集于粗尾砂中，所以主要回收粗尾砂中的铜。选厂尾砂因携带一定量的残余药剂，所以造成在储砂仓的顶部自然富集含Cu、S的泡沫。选铜厂是在储砂仓顶部自制一台工业型强力充气浮选机，浮选粗精矿再磨后，经一粗二精三扫的精选系统进行精选，最终可获得铜品位16.94%的合格铜精矿。因此，投资30万元在充填搅拌站院内，就近建成25t/d的选铜厂。

表4-14的数据还表明，铁主要集中于细尾砂中，实验室的研究表明，细尾砂中的铁主要是细粒磁铁矿和磁黄铁矿。选铁厂是针对细尾砂中的细粒磁铁矿和磁黄铁矿，利用主系统技改换下来的CTB718型弱磁选机3台，投资10万元，在细尾砂进入浓密机前的位置，充分利用地形高差，建立了尾矿选铁厂，采用一粗一精的磁选流程进行回收铁。为了进一步回收选厂外溢的铁资源，又将矿区内各种含铁污水、污泥，以及尾矿选铜厂的精选尾矿通汇集到综合选铁厂来。最终可获得铁品位63.00%的铁精矿。

选铜厂和选铁厂的年创产值491.95万元，估算每年利税421.45万元，取得较好的企业经济效益和社会效益。

（2）铜绿山铜矿

铜绿山铜矿系大型的矽卡岩型铜铁共生矿床，钢铁品位高，储量大，并伴生金、银。矿石分氧化铜铁矿和硫化钢铁矿，两种类型的矿石进入选矿厂，分两大系统进行选别。选矿厂采用浮选—弱磁选—强磁选的工艺流程生产出铜精矿和铁精矿，产出的强磁尾矿总量300余万吨，其中铜金属量2.5×10^4t，铁1.32×10^6t。强磁尾矿中铜矿物有孔雀石、假孔雀石、黄铜矿、少量自然铜、辉铜矿、斑铜矿，极少量蓝铜矿和铜蓝；铁矿物主要有磁铁矿、赤铁矿、褐铁矿和菱铁矿，非金属矿物主要有方解石、玉髓、石英、云母和绢云母，其次有少量石榴子石、绿帘石、透辉石、磷灰石和黄玉。尾矿的多项分析及物相分析见表4-15～表4-18。

表4-15 强磁尾矿多元素分析结果

成分	Cu	Au	Ag	Fe	CaO	MgO	Al_2O_3	SiO_2	Mn
质量分数/%	0.83	11	22.59	22.59	13.73	2.32	3.74	33.99	0.24

表4-16 铜物相分析结果

相态	游离氧化铜	原生硫化铜	次生硫化铜	结合氧化铜	总铜
质量分数/%	0.25	0.10	0.18	0.26	0.79
占有率/%	31.65	12.66	22.78	32.91	100

表4-17 铁物相分析结果

相态	磁性铁	菱铁矿	赤褐铁矿	黄铁矿	难溶硅酸铁	总铁
质量分数/%	7.38	2.39	11.95	0.10	0.51	22.53
占有率/%	32.76	11.50	53.04	0.44	2.26	100.00

表 4-18 金、银物相分析结果

相态	单体金	包裹金	总金	单体硫化银	与黄铁矿结合银	脉石矿中银	总银
含量/(g/t)	0.26	0.62	0.88	3.0	7.0	1.0	11.0
占有率/%	29.56	70.43	100.00	27.27	63.64	3.09	100.00

在试验的基础上，选矿厂设计建立了日处理 1000t 的强磁尾矿综合利用厂，采用常规的浮-重-磁联合工艺流程综合回收铜、金、银和铁。强磁尾矿经磨矿后，添加硫化钠作硫化剂，丁黄药和羟肟酸作捕收剂，2 号油作起泡剂进行硫化浮选回收铜、金、银，浮选尾矿采用螺旋溜槽选铁（粗选），铁粗精矿用磁选精选得铁精矿。工艺条件为磨矿细度 −0.074mm 60%，Na_2S 2000g/t，丁黄药 175g/t，羟肟酸 36g/t，2 号油 20g/t。最终获得含铜 15.4%、金 18.5%、银 109g/t 的铜精矿，含铁 55.24% 的铁精矿，铜、金、银、铁的回收率分别为 70.56%、79.33%、69.34%、56.68%。按日处理 900t 强磁尾矿，年生产 300d 计算，每年可综合回收 Cu 1435.75t、Au 171.26kg、Ag 1055.92kg、Fe 33757t。经初步经济效益估算，年产值可达 1082 万元，年利润约 1000 万元，具有显著的经济效益和社会效益。

（3）国外铜矿实例

国外广泛采用选冶联合流程对铜尾矿进行再选。美国密歇根州将铜尾矿再磨和浮选（或氨浸），处理 $8.2×10^7t$，产出铜 $3.38×10^5t$；美国还采取一种类似炭浸法提金的工艺，将浸渍有萃取剂的炭粒加到铜尾矿矿浆中回收铜，关键是萃取剂要廉价。俄罗斯阿尔马累克选厂将尾矿磨至 −74μm 占 50% 左右再浮选，可以将尾矿中 80% 的铜再选回收。

哈萨克巴尔哈什选厂经浮选、再磨；精选工艺从贫斑铜矿的尾矿中回收了铜和钼。目前，用浸出法从铜尾矿回收铜获得很大成功，一般认为，用硫酸浸出铜尾矿建厂投资少、时间短、污染小、可利用冶金企业副产的硫酸，成本低，尾矿数量大时更为经济。美国亚利桑那州莫伦西铜厂即用硫酸处理堆存的氧化铜尾矿，铜回收率 73.8%，年产 $5.0×10^4t$ 阴极铜，占该厂铜产量的 13%。智利丘基卡马采用大浸出槽硫酸浸出-电解，以每年产出 $5.25×10^4t$ 铜的速度从堆存多年的大量老尾矿中已累计回收了 $9.0×10^5t$ 铜。俄罗斯、西班牙采用细菌浸出工艺从尾矿中回收铜也有良好效果。

国外也再选铜尾矿回收除铜以外的其他组分。例如，印度从浮选铜的尾矿中先用摇床重选，后用湿法回收铀；南非弗斯克公司从选铜尾矿中用浮选再选获得含 P_2O_3 36.6%、回收率 65.6% 的磷精矿；日本赤金铜矿从选铜尾矿中再选回收铋和钨。

4.2.3　铅锌尾矿再选实例

我国铅锌多金属矿产资源丰富，矿石常伴生有铜、银、金、铋、锑、硒、碲、钨、钼、锗、镓、铟、铊、硫、铁及萤石等；我国银产量的 70% 来自铅锌矿石。因此，铅锌多金属矿石的综合回收工作，意义特别重大。从铅锌尾矿中综合回收多种有价金属和有用矿物，是提高铅锌多金属矿综合回收水平的重要举措。

（1）邵东铅锌矿

湖南邵东铅锌矿是一个日采选原矿石 200 余吨的矿山，矿床属中-低温热液裂隙萤石-石英脉型铅锌多金属矿床。选厂采用铅锌优先浮选的选矿工艺回收铅锌两种金属，年排尾矿量 $(6～6.3)×10^4t$；尾矿矿物组成较简单，主要为石英、板岩屑、萤石，少量的方解石、长

石、重晶石、白云母等，其中主要矿物石英、板岩屑、萤石含量达 90% 左右。尾矿主要元素含量及矿物组成分别见表 4-19、表 4-20。

表 4-19 尾矿主要元素含量

成分	Zn	Pb	BaSO$_4$	Na$_2$O	CaF$_2$	CaO	Al$_2$O$_3$	SiO$_2$	TFe	P	Fe$_2$O$_3$	K$_2$O
质量分数/%	0.18	0.43	2.86	0.12	13.92	2.72	3.74	73.09	0.63	0.69	0.17	1.09

表 4-20 尾矿矿物组成及含量

矿物	石英	板岩屑	萤石	重晶石	方解石	氧化铁矿	长石	白云母	方铅矿	闪锌矿	白铅矿	合计
质量分数/%	52.5	25.0	13.5	3.0	2.0	0.8	1.5	0.5	0.2	0.3	0.2	99.5

长沙有色金属研究所对铅锌选别后的尾矿进行利用研究，根据原料性质，采用分支浮选流程回收萤石，试验结果表明，得到的萤石精矿品位为 CaF$_2$ 98.78%、CaCO$_3$ 0.46%、SiO$_2$ 0.64%，达到了化工用萤石要求；按年产尾矿量 6.0×10^4 t 计，可年回收萤石 4500 余吨，利润 60 余万元。

（2）高桥铅锌矿

高桥铅锌矿是中国有色金属工业总公司扶持的地方小型有色企业，该矿经改扩建，目前日采选铅锌原矿石的能力为 200t，属中温热液充填硫化矿床，现以回收铅、锌两种金属为主，年产尾砂 6×10^4 t 左右。经考察尾矿中重晶石的含量为 7.4%，且已基本单体解离。选厂采用重、浮流程对尾矿进行再选，回收重晶石，同时铅锌在重晶石精矿中也有明显富集，故通过二次回收，达到了资源综合利用的目的。

通过再选高桥铅锌矿每年可从尾矿砂中获重晶石精矿约 3000t，年利润约 30 万元，回收的重晶石精矿含 BaSO$_4$ 为 97.8%，符合橡胶填料 II 级产品要求。目前重晶石主要用于石油钻井的泥浆加重剂，也可作为橡胶、涂料中的锌钡白原料以及生产金属钡和各种钡盐的原料，产销前景乐观。

（3）宝山铅锌银矿

宝山铅锌银矿为一综合矿床，选矿厂处理的矿石分别来自原生矿体和风化矿体。矿石中的主要有用矿物为黄铜矿、辉钼矿、方铅矿、闪锌矿、辉铋矿、黄铁矿、白钨矿、黑钨矿等；主要脉石矿物为钙铝榴石、钙铁榴石、石英、方解石、辉石、角闪石、高岭土等。选厂硫化矿浮选尾矿中含有低品位钨矿物，主要是白钨矿。原生矿浮选铅锌后的尾矿中含 0.127% 的 WO$_3$，其中白钨矿约占 81%，黑钨矿占 16%，钨华占 3%。白钨矿的粒度 80% 集中在 $-0.074 \sim +0.037$mm 内；黑钨矿的粒度 65% 集中在 $-0.037 \sim +0.019$mm 内。原生矿浮选尾矿中的主要矿物含量及粒度组成分别见表 4-21、表 4-22。

表 4-21 原生矿浮选尾矿主要矿物含量

矿物名称	钙铝榴石	钙铁榴石	钙铁辉石	方解石	白云母	石英	褐铁矿	白铁矿	赤铁矿	其他
质量分数/%	39.2	7.1	13.1	12.5	11.4	8.2	3.2	0.06	0.3	4.98

表 4-22 原生矿浮选尾矿粒度组成与金属分布

粒度/mm	产率/%	品位(WO$_3$)/%	WO$_3$ 占有率/%
+0.074	31.74	0.12	30.23

粒度/mm	产率/%	品位(WO₃)/%	WO₃占有率/%
$-0.074\sim+0.037$	22.61	0.13	23.32
$-0.037\sim+0.019$	8.34	0.13	8.60
$-0.019\sim+0.010$	12.97	0.12	12.35
-0.010	24.34	0.13	25.50
合计	100.00	0.126	100.00

风化矿石浮选尾矿的性质与原生矿类似WO_3含量为0.134%，但黑钨矿的含量比原生矿的稍高，约占25%。白钨矿的粒度较细，大部分集中在$-0.074\sim+0.019$mm之间。脉石矿物以钙铁辉石为主并有较多的长石和铁矿物。

试验研究表明，选用旋流器、螺旋溜槽及摇床富集浮选尾矿中的钨矿物，可减少白钨浮选药剂消耗和及早回收黑钨矿。即尾矿先用短锥水力旋流器分级后用螺旋溜槽选出粗精矿，粗精矿用摇床选出黑钨矿然后再浮选白钨矿，可获得WO_3含量为47.29%～50.56%、回收率为18.62%～20.18%的精矿，同时选出产率为26.95%～34.03%的需再进行白钨浮选的粗精矿。与单一浮选相比，浮选白钨的矿量减少了73.05%～65.97%，从而可大量节省药剂用量，降低选矿成本。

4.2.4 钨尾矿再选实例

钨经常与许多金属矿和非金属矿共生，因此选钨尾矿再选，可以回收某些金属矿或非金属矿。我国作为主要的产钨国，已有8个钨选厂从选钨尾矿中回收钼。如漂塘钨矿重选尾矿含0.0992% MoO_3，磨矿后浮选获得含47.83%的钼精矿，回收率83%，回收钼的产值占选厂总产值的18%；再选铋的回收率达34.46%。湘东钨矿选钨尾矿含0.18%Cu，再磨后浮选铜获得含Cu14%～15%的精矿。荡平钨矿白钨矿选矿尾矿含17.5%萤石，经浮选产出含$CaF_2$95.67%、回收率64.93%的萤石精矿。九龙脑黑钨矿重选尾矿含BeO 0.05%，占原矿含铍量的92.96%，采用碱法粗选、酸法精选，浮选产出含BeO 8.23%、回收率63.34%的绿柱石精矿。

我国石英脉黑钨矿中伴生银品位很低，一般为1～2g/t，高者也只有10g/t多，虽品位很低，但大部分银随硫化矿物进入混合硫化矿精矿中，分离时有近50%的银丢失于硫化矿浮选尾矿中。铁山垅钨矿对这部分硫化矿尾矿进行浮选回收银试验，可获得含银品位808g/t、回收率为76.05%的含铋银精矿，采用三氯化铁盐酸溶液浸出，最终获得海绵铋和富银渣。

(1)棉土窝钨矿

棉土窝钨矿是以钨为主的含钨铜铋钼的多金属矿床，在棉土窝钨矿每年选钨后所产生的磁选尾矿(选厂摇床得到的钨毛砂，经抬浮脱硫、磁选选钨后的尾矿)中，含Bi20%、$WO_3$10%～20%、Mo1.45%、$SiO_2$30%～40%，铋矿物以自然铋、氧化铋、辉铋矿及少量的硫铋铜矿、杂硫铋铜矿存在，其中氧化铋占70%；而钨矿物主要是黑钨矿的白钨矿；其他还有黄铜矿、黄铁矿、辉钼矿、褐铁矿以及石英、黄玉等。镜下鉴定表明，钨铋矿物互为连生较多，钨矿物还与黄铜矿、褐铁矿及脉石连生，也见有辉铋矿被包裹在黑钨矿粒中，极难实现单体解离。尾矿取样测定的粒度组成和单体解离度见表 4-23、表 4-24。从表中可以看出，试样中 +0.074mm 的产率仍占 75.55%，且 3 种主要矿物也主要分布在 +0.074mm 的粒级中。

表 4-23　试样粒度筛析结果

粒级/mm	产率/%		品位/%			占有率/%		
	个别	累计	Bi	WO$_3$	Mo	Bi	WO$_3$	Mo
−0.63～+0.32	18.63	18.63	23.54	20.84	1.27	19.10	18.47	17.76
−0.32～+0.16	34.25	56.88	22.58	19.61	1.39	33.67	31.95	35.73
−0.16～+0.074	24.67	77.55	22.03	21.00	1.37	23.66	24.65	25.37
−0.074～+0.04	9.46	87.01	23.95	23.03	1.33	9.87	10.37	9.44
−0.04	12.99	100.00	24.22	23.56	1.20	13.70	14.56	11.70
原矿	100.00		22.96	21.02	1.33	100.00	100.00	100.00

表 4-24　原试样单体解离度测定

粒级/mm	解离度/%	
	黑钨矿	铋矿物
−0.63～+0.32	59.9	69.4
−0.32～+0.16	62.8	71.5
−0.16～+0.074	82.2	82.0
−0.074～+0.04	91.5	89.8
−0.04	98.5	96.4

选厂根据小型试验结果在生产实践中采用重选—浮选—水冶联合流程处理磁选尾矿，综合回收钨、铋、钼。考虑到磁选尾矿中含硅高达 30%～40%，远远超过了铋精矿的含硅标准（<8%），故在选铋作业前先用摇床重选脱硅，重选精矿经磨矿分级后，进入浮选作业，先浮易浮的钼和硫化铋，后浮难浮的氧化铋；为进一步回收浮选尾矿中的微粒铋矿物及铋的连生矿物，在常温下对得到的浮选尾矿（钨粗精矿）进行浸出，再通过置换而得到合格的铋产品和剩下的钨粗精矿产品。生产实践表明，通过该工艺可得到含铋分别为 36% 和 71% 的硫化铋精矿和氯氧铋，铋的总回收率高达 95%，还得到了含钨 36%、回收率 90% 的钨粗精矿，使选钨厂的总回收率提高了 2%。

（2）赣州有色钨矿

赣州有色金属冶炼厂钨精选车间建于 1954 年，1958 年投产，主要采用干式磁选、重力抬浮、白钨抬浮、浮选和电选加工处理江西南部中小型钨矿及全省民窿生产的钨锡粗精矿、中矿，设计能力为 30t/d，回收钨、锡、钼、铋、铜五种金属。在几十年的生产过程中，每天都有大量的尾矿排入尾矿库储存，尾矿内仍含有多种有用金属矿物，为充分利用矿产资源，实现老尾矿的资源化，精选车间对尾矿库的尾矿进行了综合回收铜、钨、银等有用金属的研究并在生产实践中获得成功。

尾矿中主要金属矿物有黄铜矿、辉铜矿、辉铋矿、黑钨矿、白钨矿、辉钼矿、黄铁矿、毒砂、磁黄铁矿等，非金属矿物有石英、方解石、云母、萤石等，尾矿含泥较多，矿物表面有轻微氧化。各矿物间铜铋连生且可浮性相近，黑钨和锡石、石英连生，贵金属银伴生在铅铋硫等矿物中。铜矿物以黄铜矿为主，呈致密状，部分解离。尾矿物料粒径为 $-0.043 \sim +0.010$ mm，有用矿物基本解离。物料松散密度 1.8g/cm^3，密度 $2.761.8$g/cm^3。尾矿主要元素分析结果见表 4-25，物料筛析结果见表 4-26。由表中内容可看出矿物粒度特性，细粒级较多，其中 $-0.104 \sim +0.074$mm 占 49.92%，物料中含砷、铁、硫、铋高且和铜矿物可浮性相近，以至于浮选铜品位难以富集提高。

表 4-25　尾矿主要元素分析结果

成分	Zn	Cu	Sn	WO$_3$	白 WO$_3$	Bi	As	SiO$_2$	Ag	Fe	S
质量分数/%	3.67	2.02	1.06	5.47	2.22	1.35	2.15	30	0.025	8.9	24.08

表 4-26　物料筛析结果

粒级/mm	产率/%		品位/%		占有率/%	
	个别	累计	Bi	WO$_3$	Mo	Bi
$+0.495$	3.89	3.89	3.27	0.74	2.32	1.44
$-0.495 \sim +0.351$	5.54	8.43	3.91	0.81	3.25	1.83
$-0.351 \sim +0.246$	7.46	15.89	3.99	1.28	5.45	4.77
$-0.246 \sim +0.175$	11.34	27.23	3.56	2.04	7.40	11.55
$-0.175 \sim +0.124$	11.02	38.25	3.20	1.78	6.46	9.80
$-0.124 \sim +0.104$	2.92	41.17	3.20	2.01	1.70	2.93
$-0.104 \sim +0.074$	49.92	91.09	6.05	2.25	55.41	56.08
$-0.074 \sim +0.043$	4.86	95.95	9.54	2.15	8.50	5.21
-0.043	4.05	100	12.81	3.16	9.51	6.39
合计	100.00		5.49	2.01	100.00	100.00

在小型试验和工业试验的基础上，确定尾矿再选的生产流程为尾矿进行脱渣脱药后进入分级磨矿，浮选中采用一粗二扫三精得出铜精矿，浮选尾矿先经摇床丢弃石英等脉石后经弱磁除铁，再送湿式强磁选机选别得出黑钨细泥精矿和白钨锡石中矿，黑钨细泥送冶炼厂钨水冶车间生产 APT，铜精矿外销。

4.2.5　锡尾矿再选实例

以平桂锡矿尾矿再选为例。

平桂冶炼厂精选车间是一个集重选、磁选、浮选于一体，选矿设备较为齐全，选矿工艺灵活多变的精选厂。随着平桂矿区锡矿资源的枯竭，精选厂大部分时间处于停产状态，企业的生产和经济效益受到严重影响。为了充分利用矿产资源，综合回收多种有用金属，充分利用现有的闲置设备，增加企业的经济效益，精选厂对锡石—硫化矿精选尾矿进行了多金属综合回收的生产。

该尾矿是锡石-硫化矿粗精矿采用反浮选工艺，在酸性矿浆中用黄药浮选的硫化物产物，长期堆积，氧化结块比较严重。其中金属矿物主要有锡石、毒砂(砷黄铁矿)、磁黄铁矿、黄铁矿，其次有闪锌矿、黄铜矿及少量的脆硫锑铅矿，脉石为石英及硫酸盐类。锡石主要以连生体的形式存在，与脉石矿物关系密切，并多呈粒状集合体，硫化物中锡石主要与毒砂、闪锌矿结合较为密切，个别与黄铁矿连生。粒度越细锡品位越高，含砷、含硫高。

根据试验研究情况，最终采用重选—浮选—重选原则流程对尾矿进行综合回收，即先破碎、磨矿，再用螺旋溜槽和摇床将锡和砷进行富集，得混合精矿，丢掉大量的尾矿，然后用硫酸、丁基黄药和松醇油进行浮选，选出砷精矿，浮选尾矿再用摇床选别得出锡精矿和锡富中矿。生产指标见表 4-27。

表 4-27　生产指标

产品名称	品位/%	回收率/%	原矿品位/%
砷精矿	28	65.0	As14.82
锡精矿	34.5	35.20	Sn0.97
锡富中矿	2.6	15.60	

通过生产，获得了锡品位为 34.5%、回收率为 35.20% 的锡精矿和含锡为 2.6%、回收率为 15.60% 的锡富中矿及砷品位为 28%、回收率为 65.0% 的砷精矿的好指标，达到了综合利用矿产资源、增加锡冶炼原料的目的，取得了良好的经济效益和社会效益。

4.3　金矿尾矿的再选

由于金的特殊作用，从选金尾矿中再选金受到较多重视。实践证明，由于过去的采金及选冶技术落后，致使相当一部分金、银等有价元素丢失在尾矿中。据有关资料报道，我国每生产 1t 黄金大约要消耗 2t 的金储量，回收率只有 50% 左右，也就是说大约还有 50% 的金储量留在尾矿、矿渣中。国外的实践表明，金尾矿中有 50% 左右的金都是可以再回收的[9-11]。

在我国 20 世纪 70 年代前建成的黄金生产矿山，选矿厂大多采用浮选、重选、混汞、混汞＋浮选或重选＋浮选等传统工艺，技术装备水平低，生产指标差，金的回收率低。尾矿中金的品位多数在 1g/t 以上，有些矿山甚至达到 2~3g/t；少数矿石物质组分较复杂的矿山或高品位矿山，尾矿中的金品位达 3g/t 以上。随着近年来选冶技术水平的提高，特别是在国内引进并推广了全泥氰化炭浆提金生产工艺后，这部分老尾矿再次成为黄金矿山的重要资源。选矿成本如按照全泥氰化炭浆生产工艺计算，在尾矿输送距离小于 1km 的条件下，一般盈亏平衡点品位为 0.8g/t。因此，尾矿金品位大于 0.8g/t 者，均可再次回收。同时，金尾矿中的伴生组分，如铅、锌、铜、硫等的回收也应得到重视。

4.3.1　金尾矿再选技术

4.3.1.1　湿式强弱磁选铁及含金尾渣综合利用技术

（1）原理

湿式强、弱磁选选铁技术的基本原理是采用"多层感应磁极技术"和"双向冲洗压力气水联合技术"，对各种弱磁性矿物含金尾渣进行选铁；选铁后含金尾渣综合利用技术就是采用对尾渣进行超细磨、高温除有害物质烘干工艺，生产出适用于普通硅酸盐水泥的优质掺合料。

（2）工艺流程

湿式强、弱磁选（除）铁工艺，是目前国内较先进的提金尾渣磁选工艺。首先对提金尾渣进行分级（按比例调浆、搅拌、高频振动筛分），然后进入组合磁选设备，经 0.1T 弱磁分选、1.3T 强磁精选和 1.6T 强磁扫选工艺，提取品位为 57.99％的铁精矿；提铁后的尾渣采用超细磨、高温除有害物质烘干工艺，生产出适用于普通硅酸盐水泥的优质掺合料。

（3）关键技术

该技术关键是"弱磁粗选、强磁精选和扫选工艺及设备"和"尾渣综合利用制水泥掺合料"。

（4）技术特点

该技术具有工艺流程短、环保效益高、生产管理便宜的特点。能增加铁精粉产量，提高提金尾渣综合利用效率，实现资源综合利用。该技术在生产过程中不添加任何选铁用剂，污染小、环保可靠。

4.3.1.2 堆浸尾渣综合利用技术

（1）原理

堆浸尾渣中含金品位较低，入选平均品位仅为 0.55g/t，且经过堆浸后废弃多年，致使尾渣中的残留金难以选别。采用尾渣破碎—磨矿—全泥氰化—炭浆提金工艺，尽可能地降低生产成本、减少投资，提高金回收率，获得了较好的经济效益。

（2）工艺流程

堆浸尾渣经破碎、筛分、两段闭路磨矿分级、除屑除杂后，矿浆经浓缩后送至氰化系统（CIL 边浸边吸流程），获得的载金炭再进行解吸电解，解吸电解系统采用目前先进的高温高压无氰解吸技术。电解后的金泥经水洗、酸洗处理后再进行冶炼铸锭，产品为合质金。

（3）关键技术

① 在磨矿前加入氰化钠，通过提前磨浸能够缩短矿石的浸出时间，节省了浸出设备，降低设备投资和生产成本，节能效果显著。

② 采用先进、高效、可靠性强的大型碎矿设备。该系列设备维修方便，便于操作，具有层压破碎、产品粒度细的特点，可实现"多碎少磨"。

③ 磨矿设备采用中信重工生产的 $\phi3.6m×6.0m$ 和 $\phi3.2m×5.4m$ 球磨机，设备采用高低压润滑站、气动离合器、慢速传动装置、喷雾润滑等先进技术，保证了磨机的运转率，实现生产自动化，运行效果良好。

④ 浸吸设备采用硬齿面齿轮减速机传动的 $\phi8500mm×9000mm$ 大型浸吸槽。

（4）技术特点

该技术经生产检验，稳妥可靠，易于操作，实现了高效、节能生产。按单位矿石分摊的采选生产目前国内仍有许多黄金矿山存在着堆浸废渣，由于受当时客观条件、技术条件等诸多因素限制，堆浸废渣中仍存有相当可观的黄金资源。该技术适用于黄金尾渣综合利用，投资少，效益好，可有效回收贵重资源，消除尾渣发生泥石流的危害，极具推广价值。

4.3.2 从金尾矿中回收铁

陕南月河横贯安康、汉阴两市县，沿河有五里、安康、恒口、汉阴 4 座砂金矿山，9 条采金船，3 个岸上选厂。月河砂金矿经采金船和岸上选厂处理后所得尾矿中共有 21 种矿物，矿物以强磁性矿物为主，弱磁性矿物为辅，夹杂有微量的非磁性矿物，目前可利用的只有磁铁矿、赤铁矿、钛铁矿、石榴石 4 种，其中石榴石以铁铝石榴石为主。以磁铁矿为主的铁精矿作为强磁性矿物，在砂金尾矿中含量最多，一般为 60％，小于 1mm 粒级中含量达 90％以上。

考虑到选厂尾矿中的粉尘已被重选（砂金矿山均采用重选法）介质——水浸洗过，故可采用干式分选工艺分选铁精矿，既可简化工艺设备，又可减少脱水、浓缩和过滤作业，减少占地面积和选矿用水。

安康金矿根据选厂尾矿特性，通过实践，采用 $\phi600mm\times600mm$（214.97kA/m）永磁单辊干选机和 CGR-54 型（1592.36kA/m）水磁对辊强磁干选机顺次从尾矿中分选磁铁矿、赤铁矿（合称铁精矿）及钛铁矿与石榴石连生体的两段干式磁选工艺，在流程末还增加了 2 台 XZY2100×1050 型摇床，用来分选泥砂废石中的金。利用该工艺，安康金矿每年可从选厂尾矿中获得铁精矿 1700t，回收砂金 2.187kg。

陕南恒口金矿采用单一的 $\phi600mm\times600mm$（87.58kA/m）永磁单辊干选机从选厂尾矿中分选铁精矿，精矿产率达 31.2％，选得铁精矿的品位为 65％～68％，从尾矿中可产铁精矿 1100t/a，借助摇床从中可选砂金 1.5309kg，共创产值近 30 万元。

4.3.3 用炭浆法回收金银

银洞坡金矿于 1981 年建成投产了 100t/d 的选矿厂，1985 年以后选矿工艺为炭浆工艺，生产能力提高到 250t/d。在 1992 年新尾矿库建成之前，老尾矿库堆存了达 9.0×10^5 t 左右含金较高的可回收尾矿资源，含金量约 1665kg，含银 25t。

选矿厂于 1996 年开始利用原有的 250t/d 的炭浆厂进行处理尾矿的工业实践，采用全泥氰化炭浆提金工艺回收老尾矿中的金、银。生产工艺流程为：尾矿的开采利用一艘 250t/d 生产能力的简易链斗式采砂船，尾矿在船上调浆后由砂泵输送到 250t/d 炭浆厂，给入由 $\phi1500mm\times3000mm$ 球磨机和螺旋分级机组成的一段闭路磨矿。溢流给入 $\phi250mm$ 旋流器，该旋流器与 2 号（$\phi1500mm\times3000mm$）球磨机形成二段闭路磨矿，其分级溢流给入 $\phi18m$ 浓缩池，经浓缩后浸出吸附，在浸出吸附过程中，为了扩大处理能力，更进一步提高指标，用负氧机代替真空泵供氧，采用边浸边吸工艺，产出的载金炭，送解吸电解后产成品金。

经过工业生产实践，主要指标达到了比较满意的结果。生产能力为 250t/d 以上，尾矿浓度为 20％左右，细度为－0.074mm 占 55％左右，双螺旋分级机溢流为－0.074mm 占 75％，旋流器分级溢流－0.074mm 占 93％，浸出浓度为 38％～40％，浸出时间为 32h 以上，氧化钙用量 3000g/t，氰化钠用量 1000g/t，五段吸附平均底炭密度为 10g/L。各主要指标如下：a. 浸原品位，金 2.83g/t，银 39g/t；b. 金浸出率为 86.5％，银浸出率为 48％；c. 金选冶总回收率为 80.4％，银选冶总回收率为 38.2％。

据老尾矿库尾矿资源的初步勘察，含金品位大于 2.5g/t 的尾矿约 3.8×10^5 t，可供炭浆厂生产 4～5 年，按工业生产实践推测，则可从尾矿中回收金 760kg，银 5t，创产值 7000 多万元。同时指出，由于处理尾矿的自接成本较低，因而处理大于 1g/t 的尾砂也稍有盈利，它不仅增加了黄金产量，也可降低企业的生产费用，因此处理 1g/t 以上的尾矿也是有利的。

4.3.4 从金尾矿中回收硫

山东省七宝山金矿矿石类型为金铜硫共生矿，金属硫化物以黄铁矿为主，另有少量黄铜矿、斑铜矿，含金矿物主要有自然金、少量银金矿；金属氧化物以镜铁矿、菱铁矿为主，脉石矿物主要有石英、绢云母等。选别工艺流程采用一段磨矿、优先浮选流程，一次获得金铜精矿产品。1995 年以来，从选金尾矿中回收硫精矿，最初采用硫酸活化法回收硫，但由于成本太高，于 1996 年下半年采用了旋流器预处理工艺，使选硫作业成本降低了 45％，取得了很好的效果。

对优先浮选的尾矿进行分析发现，矿浆不仅 pH 值高，而且含有许多细小的石灰颗粒，同时由于矿石中黄铁矿的散布粒度粗，密度比脉石矿物大，因而采用旋流器对选金尾矿矿浆进行浓缩脱泥，丢掉细泥部分，沉砂加水搅拌擦洗可以恢复黄铁矿的可浮性，通过下一步的浮选作业，获得硫精矿。ϕ350mm 旋流器安装在搅拌槽上方，沉砂进入搅拌槽，同时补加清水，选硫浮选中采用一次粗选、一次扫选流程，加黄药 60g/t、松醇油 40g/t。

该工艺不使用硫酸，使选硫精矿成本降低，获得的硫精矿品位达 37.6％，回收率 82.46％，且精矿含泥少，易沉淀脱水，可年增加效益约 120 万元。

参 考 文 献

[1] 李章大. 我国金属矿山尾矿的开发利用 [J]. 地质与勘探, 1992, (7): 25-30.

[2] 吴荣庆. 国外有色金属矿产资源的综合开发利用及其发展趋势 [J]. 矿山地质, 1991, (3): 227-223.

[3] A. Gül, Y. Kaytaz, G. Önal. Beneficiation of colemanite tailings by attrition and flotation [J]. Minerals Engineering, 2006, 19 (4): 368-369.

[4] A. Hajati. Flotation of zinc oxide minerals from low-grade tailings by oxine and dithizone using the Taguchi approach [J]. Minerals & Metallurgical Processing, 2010, 24 (3): 158-165.

[5] A. P. Chaves, A. S. Ruiz. Considerations on the Kinetics of Froth Flotation of Ultrafine Coal Contained in Tailings [J]. International Journal of Coal Preparation and Utilization, 2009, 29 (6): 289-297.

[6] Juan Barraza, Juan Guerrero, Jorge Piñeres. Flotation of a refuse tailing fine coal slurry [J]. Fuel Processing Technology, 2013, 106: 498-500.

[7] A. R. Laplante, M. Buonvino, A. Veltmeyer, J. Robitaille, G. Naud. A Study of the Falcon Concentrator [J]. Canadian Metallurgical Quarterly, 1994, (4): 279-288.

[8] Gülhan Özbayoğlu, M. Ümit Atalay. Beneficiation of bastnaesite by a multi-gravity separator [J]. FUEL, 2011, 90 (4): 1549-1555.

[9] A. Erdem, Z. Olgun, A. Gulmez, et al. Beneficiation of Coal Fines from Tailing Ponds of Tunçbilek Washing Plant [A]. Publications of XXV International Mineral Processing Congress-IMPC 2010. Australasian: Publications Department of The AusIMM, 2010: 3737-3742.

[10] Shin Mi-Na, Shim Jaehong, You Youngnam, et al. Characterization of lead resistant endophytic Bacillus sp. MN3-4 and its potential for promoting lead accumulation in metal hyperaccumulator Alnus firma [J]. Journal of Hazardous Materials, 2012, 199: 314-320.

[11] J M Lendvay, F E Loffler, M Dollhopf, et al. Bioreactive Barriers: A Comparison of Bioaugmentation and Biostimulation for Chlorinated Solvent Remediation [J]. Environmental Science and Technology, 2003, 37 (7): 1422-1431.

第 5 章

尾矿和废石充填技术

5.1 尾矿充填技术

5.1.1 充填物料

5.1.1.1 骨料

矿山充填骨料的使用范围非常广泛，已经从传统的山砂、海砂、河砂、细石等逐步转向粉煤灰、尾砂、炉渣等工业废料。在较长一段时期内，分级尾砂一直是充填骨料的主要来源，其剔除了一些较细的物料，使得充填料浆进入采场后能迅速地脱水，充填体的强度也可以得到明显的提高。但同时，尾砂分级必然导致充填骨料的来源不足，且大量溢流尾砂的排入增加了尾矿坝的堆坝难度，提高了溃坝风险，由此限制了该技术的进一步发展。随着尾砂浓密脱水技术的发展，全尾砂逐渐代替分级尾砂，成为充填骨料的首选。全尾砂是指选厂出来的尾砂不经分级脱泥，直接用于充填材料配制[1~3]。

全尾砂中含有部分超细颗粒，有利于充填料浆的制备及输送。细颗粒填充在粗颗粒的孔隙中，具有"润滑作用"，从而降低管道输送的阻力损失；同时，细粒级物料比表面积大，有足够的吸水能力，与水结合后均匀分布在粗颗粒之间，从而保证了充填料浆的和易性。

5.1.1.2 胶凝材料

传统充填材料中所用的胶凝材料一般为普通硅酸盐水泥，其费用占充填成本的60%～80%。为了降低充填材料的成本，出现了一些水泥代用品，即高炉矿渣、粉煤灰等，这些替代材料经过活化后，部分或全部代替水泥熟料所形成的黏结剂。

高炉矿渣是冶炼生铁时的副产品，矿渣的活性主要取决于玻璃体组成中的 CaO/SiO_2 值。矿渣中玻璃体含量大，CaO/SiO_2 值越大，玻璃体中的聚合度越低，活性越高。我国大多数矿渣的玻璃体含量达80%以上，CaO/SiO_2 值为1.0左右。许多国家的研究及应用均表明高炉矿渣可替代部分水泥。前苏联的诺里尔斯克矿冶公司、扎波罗热铁矿公司、索科洛夫-萨尔拜采选公司、下塔吉尔冶金公司均采用了高炉矿渣作充填胶结材料，我国国内矿山也逐渐开始应用，如铜绿山铜矿、张马屯铁矿等。

粉煤灰是火力发电厂排出的一种工业废渣，它是原煤中所含不燃的黏土质矿物发生分解、氧化、熔融等变化，在排出炉外时经急速冷却形成的微细球形颗粒。粉煤灰中大部分是玻璃体，还有少量未燃炭和部分晶体矿物，晶体矿物主要为石英和莫来石。粉煤灰在国内外矿山充填中应用较为广泛，一方面由于其火山灰活性可以代替部分水泥；另一方面其微集料效应可以改善浆体的流动性能。

长期以来，关于水泥替代品的研究一直没有间断过。除了将高炉矿渣、粉煤灰用于充填替代部分水泥外，还进行了其他的探索，并取得了一定成效。如将烟气脱硫石膏（用液体吸收剂洗涤含 SO_2 的烟道废气所产生的副产物）加入添加剂替代部分水泥；将炉渣、石灰、黄土作为主要原材料，加入改性剂，从而具有胶凝性能等。

采用矿渣、粉煤灰替代水泥作为充填胶凝材料，不仅能大幅降低充填成本，而且可以减少水泥生产过程中的能源消耗，因此新型胶凝材料具有非常广阔的应用前景。

5.1.1.3 添加剂

为了改善充填料浆的性能，通常会在充填料浆中加入添加剂，比较常用的添加剂有泵送剂、絮凝剂、早强剂等。

1）泵送剂 泵送剂是能改善膏体充填料泵送性能的外加剂。添加泵送剂可以使膏体顺利通过输送管道、不阻塞、不离析、黏塑性良好。

2）絮凝剂 絮凝剂是一种高分子聚合物，分子量达 10^6 级别。絮凝剂主要通过促进尾砂浆中细粒聚集变成较大的絮团，加快细颗粒的沉降，减少尾砂在沉缩制备过程中的溢流跑浑。絮凝剂在尾砂处理中已经得到广泛的应用，主要用于加快细颗粒骨料的沉降。

3）早强剂 早强剂能提高混凝土早期强度和缩短凝结时间，并对后期强度无显著影响。早强剂与水泥矿物成分发生化学反应，能够加快水泥的水化反应速度和硬化速度。由于充填物料的多样性以及性能的复杂性，不同配比直接影响到膏体的性能和经济效益。

5.1.2 尾矿基本性能要求

对于不同的充填工艺，用于充填的骨料、胶凝材料以及其相互之间的配合有不同的性能要求，对用于充填的尾矿浆需满足输送性、均匀性的要求；同时其形成的充填体需具备一定的力学强度。

5.1.2.1 充填尾矿的输送性

对于尾矿输送性的要求，主要考虑两个方面：一方面是自流输送对充填物料的输送性要求；另一方面为机械泵送对物料输送性的要求。前者需要结合充填倍线，选择合适的充填浓度和物料配比，使充填料浆的流动特性满足自流输送的要求；后者主要考虑输送物料的配合关系、动力成本以及充填物料的结构等[4,5]。

尾矿的输送性主要通过流变测试获得输送参数，一般采用宾汉模型解析充填料浆的流动特性，考察充填料浆的黏度系数与剪切应力来分析可输送性，不同的料浆、不同的输送条件和输送方式其值差异较大，一般自流输送的料浆黏度值不大于 0.3Pa·s，如安庆铜矿分级尾砂自流输送黏度值介于 0.1～0.2Pa·s，极限剪切应力小于 200Pa。但不同的尾砂浆，该值随着充填浓度变化较大，对于膏体充填，充填料浆黏度和剪切应力都要大得多。

添加外加剂（如减水剂）是改变充填料浆流变特性的一种有效手段，很多学者在这方面做了大量的研究和探索。研究表明，从扩散度实验结果来看，添加外加剂后扩散直径能提高10%～30%左右，从流变参数测试结果来看，高浓度充填料浆在添加减水剂前后流动过程中的黏聚力大幅降低，降低 10～30Pa，借助外加剂改善料浆输送特性是地下矿山实现高浓度充填的有效途径。

5.1.2.2 尾矿充填的均匀性要求

充填料浆在形成充填体乃至在输送过程中往往存在不均匀现象，对于充填体不均匀性的内容包含 3 个方面，即充填体中不同粒径颗粒沉积的不均匀性、充填体中水泥含量分布的不均匀性以及充填体强度分布的不均匀性；前两个不均匀特征往往导致强度不均匀，但引起强度不均匀的因素还很多，如压力、温度、时间等。

（1）骨料颗粒分布不均

对于非膏体充填，骨料颗粒分布不均包括两个方面：一方面在水平方向上骨料颗粒分布不均；另一方面在垂直方向上骨料颗粒分布不均。

料浆沉积颗粒粒径总体变化趋势是沿流动方向由粗逐渐变细，充填浓度越低，特征越明显。有研究表明，颗粒粒径最大值（均值）在下料口附近，料浆经下料管进入充填采场后，骨料颗粒随着料浆在采场内流动，粗颗粒沿流动方向流动一段距离，然后沉积下来，细颗粒流动较远的距离沉积下来，在同一充填层内，沿水平方向导致充填物料颗粒分布不均；但是，有研究发现，充填骨料水平方向粗细颗粒分布不均匀也受采场边界、下料点流动冲击等情况影响而有所差异。

料浆颗粒粒级在垂直方向上颗粒特征有分层现象，研究和调查发现，很多矿山的充填采场并不是连续一次充填完成，每持续充填时间（例如 1 个班）内形成一个分层的充填体，其骨料颗粒从下至上逐渐减小，充填浓度越低，特征越明显。对于胶结充填的情况，因胶结材料，一般为水泥，其粒径小，往往凝结于分层上部，因而强度高，而分层下部，颗粒粗、水泥少，因而强度低，导致该分层内强度分布不均，每持续充填时间一般都能形成这样的分层，交替出现，从而在整个充填采场深度方向上导致了不均匀性。

目前，充填采矿为了避免发生充填体不均匀性，往往采用较高浓度，甚至膏体充填以保障稳定、可靠的充填体质量。

（2）水泥分布不均

对于黏结充填，其黏凝材料一般为水泥，水泥含量是影响充填体强度的最主要因素，充填体中若水泥含量不均匀将直接影响充填体强度，充填料浆由于离析作用，使水泥黏结剂在充填体中分布不均匀，在充填体中，沿料浆流动方向间隔一定距离进行取样，通过对样品进行检测分析，应用元素守恒法计算出充填体中不同部位的水泥含量。对比分析水泥含量的变化规律，其特征如图 5-1 所示。

沿着料浆流动方向，水泥含量整体是增加的，表明在充填料浆下料充填过程中，距离下料口近的地方水泥含量整体较低，距离下料口远的地方，充填体中水泥含量整体偏高。

（3）充填体强度不均匀

引起充填体强度不均的因素很多，主要有充填体水泥分布不均，水化作用有强有弱；充填骨料颗粒分布不均，充填体孔隙率有大有小。但是，根据黏结充填的特征，有研究表明，充填采场内以下料口为基点，强度变化基本包括两个分区，即强度损失区和强度增加区，如图 5-2 所示。

采场内充填体的强度变化规律本质上反映了骨料颗粒、水泥颗粒的流动、沉积规律，从矿山实践情况来看，对充填体强度分布情况主要有以下特点。

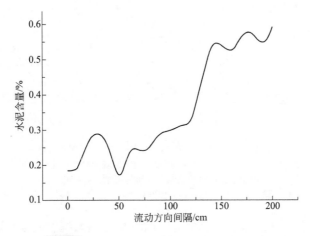

图 5-1　水泥含量随料浆流动方向变化趋势

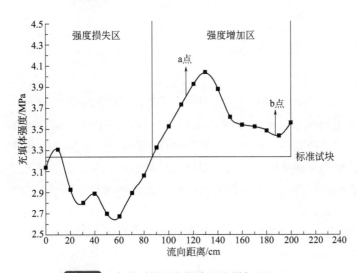

图 5-2　充填采场强度损失区和增加区(1∶4)

1) 强度损失区　该区域处于充填体下料口近端，充填料浆流程前 1/3 段，在该区域，充填体强度低于标准试块强度，强度平均损失 15％～20％。该段充填体强度比较低的原因是水泥颗粒由于离析作用流向远端，导致砂灰比降低。

2) 强度增加区　该区域处于充填料浆流程后 2/3 段，在该区域，充填体强度高于标准试块强度，强度变化按抛物线规律变化，在充填料浆流程约 3/5 处达到峰值后又出现回落，强度平均增加 20％。

5.1.3　尾矿充填工艺流程

尾矿充填是以选厂尾矿作为充填骨料，以水泥等作为胶凝材料的充填工艺。具体工艺流程为：选厂排放的低浓度尾砂浆泵送至充填站，通过浓缩脱水制备成高浓度尾砂浆并存储在充填站存储设施中，散装水泥运输至充填站并采用高压气输送至水泥仓中存储；充填时，高浓度尾砂浆与水泥分别输送至搅拌设施中，搅拌均匀制备成合格充填料浆后输送至采场进行充填。工艺流程见图 5-3。

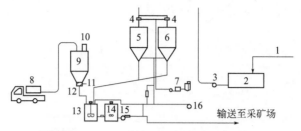

图 5-3　南京栖霞山矿全尾砂胶结充填系统

1—来自选厂全尾砂；2—尾砂中转池；3—4PNJ 衬胶泵；4—絮凝剂与全尾砂混合器；5—尾砂仓(800m³)；
6—尾砂仓(880m³)；7—絮凝剂搅拌添加装置；8—水泥罐车；9—水泥仓(145m³)；10—除尘器；
11—双管螺旋给料机；12—电子螺旋秤；13—一级搅拌桶；14—二级搅拌桶；15—渣浆泵；16—高压水泵

　　根据尾矿充填工艺，充填系统一般由尾矿浓缩与存储系统、胶凝材料给料与计量系统、充填料浆搅拌系统、充填料浆管道输送系统及充填自动化控制系统组成。各子系统采用不同的设备，工艺可配置成不同的充填系统方案。

5.1.4　尾矿浓缩与存储系统

5.1.4.1　立式砂仓

　　立式砂仓是 20 世纪 80 年代出现的一种用于水砂充填的主要构筑物，通常由直径 8～10m、高 18～20m 的圆柱体及底部半球体或带一定锥角的锥体组成。与卧式砂仓相比，立式砂仓的高度增加、直径变小，这种变化对于尾砂的固液分离既有利也有弊。首先，立式砂仓高度增加，使其底部尾砂压缩区增大，尾砂沉降后压缩时间延长，仓底尾砂浓度增加，便于提高仓底放砂浓度；但同时，立式砂仓直径减小，仓顶尾砂的固液分离难度增加。选厂尾砂由仓顶中心进入立式砂仓后，由于立式砂仓仓顶沉淀面积大大减小，仓顶周边溢流中常含有大量细颗粒。特别是当沉降面逐渐上升到一定高度后，料浆过渡速度增大，尾砂颗粒的沉降时间缩短，溢流浓度将越来越高。

　　为了解决上述问题，矿山实际生产中不得不建设多套设施，进行间歇沉降、轮换充填。该方法是一种权宜之计，虽取得了一定的效果，但存在如下缺点。

　　① 建设备用充填系统，大幅度提高了投资规模。

　　② 立式砂仓的充填能力低，为确保仓顶溢流不跑浑，不得不降低给料流量，再加上尾砂通常需要 3～4h 自然沉淀澄清，故严重影响立式砂仓仓底的放砂能力。据统计，对于一座 1000m³ 容积的立式砂仓，其充填能力仅为 250～400m³/d，难以满足规模较大的矿山充填要求。

　　③ 需要造浆工序，高压水造浆仍然居于主导地位，由此导致底流放砂浓度波动较大、可监测手段少。

　　④ 浓密后的浆体浓度高、黏度大，容易在砂仓的中、下部结拱，形成倒漏斗状淤积，从而导致浓浆不能顺利流出（许新启，2006）。

　　当采用间歇式充填时，砂仓中的尾砂浆体可以有足够的时间进行沉降、沉淀和固液分离；而对于连续充填作业，则要求形成快速的固液分离，确保尾砂进入砂仓后尾砂颗粒快速沉降至仓底，而水从仓顶周边澄清溢出。因此，要想使尾砂固液分离有效，其必须具备足够的沉降时间，确保固液能够完全分离。实际运用中通常采用 3 种方案：a. 提供足够的沉降面积，如沉降池等；b. 采用凝聚与絮凝技术，加入絮凝剂以加快固体颗粒的终端沉降速度；c. 采用离心沉降，当尾砂颗粒粒级组成更小或黏度较高，仅靠絮凝技术仍难以达到固液分离要求时，则需要人为引入离心力以增强固体沉降的推动力。

目前，立式砂仓尾砂脱水技术主要采用前两种方案，第三种方案由于需要增加装置或添加其他条件，消耗能量，对于大批量尾砂的固液分离而言尚未进入实用阶段。近年来，絮凝沉降及流态化造浆技术被逐渐应用于立式砂仓，并取得了一定的应用效果，从而使立式砂仓的应用由分级尾砂浓密延伸至尾砂浓密。安徽某铜矿充填系统在传统立式砂仓的基础上，增设了仓顶溢流澄清脱水系统、仓底喷嘴活化系统及自动控制系统（惠林、李月生，2007）。

5.1.4.2 深锥浓密机

为了进一步追求更高的底流浓度，在高效浓密机的基础上，人们研制了深锥浓密机。膏体浓密机提高了浓密机高度，设备的高径比扩大了，从而为增大深锥浓密机底部浓密脱水压力提供了条件。为了提高絮凝效果，深锥浓密机非常重视自稀释技术研究，开发了不同原理的自稀释系统。另外，为了控制底流浓度过高的问题，增设了深锥浓密机体外循环系统，该系统兼具剪切变稀的功能。

（1）深锥浓密原理

深锥浓密机利用尾砂浆中固体颗粒的重力沉降来进行连续浓密，其工作原理与普通耙式浓密机相同。图 5-4 为尾砂颗粒在深锥浓密机沉降过程示意。选厂尾砂浆和絮凝剂溶液同时进入给料井中，在絮凝作用下尾砂浆中颗粒凝聚、吸附成团，在自由沉降区（B 区）中，颗粒靠自重而迅速下沉，当到达压缩区（D 区）时尾砂颗粒已经汇集成紧密接触的絮团，然后继续下沉到浓密区（E 区）。由于刮板的运输，使 E 区形成一个锥形表面，浓密物受到刮板的压力进一步被压缩，挤出其中水分，最后由排料口排出底流产物。尾砂颗粒由 B 区沉降至 D 区时，中间还要经过 C 区。在 C 区，一部分尾砂颗粒能够因自重而下沉；另一部分颗粒受到密集尾砂颗粒的干扰而不能自由下沉，形成了介于 B、D 两区之间的过渡区。A 区为澄清区，其中的澄清水从溢流堰流出。由此可见，在 5 个区域中，A、E 区是浓密的结果，B、C、D 区是浓密的过程。浓密机应该有足够的深度，该深度应该包括上述 5 个区所需要的高度。在实际生产中，由于尾砂浆不断给入，溢流和底流又不断排出，因而颗粒受池内水流的影响，其运动是比较复杂的。进入深锥浓密机的尾砂浆未达到底部前由于给料速度和浓密机机壁的限制，在机体内部形成沿水平方向的环流，颗粒在下沉过程中同时受到垂直向下的重力和水平方向的环流力作用。因此，颗粒不是垂直下沉，而是在水平流速的作用下，沿着周边的倾斜方向下降。于是，粗粒在浓密机中心区域沉下，细粒则在机体周边区域沉下。

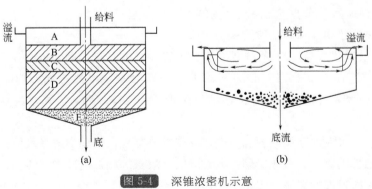

图 5-4　深锥浓密机示意

（2）结构特点

深锥浓密机主要由浓密机壳体、给料稀释装置、絮凝剂给药装置、中心给料井装置、搅拌耙架装置、自循环装置和自动控制系统等组成。浓密机工作过程中，砂浆首先进入消气桶以消除砂浆中的空气，然后进入给料筒；在给料筒内与絮凝剂混合絮凝后，砂浆进入浓相沉积层；通过浓相沉积层的再絮凝、过滤、压缩作用，澄清的溢流水从上部溢流堰排出，下部锥底排出高浓度底流。当出现底流浓度流动性差的情况时，耙式系统的搅拌作用能够改善其流动性。

1）浓密机壳体　浓密机壳体是一个锥形筒。与普通耙式浓密机相比深锥浓密机不仅具有较大的垂直高度，且具有较大高径比，高径比一般介于1～2。这种特殊的结构是提高脱水效果、获得高浓度底流的基础。

2）给料稀释装置　给料稀释装置是将尾砂稀释到一定的浓度范围内以增强絮凝效果。根据稀释方法的不同，可以将进料稀释系统分为动力稀释和非动力稀释：动力稀释的主要代表是丹麦某公司生产的虹吸式稀释系统，该系统基于虹吸原理，利用浆体与清水的速度差，将上部澄清层中的水分吸入稀释管中，从而降低给料浓度；非动力稀释的原理是砂浆密度高于澄清水密度，因而砂浆液面低于澄清水液面，澄清水自高处自动流入砂浆中，从而降低给料浓度。动力稀释需要砂浆具有较高的流速，动力消耗较大；而非动力稀释对于稀释井结构尺寸的要求较为严格。

3）絮凝剂给药装置的作用　其方法是向承体中投加高电荷离子或高分子物质，利用电性中和、吸附架桥、网捕等原理使胶体粒子脱稳，凝聚沉淀。絮凝剂给药装置是以计量泵为主要投加设备，将溶药箱、搅拌器、液位计、安全阀、止回阀、压力表等按工艺流程组装在一个公共平台上，形成一个模块，即所谓的撬装式组合式单元加药装置，采用的是机电一体化结构形式。

4）中心给料井　中心给料井的作用是使絮凝剂与砂浆充分混合，促进絮团的形成，其关键参数包括给料井的直径、给料井的深度等。中心给料井的给料一般是从切线方向进入，在给料井的井壁上有阻尼板，为砂浆、水和絮凝剂的混合创造了有利条件。进料管连接混合管，切向伸入给料井中。中心给料井的作用主要有：a. 往砂浆中加水，将进入浓密机的砂浆稀释到最佳浓度，使之具有较好的絮凝效果；b. 使砂浆、水和絮凝剂充分混合，以便获得较好的絮凝效果，加快絮团颗粒沉降速度，增大浓密机处理能力。

5）搅拌耙架装置　深锥浓密机一般都设计有搅拌耙架装置，其作用主要有3点。

① 将浓密底流向排放点搬运。

② 导水杆为锥体下部砂浆的溢流水提供了导水通道。

③ 耙架的搅拌作用，增加底流的流动性能。

为了减小耙架阻力，减少搅拌作用对已经沉降颗粒的影响，耙架转速应尽量的低，一般情况下，耙架转速在0.1～0.5r/min。根据搅拌耙架装置的发展历程和功能，可将耙架分为3种类型：a. 刮泥耙；b. 旋转式导水刮泥耙；c. 旋转-固定式导水刮泥耙，如图5-5所示。

鉴于传统旋转式搅拌刮泥耙的优缺点，浓密机的高度，又与旋转导水杆形成交错布置形式，避免了浓密机内物料的整体运动，大大增加了浓密机耙架设计的灵活性。

导水杆在旋转过程中能够对浓相层物料形成剪切作用，从而将底流中封闭的水分连通，

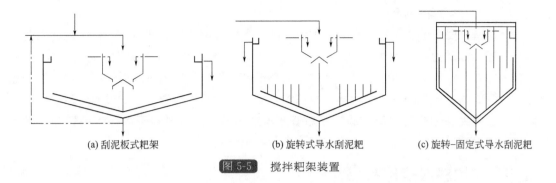

| (a) 刮泥板式耙架 | (b) 旋转式导水刮泥耙 | (c) 旋转-固定式导水刮泥耙 |

图 5-5　搅拌耙架装置

形成导水通道。在重力和剪切力的作用下将下部的水分排出，提高底流浓度。导水杆的长度、密度和旋转速度对于浓密机脱水性能的影响较大。为了提高导水速度和搅拌效果，应尽量多地增设导水杆，且导水杆长度应从底部延伸至床层顶部。这里面存在两个矛盾。首先，导水杆密度应该适中，过多会导致压耙和整体运动，过少则搅拌脱水的效果差。这是由于高浓度床层具有较大的阻力，若旋转导水杆的数量过多，则导水杆不仅无法达到较好的搅拌效果，反而会造成部分床层局部运动，从而大大增加驱动头的阻力，使得浓密机压耙停机。其次，受材料强度限制，导水杆长度一般不能贯穿整个高度。有的浓密机为了将导水杆贯穿整个浓密机高度，在导水杆之间增加了较多的连杆，以提高其强度，达到了设计要求。但是，这种设计方案增加了搅拌阻力。

6）自循环装置　在深锥浓密机底部，当颗粒浓度达到一定值之后，浆体的流变性能呈非牛顿流体特征，其屈服应力较大，难以实现顺利排料。为此，需要设置自循环装置。自循环是指在浓密机底部将部分物料抽出，再泵入压缩床层的高位，利用高低浓度物料之间的流动混合等作用，将浓密机底部物料进行搅拌。自循环作用的目的在于增加浓密机内部物料的流动性，降低物料的耙动阻力和放料难度。自循环的方式有多种，其中最普遍的方式有两种，即高低位循环方式和外部剪切方式。高低位循环方式是指将浓密机底部的高浓度料浆经底流泵泵送至压缩床层较高或较低部位，从而使压缩层底部的料浆呈流动状态，可有效地避免压耙事故的发生。外部剪切方式是指借助浓密机外部的搅拌，使底部浓度较大的料浆保持流动状态以达到避免压耙的目的。

此外，絮凝剂制备及添加装置和自动控制系统也是深锥浓密机的重要结构，在深锥浓密机的应用过程中发挥着重要的作用。

7）自动控制系统的作用　其是实时测量流量的变化情况，送出标准电流信号经 CPU 微处理器精确处理后去执行各项任务，在人机界面上显示流量的实际情况，操作人员根据显示值实时进行各种调整操作，确保符合生产工艺流程的要求实时测量流量的变化情况；送出标准电流信号经 CPU 微处理器精确处理后去执行各项任务，在人机界面上显示流量的实际情况，操作人员根据显示值实时进行各种调整操作，确保符合生产工艺流程的要求，提高生产效率。

8）过滤系统　过滤机因其脱水效果好、适应性强、过滤脱水后的尾砂处理方式灵活，近年来在矿山尾砂处理中得到应用。过滤机在冶金和有色金属矿山尾砂脱水中应用较少，这主要是由于过滤机的能耗和处理成本高于常规重力沉降浓密。另外，单机处理能力较低，难以在大规模生产尾砂的浓密脱水中推广。但当尾砂重力脱水困难而要求尾砂浓度较高时，过滤技术将是一种可行的选择。

过滤设备主要分为真空过滤设备、加压过滤设备以及离心式过滤设备。真空过滤设备是以真空负压为推动力实现固液分离的设备，加压过滤设备是将过滤机置于密封的加压仓中，加压仓内充有一定压力的压缩空气，待过滤的悬浮液由入料泵给入过滤机的槽体中，在滤盘上通过分配阀与通大气的汽水分离器形成压差，滤液通过浸入悬浮液中的过滤介质排出，而固体颗料被收集到过滤盘上形成滤饼，随着滤盘的旋转，滤饼经过干燥降水后到卸料区卸料。离心式过滤设备在矿业方面应用较少，在此不再赘述。

5.1.5 充填料浆搅拌系统

目前国内矿山所用的搅拌设备主要有强力搅拌机(桶)、间歇搅拌机、连续搅拌机、活化搅拌机等几种。

(1) 强力搅拌机(桶)

强力搅拌机(桶)是目前矿山料浆制备系统中制备充填料的标准设备，在分级尾砂、全尾砂、河砂等水砂充填和胶结充填工艺系统中采用最多。强力搅拌桶可实现连续进料、连续搅拌和连续排料，搅拌时间可根据进料和出料能力及充盈率进行调整，运行可靠，能力稳定。在矿山充填工业生产应用中，强力搅拌机需经过工业负荷联动试验并结合料浆搅拌要求进行调整后方可设计定型生产。但搅拌桶的容积不宜过大，否则将使料浆滞留在桶内的时间过长，导致物料的过度粉碎。

(2) 间歇搅拌机

目前，间歇搅拌机在矿山充填系统中应用一般是为了制备膏体料浆，其应用具有一定的局限性，但间歇搅拌物料计量准确、可靠，搅拌质量也好。因此，国外有的矿山在膏体料浆制备过程中采用建筑工程中通用的卧式间歇搅拌机。在系统中，干物料分别储存、分别计量，水、水泥等按配比精确计量后加入搅拌机，台卧式搅拌机同时进行生产，搅拌好的膏体不间断的给入膏体输送泵的受料斗以保证连续供料。

(3) 连续搅拌机

膏体或高浓度充填料浆管输充填系统中，目前已发展并采用连续搅拌设备制备料浆。连续搅拌作业要求各种物料按设计要求定量、同时、连续地加入搅拌机，料浆在搅拌过程中向受料口方向移动，搅拌完成后同时到达受料口，然后泵压输送或自流到井下。连续搅拌机具有搅拌与推动料浆的双重作用，物料所做的基本运动就是混合，这主要是通过搅拌叶片连续扰动使物料产生运动来实现，连续搅拌机的搅拌作用主要表现为对流、扩散及剪切3种基本运动的混合。

(4) 活化搅拌机

活化搅拌机是双轴搅拌机与强力活化搅拌机的一个结合体，通过双轴搅拌机对物料进行初步的混合和简单的搅拌，然后在活化搅拌机内进行强力活化搅拌。双轴搅拌机通过改变搅拌叶片的送料流程，使充填料浆进行强制迂回搅拌，使极细颗粒大大增多，为下一步活化搅拌制备出流动性和均匀性好的高浓度料浆创造有利条件。经由双轴搅拌机初步混合的料浆在重力作用下自留到高速旋转的转子杆上，由于各半径上以不同的线速度转动，故与转子杆相互作用的充填料颗粒的运动速度和方向差别很大。在高速旋转转子的离心力作用下，搅拌料浆中的聚团颗粒被分离，水与固体颗粒的相互作用减弱，不仅大大减小了颗粒之间的聚合力，而且使水泥颗粒破裂，加强了水泥的弥散作用，从而提高了料浆的流动性和充填体的强度特性，最终达到均匀搅拌的目的。

5.1.6　充填料浆管道输送系统

国内采用的尾砂充填料浆管道输送系统主要有重力自流输送、泵压管道输送和井下增压输送3种输送方式。

（1）重力自流输送

自流充填是指充填料浆借助自重压头克服料浆管输阻力，自流充入采空区。低浓度细砂管道自流输送充填系统是用水泥作胶凝材料，分级尾砂作惰性材料在地面搅拌站配置成胶结料浆，其真实质量浓度一般控制在60%～70%。制备好的充填料浆通过钻孔及井下管网分配到各采空区。低浓度尾砂胶结自流充填工艺存在很多缺点，如料浆输送浓度低，当料浆浓度过高时，沿程阻力损失大而发生沉降堵管充填成本高，由于料浆浓度低，为满足充填体强度要求，需要加大水泥用量，增加矿山充填成本料浆离析分层严重，强度低且不均匀尾砂利用率低，只有50%～60%；充填管道磨损严重生产能力低等。

高浓度全尾砂自流输送的充填倍线在3左右，受矿山开采条件的限制，只能在相适应的矿山使用。膏体充填由于料浆浓度高，管输阻力大，一般采用泵压输送。国外某些采用膏体自流充填的矿山，其开采深度高达1000～1200m以上，充填倍线小，料浆重力压头大，可以采用自流输送，减少了泵送设备的投入和维护管理。目前，国外膏体自流充填系统只能在充填倍线为1.1～1.2之间的少数矿山使用。

（2）泵压管道输送

膏体泵送充填技术于20世纪80年代初起源于德国巴德格隆德(Bad Grund) 铅锌矿，其膏体充填系统成功运行10年。随后该系统在美国、加拿大、澳大利亚和南非等国家得到应用。例如，美国的幸运星期五银铅锌矿、加拿大的多姆金矿、澳大利亚的依鲁拉铅锌矿等。我国在巴德格隆德矿膏体充填系统正式投产年后，开始对该系统进行分析研究，已取得重大进展，并建成了金川膏体泵送充填系统和铜绿山膏体泵送充填系统。

膏体泵送工艺流程主要包括物料准备、定量搅拌制备膏体、泵压管道输送、采场充填作业等几部分。充填骨料一般选用全尾砂、棒磨砂和水淬渣等，添加胶结剂水泥、粉煤灰等按一定的配合比在地表搅拌槽经过充分混合搅拌，制成一定浓度的充填料浆。全尾砂膏体料浆的质量浓度一般为75%～85%，添加粗骨料的膏体充填料浆质量浓度可达81%～88%，因其屈服切应力和塑性黏度很大，需要采用泵压输送。膏体在管道中的流动呈柱塞状，其核心呈恒速流动，近柱塞体管壁处的速度梯度与摩擦阻力和表面润滑层的黏度有关。制备好的膏体经过充填钻孔和充填管道输送到采矿工区，再通过塑胶软管连接到充填进路，进行充填。膏体泵压输送可以满足长距离输送的要求，料浆浓度和充填体质量高，井下脱水少或基本无需脱水，改善了井下作业环境。因此近年来膏体泵送充填备受重视，为充填采矿未来发展方向之一。

（3）井下增压输送

井下增压输送是指在自流充填系统的井下输送管线上安装增压装置后提高输送倍线的工艺。正排量输送装置是根据矿山充填的高差特点，充分利用充填系统中料浆的自然压头，在井下充填管线的适当位置对充填料浆进行增压。该装置主要由三通管、输送缸和活塞等部分组成。输送料浆时，活塞在输送缸内做往复运动。当活塞回程时，输送缸内将产生一定的空腔，入口管道内的料浆在垂直管道内料浆自重的作用下，加速向三通方向移动，以填充输送缸当活塞冲程时，活塞将输送缸内的料浆推入三通。该方法利用入口管道内充填料自重、浆体的屈服应力和惯性力，代替了泵正排量泵的分配阀，使料浆流向出口管道，实现充填料的输送。这种增压装置可以在自流输送系统的基础上，将质量浓度为76%左右的尾砂充填料的充填倍线提高到6左右。

5.1.7 典型尾矿充填实例

5.1.7.1 冬瓜山铜矿

冬瓜山铜矿全尾砂高浓度连续充填系统是"十五"国家重点科技攻关课题——"复杂难采深部铜矿床安全高效开采关键技术研究"的主要成果。在"九五"与"十五"期间，铜陵有色联合国内多家科研院所进行了历时十年的科研攻关，于2006年9月完成半工业试验，2007年1月26日正式投入生产使用。

冬瓜山充填具有全尾砂、高浓度、连续充填几个特点，充填浓度为71%~73%。充填站内建有6套相互独立的充填系统，每套充填系统具体包括尾砂制备系统、水泥给料系统、搅拌系统及自动化控制系统，分别说明如下。

(1) 尾砂制备系统

尾砂制备采用锥形底立式砂仓，砂仓直径8m，高23.2m，容积970m³（有效容积为679m³，可储存砂1473t）。冬瓜山铜矿采用连续充填，即仓顶进料与仓底放砂同时进行，为了实现连续充填尾砂进出平衡是关键。因此，立式砂仓的核心在于仓顶进料与仓底造浆放砂。

1) 仓顶进料　仓顶进料主要采用了降低尾砂供料速度、压力，延长尾砂沉降路径，降低尾砂沉降扰动等技术措施。仓顶设施主要包括絮凝剂混合器、尾砂沉降桶及仓顶泄压设施，具体见图5-6。

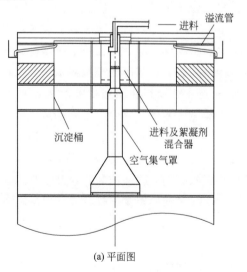

(a) 平面图　　　　　　　　　　　(b) 实物图

图 5-6　冬瓜山仓顶进料设施

冬瓜山铜矿尾砂利用率80%左右，多余尾砂输送至尾矿库，仓顶溢流允许跑浑，跑浑的溢流进入浓密机，再经浓密后输送至尾矿库。

2）仓底造浆放砂　冬瓜山铜矿早期采用6层环管风水联动造浆系统，在多年使用过程中进行了进一步的优化，目前的造浆系统更为简单，甚至不造浆，具体根据放砂效果进行调节。造浆系统布置见图5-7。

 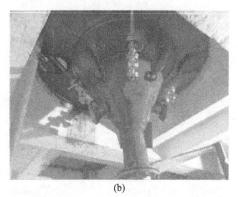

(a)　　　　　　　　　　　　　　　　　(b)

图 5-7　冬瓜山仓底造浆系统

（2）水泥给料系统

冬瓜山充填系统建设有3座水泥仓，水泥仓规格为10m×5m×19m，水泥通过$\phi 250mm \times 2500mm$双管螺旋给料机经冲板流量计按设计的灰砂比供料至搅拌桶。

（3）搅拌系统

冬瓜山铜矿充填搅拌采用一级搅拌方式，搅拌设备为$\phi 2000mm \times 2100mm$高浓度搅拌桶。

（4）自动化控制系统

冬瓜山充填系统建设有简单有效的充填自动化控制系统，这也是充填质量控制的关键。

5.1.7.2　会泽铅锌矿

会泽铅锌矿充填系统为目前国内应用较成功的膏体充填系统，其充填材料为全尾砂、水淬渣及水泥。全尾砂通过深锥浓密机进行浓缩，浓缩后与水淬渣及水泥经两段卧式搅拌后，通过柱塞泵输送至井下进行充填。具体见工艺流程图5-8。

其充填系统主要包括全尾砂浓密系统、水淬渣供料系统、水泥供料系统、搅拌系统、膏体泵送系统及自动化控制系统。

（1）全尾砂浓密系统

全尾砂浓密采用深锥浓密机制备系统，其具体由缓冲均化稳定搅拌槽、深锥浓密机、潜伏吸入式絮凝剂添加装置、全尾砂循环系统等组成。

1）缓冲均化稳定搅拌槽　是为了将选厂输送的流量与浓度不稳定、粗细颗料不均匀的全尾砂矿浆，在缓冲均化稳定搅拌槽内被缓冲、均化，形成浓度稳定、固体物料均匀、流量恒定的全尾砂浆体。

2）深锥浓密机　采用美国DORR-OLIVER公司的EIMCO深锥浓密机，主要作用是浓密低浓度全尾砂浆体，使全尾砂能够沉降到深锥浓密机底部，排出高浓度的全尾砂料浆。同时，深锥浓密机也起到储存一定全尾砂的作用。

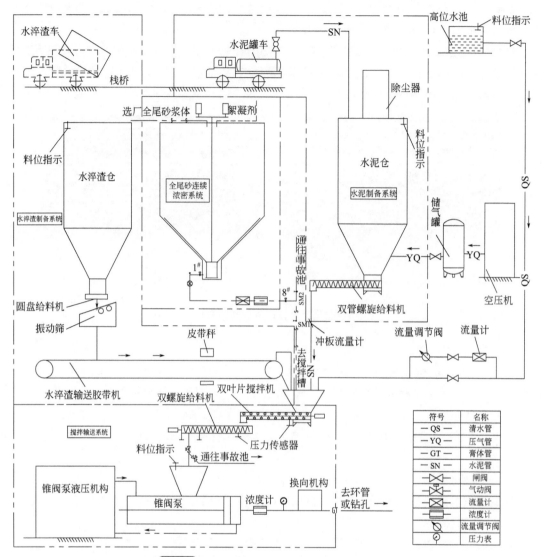

图 5-8 会泽铅锌矿膏体充填系统工艺流程

3）潜伏吸入式絮凝剂添加装置　主要是将絮凝剂添加到全尾砂浆体中，使全尾砂粗细颗粒在深锥浓密机内一同快速均匀沉降，避免全尾砂沉降的自然分级。

4）全尾砂循环系统　在浓密机内部设置了两套砂浆循环系统，通过砂浆在机内循环，使深锥浓密机内部上下料层浓度基本一致，保持较高浓度。

深锥浓密机系统见图 5-9。

（2）水淬渣供料系统

炼铅炉渣系统由炼铅炉渣仓、振动筛、圆盘给料机和胶带机组成。冶炼厂的炼铅炉渣经过简单的泌水后，用卡车运送到炼铅炉渣仓顶，直接翻卸到炼铅炉渣仓内。炼铅炉渣仓的物料经过振动筛、圆盘给料机、胶带机向搅拌机供料。炼铅炉渣仓容积为 750m³，仓里配有料位计，振动筛为 ZKBF1530-AT 直线振动筛，筛孔尺寸为 15mm×15mm，处理能力 60t/h，电机为 Y132M2-6，功率 5.5kW；圆盘给料机直径 1300mm，吊式安装，电机型号为 Y13M1-6，功率 4kW，配有变频器，可以通过调整电机转速控制炼铅炉渣给料量；宽

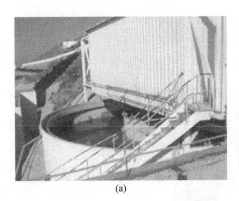

(a)   (b)

图 5-9　深锥浓密机系统

500mm 的胶带配有皮带秤。皮带秤提供的计量信号可以反馈控制圆盘给料机的转速。

（3）水泥供料系统

水泥给料系统由水泥仓和双管螺旋输送机组成。水泥计量采用冲板流量计。流量计提供的流量信号可以反馈控制双管螺旋输送机电动机转速来调节水泥给料量。

（4）膏体搅拌系统

膏体搅拌采用双轴卧式强力搅拌机，具体见图 5-10。

（5）膏体泵送系统

膏体输送采用的是荷兰威尔公司（WIER）的 DHC 21180-8E 型双缸活塞泵。

（6）自动化控制系统

图 5-10　双轴卧式强力搅拌机

充填系统控制采用 DCS 集散控制。

5.1.7.3　凡口铅锌矿

凡口铅锌矿目前地表沿矿体走向建有 4 个充填站，6 套水力充填系统，分别为狮岭搅拌楼充填站（转产充填系统和 03 工程充填系统）、东区充填站（新工艺充填系统和老工艺充填系统）、狮岭南充填站和立式砂仓充填站（一套水力充填系统）。其中东区充填站与狮岭南充填站充填系统工艺基本相同。

（1）搅拌楼充填站

搅拌楼充填站包括转产系统和 03 工程系统两套系统；其中转产系统主要用于分级尾砂充填，也可用于棒磨砂充填；03 工程系统用于溢流细尾砂充填。

1）转产充填系统　该系统由给料、搅拌装置及仪表自动检测及通信联络系统等组成。分级尾砂经圆盘过滤机过滤脱水后经皮带输送至搅拌站，并由铲运机铲入 800m³ 料仓。料仓底部设置可变频振动给料机，均匀地向皮带供料，然后通过料筒下落至双轴桨叶搅拌机，再进入搅拌桶搅拌。充填水泥采用了 32.5R 普通硅酸盐水泥，用水泥罐车运到充填站，借助压风管道卸入水泥仓，经可调速的双管螺旋喂料机和冲板流量计溜入卧式双轴桨叶式搅拌机，加水与分级尾砂初步混合，然后进入第二级桶式搅拌机进行二次有效混合，最后通过地面管道自流进入井下充填钻孔。

2）03 工程充填系统　该系统主要由脱水装置、给料、搅拌装置及仪表自动检测及通信联络系统等组成。尾砂为经分级后的溢流细尾砂，经圆盘袋式真空过滤机过滤，形成含水率18.0%～22.6%的尾砂滤饼，由皮带送至卧式砂仓堆存，然后用55kW电耙间断运到中间储料仓，由变频振动放料机均匀地供给皮带运输机，其他搅拌及充填等工序则与转产系统基本一致。

（2）狮岭南充填站

狮岭南充填站充填系统工艺流程为：分级尾砂通过真空过滤机制备成滤饼后，通过汽车输送至卧式砂仓及充填站堆场，充填时视情况选择，铲入卧式砂池，用55kW电耙间断耙运至螺旋输送机，辅以水力向前输送，下落至搅拌桶与水泥浆进行强力搅拌；然后直接流入缓冲池，进入井下充填钻孔。整个工序采用简单的计量方式：水泥采用改变螺旋输送机频率改变水泥量大小，充填骨料依据螺旋尺寸和螺旋转速来改变骨料输送。

（3）立式砂仓充填站

凡口矿充填站立式砂仓系统早期为球形底结构，尾砂泵送至砂仓内进行浓缩脱水，然后采用高压水造浆进行充填。由于放砂浓度不稳定，矿山于2008年进行了技术改造，将球形底立式砂仓改造为锥形底立式砂仓，并对砂仓的造浆、进料及自动化控制系统进行了改造。

该系统改造后主要用于分级溢流细尾砂的充填，尾砂在砂仓内采用絮凝沉降，通过双卧轴搅拌机＋高浓度搅拌桶两级搅拌后进行充填。

5.2 废石充填技术

废石充填技术分为废石非胶结充填与废石胶结充填。

（1）废石非胶结充填

废石非胶结充填也称废石干式充填，主要用于对充填体没有强度要求的采场或者空区充填，其工艺相对简单。

（2）废石胶结充填

废石胶结充填是以矿山的掘进废石或破碎废石作为充填集料，以水泥浆或砂浆作为胶结介质，经自淋混合后充入采空区的工艺与技术。废石胶结充填包括废石水泥浆胶结充填技术和废石砂浆胶结充填技术。其特点是在矿山内部充分利用矿山固体废料，通过废石集料与胶结剂浆料分流输送和自淋混合工艺，以充填体力学性能为目标实现最佳用水量充填，最大限度地降低能耗和胶结剂消耗，按矿山工业生态系统的要求进行充填。

1）废石水泥胶结充填方式　一般采用自然级配的废石料作为充填集料，废石与水泥浆分别输送到井下，通过水泥浆自淋混合，采用无轨设备或矿车运输充填料，也可借助充填料的自重经溜槽直接充入采空区。该充填方式既继承了粗骨料胶结充填体具有较高力学强度、无需采场脱水的优点，同时也克服了普通混凝土胶结充填方式的物料配合要求高、需经机械混合和输送难度大等缺点，因而其具有较广泛的适用范围，无论是大采场还是小采场、大规模充填或小规模充填均可应用，特别是在井下掘进废石和露天矿剥离废石可供利用时，其应用效益尤为显著。

2）废石砂浆胶结充填方式的基本特点是以砂浆包裹废石形成胶结充填体，其具备明显技术特点，在5.3部分将单独论述，本部分不再介绍。

5.2.1　废石基本性能要求

废石集料是胶结充填料的主要组分。为了获得最好的力学性能指标，要求废石集料的不同粒级能相互充填，即小粒径的集料刚好能充填较大粒径集料的孔隙。但因充填体集料消耗量大，受成本因素的制约，一般不宜按建筑混凝土力学的原理进行集料级配，而是就地取材，充分利用矿山的廉价材料，如井下掘进废石、露天矿剥离废石和天然集料。这些自然级配的集料虽然不能获得最理想的力学效果，但却能满足矿山采矿工艺对充填体的强度要求，并且制造成本低廉、工艺简单。

5.2.2　废石水泥浆自淋胶结充填

废石水泥浆自淋胶结充填是指矿山自然级配废石与水泥浆自淋混合后充入采场的胶结充填工艺。矿山废石集料主要包括掘进废石、露天矿剥离废石、采石和天然集料。其中掘进废石与天然集料一般可不经破碎直接使用，露天矿剥离废石一般需要破碎。

废石水泥浆自淋胶结充填工艺流程主要为：采集或制备废石集料、制备水泥浆，废石集料与水泥浆分别输送至井下充填料混合点，水泥浆在井下混合点通过自淋方式与废石集料初步混合制备成废石胶结充填料后，通过机械输送或自重输送将充填料输送至采空区充填。其主要工艺环节包括充填集料供料、集料混合及充填料输送。

（1）充填集料供料

充填集料供料包括废石集料供料与水泥浆集料供料。废石集料供料指将井下掘进废石通过机械转运至充填料混合点，在废石来源点与充填料混合点之间可能会设置废石集料缓存设施，不同矿山方案不同。在地表建设水泥浆制备站，散装水泥在地表制备成一定浓度的水泥浆后采用泵送或自流方式输送至井下混合点。

（2）集料混合方式

集料混合方式主要有直接喷淋混合与溜槽自淋混合两种方式，均在井下进入采场前混合。

1）直接喷淋混合　该方式是指废石集料通过机械运至混合点后，水泥浆直接喷淋在输送设备内的废石集料上，水泥浆通过渗透初步与废石集料混合后直接运至采场并卸入空区，废石集料与水泥浆在卸入空区的过程中进行进一步混合。

2）溜槽自淋混合　该方式是指废石与水泥浆同时卸入采场的溜槽内，废石在滚动过程中与水泥浆产生混合。

（3）充填料输送

经初步混合后的充填料的输送方式包括自重输送、运料车输送、无轨铲运机输送和电耙输送，其中运料车包括无轨翻斗车、抛掷充填车和机车。充填料输送示意见图5-11。

集料混合方式是废石水泥浆自淋胶结充填的关键。

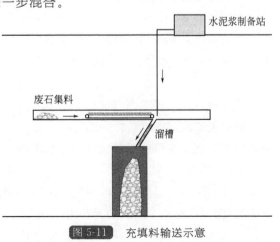

图 5-11　充填料输送示意

5.2.3　废石粗骨料泵送胶结充填

5.2.4　典型废石充填实例

基德克里克矿业公司(Kidd Creek Mines)所属矿山位于蒂明斯以北约 27km。矿山产铜、铅、锌、银矿石约 3.7×10^6 t。年充填量约为 2.4×10^6 t，平时废石胶结充填量约为 10000t/d。所有废石胶结充填料由不同级配的分级集料和不同配比的胶结剂混制而成。

1 号矿体和 2 号矿体都用深孔分段空场法采矿。1 号矿标准采场的宽度为 18m，视矿石接触带条件的不同，采场长度为 35～60m，采场的高度介于 75～105m 之间，视矿体下盘或上盘边界和采场附近岩层条件的不同而异。2 号矿体采用不留矿柱的深孔空场法采矿，标准采场的尺寸为宽 15m、长 30m 和高达 60m。

该矿采用露天开采阶段堆存大约 5.5×10^7 t 的流纹岩和安山岩作为胶结充填的废石料，胶结剂采用质量分数为 45%～55% 的水泥浆。骨料与水泥浆按 2:1 的比例混合。水泥的用量为每立方米充填体 100kg，水量应控制在 3.9% 左右，以保证充填体的质量。废石和水泥浆经充填井口上的混合漏斗，同时坠入采场中。充填体的强度最高可达 7MPa，暴露的充填体最大高度可达 140m、宽 50m。充填体对矿石的贫化率为 3%～10%，若控制的好可达到 3%。

此外，加拿大吉科矿，采用先充废石后注浆的废石胶结充填方式。该方式先充废石(块度—300mm)，后注浆，容易产生分层和离析现象，充填体质量难以控制。但该技术的成本较低，值得进一步发展和研究；如果能提高废石块度，该技术的优越性更强。

5.3　废石尾砂协同充填技术

5.3.1　废石尾砂充填物料基本性能

废石尾砂充填物料基本性能主要指不同物料配比、浓度及浇筑方式下的充填体力学性能[6~9]。关于废石尾砂充填体力学性能，笔者及其团队者开展了大量试验研究。

废石尾砂胶结充填配比设计试验目的是通过试验室胶结充填体试验来确定影响胶结体强度因素的影响性，并最终确定满足强度要求的废石尾砂胶结充填强度配比。

废石胶结充填配比试验是依据影响胶结体强度因素而设计，具体试验内容为：废石性质影响性试验；水泥含量影响性试验；料浆浓度影响性试验；混合方式试验；胶结体孔隙率影响性试验。

试验设计从上述 5 个方面研究废石胶结充填体强度，寻找所需胶结充填体强度的最佳点，最终确定胶结充填料之间的配比，即集料(废石、尾砂)、水泥、水之间配比关系，具体表述为水灰比、灰砂比或砂灰比、废石尾砂比或废石含量、水泥含量、料浆浓度等。其中水灰比是指水和水泥的质量比；灰砂比是指充填料中水泥和尾砂干重量比；砂灰比为灰砂比的倒数；废石尾砂比是充填集料中废石重量与尾砂重量比，废石含量是指集料中废石重量占充填集料(废石和尾砂)重量的百分比；水泥含量是指水泥占充填材料(废石、尾砂和水泥)百分比(干重量)；料浆浓度是指水泥、尾砂和水混合而成的胶结料浆浓度。

5.3.1.1 废石性质对废石尾砂胶结充填体强度的影响试验

废石性质因素试验包含：a. 不同类型废石胶结体强度试验，此试验主要是研究大理岩和闪长岩两种不同类型废石在相同条件下，其胶结体强度情况；b. 废石含泥对强度影响性试验，主要研究大理岩和闪长岩两种废石中的细泥对其胶结体强度影响；c. 废石细颗粒含量对胶结体强度影响性试验，其实质是研究不同级配废石条件下胶结体的强度情况，主要研究不同含量细颗粒的废石对胶结充填体强度影响性。

（1）不同类型废石胶结体强度试验

1）试验参数设计　充填料水泥含量（即水泥量占充填材料干重量百分比）为 6％，料浆浓度为 72％，养护龄期 28d。

试验配比设计如下。

① 废石类型：大理岩、闪长岩。

② 废石尾砂比：85％/15％、80％/20％、70％/30％、60％/40％、50％/50％、30％/70％、0％/100％，简单表示为 85/15、80/20、70/30、60/40、50/50、30/70、0/100。

③ 测试指标：抗压强度。

2）试验材料和方法

① 试验材料。包括水泥、废石、尾砂和水。水泥选择安庆铜矿充填用的 32.5 级普通硅酸盐水泥。废石为安庆铜矿井下掘进自然级配废石，剔除粒径大于 50mm 废石。尾砂选择矿山充填所用的分级尾砂，其含水率控制在 15％～18％，pH＝7～9。水为矿山充填所用的工业用水，pH 值变化范围为 8～11。另本课题所有试验用材料均与此试验材料一致，保证了其试验的一致性和可比较性，以后试验设计不再赘述。

② 胶结体试块准备。试块是废石、尾砂、水泥和水混合而成的胶结体。废石胶结充填体试块的制作过程目前没有统一的国家标准，但其与混凝土试块的制作过程有相似之处。为了更好地规范试验过程和制作统一的标准试块，本次试验参考《普通混凝土力学性能试验方法标准》（GB/T 500081—2002）和 ASTM C31、C39（美国国家材料试验标准）及国外废石胶结充填试验的经验，探索制定出了统一的试验方法——废石胶结充填体力学试验方法程序标准，试块按照该标准制作，保证了试块性质的一致性，减少其波动性。

试验选择圆柱体试模，其直径为 152mm，高为 304mm。本课题试验均采用此标准试模进行。试块放置在相对湿度大于 92％、温度 20℃±2℃ 条件下养护 28d，然后测其抗压强度。

3）结果与讨论

在水泥含量、料浆浓度均保持不变条件下，废石（大理岩和闪长岩）与尾砂集料在 7 种情况下试验结果见表 5-1。

表 5-1　大理岩和闪长岩废石胶结体试验结果

充填类型废石/尾砂	水灰比	试样直径/mm	大理岩		闪长岩	
			密度/(kg/m³)	抗压强度/MPa	密度/(kg/m³)	抗压强度/MPa
85/15	1.30	152	2552	2.502	2474	2.235
80/20	1.61	152	2505	2.017	2443	1.460
70/30	2.22	152	2485	1.174	2399	0.934

充填类型废石/尾砂	水灰比	试样直径/mm	大理岩		闪长岩	
			密度/(kg/m³)	抗压强度/MPa	密度/(kg/m³)	抗压强度/MPa
60/40	2.83	152	2400	1.058	2352	0.827
50/50	3.44	152	2344	0.744	2314	0.708
30/70	4.65	152	2240	0.463	2233	0.441
0/100	6.48	152	2132	0.255	2143	0.255

从表 5-1 可知，废石胶结充填体在水泥含量为 6%、料浆浓度 72% 条件下，其水灰比随废石尾砂比的减小而逐渐增大，水灰比变化范围为 1.30～6.48，胶结充填体密度随着废石含量的减小也逐步减小，且胶结大理岩充填体密度在同样条件下略大于闪长岩胶结充填体的密度。在相同废石尾砂比条件下，大理岩胶结充填体抗压强度均高于闪长岩胶结体强度，且两者强度相差值随着废石含量的增加逐渐增大。从图 5-12 可看出，废石胶结充填体强度随充填集料中废石含量的增加而增大。

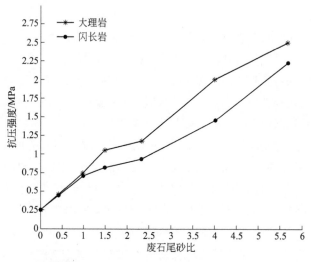

图 5-12 废石尾砂比与胶结充填体强度的关系
（注：水泥含量 6%，料浆浓度 72%）

（2）废石含泥对胶结充填体强度影响性试验

1）试验内容 主要是测试含泥废石和清洗细泥颗粒的废石在相同条件下胶结充填体强度，分析判断废石含泥及微细颗粒对胶结体强度的影响。

另外，清洗废石中泥的方法是：首先将废石倾倒在网孔尺寸为 1mm 的滤布上；然后将滤布浸入盛满水的大塑料容器的水中，并不停地摇晃和翻滚废石，直到充分清洗掉废石中的细泥为止。

2）试验参数及配比设计 充填料水泥含量为 6%，料浆浓度为 72%，养护龄期 28d。

试验配比设计如下。

① 废石类型：大理岩、闪长岩。

② 废石含泥情况：自然含泥及细粒废石、未含泥及细颗粒废石。

③ 废石尾砂比：70％/30％、50％/50％，简单表示为 70/30、50/50。

④ 测试指标：抗压强度。

3）结果与讨论　对比试验结果见表 5-2。由表 5-2 可以看出在除去废石中泥及细泥颗粒后，其相同条件下废石胶结充填体的抗压强度有所增加；表明废石中的泥块及细泥颗粒对废石胶结充填体强度的增长起一定的抑制作用，这是因为废石表面附着一些细泥时其胶结剂将胶结附着表面细泥的废石，料浆不能完全与废石表面形成很好质量的胶结，部分阻碍胶结剂对废石的胶结效果，故其含有细泥及细碎颗粒表面的废石胶结充填体强度比较清洗后的废石胶结体强度低。

表 5-2　废石不同含泥状态下抗压强度试验结果

废石类型	废石尾砂比	抗压强度/MPa	
		自然含泥废石	未含泥废石
大理岩	70％/30％	1.17	1.21
	50％/50％	0.74	0.79
闪长岩	70％/30％	0.93	1.08
	50％/50％	0.71	0.73

（3）废石细颗粒含量对胶结体强度的影响试验

1）试验内容　本试验中细颗粒主要是指废石中小于 10mm 的细废石集料。试验方法是调配小于 10mm 细颗粒废石集料在胶结充填废石中的比例，测试其不同比例条件下胶结体强度。其实质是研究不同级配废石条件下胶结体的强度情况，主要考察废石中不同含量细颗粒时其强度变化特性，判断细颗粒废石对胶结体强度影响性。本试验仅以闪长岩为例进行试验。

2）试验参数及配比设计　充填料水泥含量为 6％，废石占充填集料重量比为 75％，料浆浓度为 72％，养护龄期 28d。

试验配比设计如下。

① 废石类型：闪长岩。

② <10mm 细颗粒占废石集料含量：10％、20％、30％、50％、80％。

③ 测试指标：抗压强度。

3）结果与讨论　小于 10mm 颗粒废石含量变化对其胶结体抗压强度影响试验结果见表5-3 和图 5-13。

表 5-3　不同细颗粒废石含量的抗压强度测试值

<10mm 颗粒含量	水灰比	废石尾砂比	密度/(kg/m³)	抗压强度 /MPa
10％	1.91	75％/25％	2445	0.94
20％	1.91	75％/25％	2458	1.15
30％	1.91	75％/25％	2457	0.98
50％	1.91	75％/25％	2434	0.76
80％	1.91	75％/25％	2395	0.46

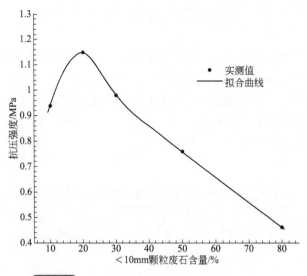

图 5-13　不同细颗粒废石含量的抗压强度影响

从表 5-3 可知，当废石中小于 10mm 颗粒达到 20％时，其强度值达到最大为 1.15MPa；当细颗粒废石超过 20％时，胶结充填体抗压强度随废石细颗粒含量的增加而减小。这表明自然级配的废石在细颗粒含量为 20％时达到最佳废石级配，其胶结体密度也为最大；当细颗粒含量超过 20％时，细颗粒的增加将影响料浆胶结废石的效果，使其胶结体抗压强度降低。

5.3.1.2　废石尾砂胶结充填体强度与废石、尾砂、水泥配比之间的关系试验

废石胶结充填体强度与废石、尾砂、水泥配比之间的关系试验主要是以水泥作为主导因素条件下，综合研究废石胶结充填试验中水泥、废石(闪长岩)、尾砂、水等因素之间配比变化与胶结体强度之间的关系。试验是以水泥占充填材料百分比的变化为基础，兼顾考虑废石尾砂比变化条件确定配比设计参数。试验所用废石集料为井下掘进的自然级配闪长岩。

（1）试验配比参数设计

本试验仅料浆浓度为不变参数，其为 72％，养护龄期 28d。试验参数配比设计见图 5-14。

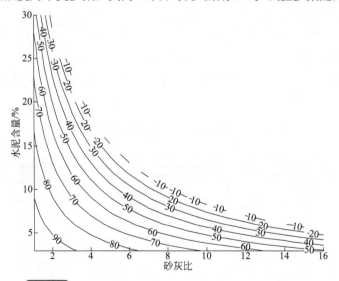

图 5-14　水泥含量、砂灰比及废石含量三者之间的关系

测试指标：抗压强度。

废石含量与水泥含量和砂灰比三者之间的函数关系为下式：

$$C_C = \frac{1-C_R}{1-C_R+\mu} \tag{5-1}$$

式中　　C_C——水泥含量；

　　　　C_R——废石含量；

　　　　μ——砂灰比。

水泥含量、砂灰比及废石含量三者之间的函数关系见图 5-14。由图可以看出：在废石含量不变的条件下，水泥含量随着砂灰比的增大而减小；在砂灰比不变条件下，水泥含量随着废石含量的增加而减小；在水泥含量不变条件下，砂灰比随着废石含量的增加而减小。

废石含量与水泥含量对应的配比试验设计试验数据点分布见图 5-15，其对应的废石含量与砂灰比数据点见图 5-16。矿山充填站充填指标控制为砂灰比值和料浆浓度，因此水泥含量与砂灰比转换函数具有现实意义。

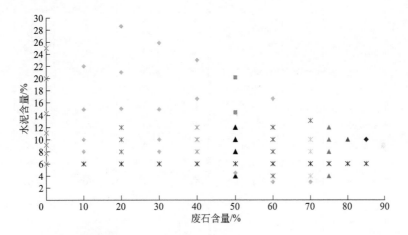

图 5-15　废石胶结充填试验配比设计试验数据点

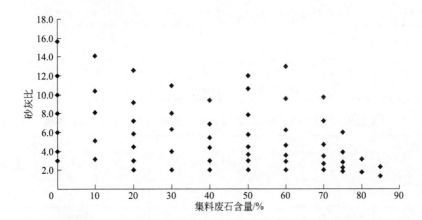

图 5-16　用砂灰比和废石含量表示的废石胶结充填试验数据点

（2）结果与讨论

废石胶结充填试验抗压强度试验结果见表 5-4～表 5-7，以及图 5-17～图 5-20。

表 5-4　废石胶结充填配比及胶结充填体强度测试结果(原始数据)

编号	废石含量/%	水泥含量/%	砂灰比	抗压强度/MPa	编号	废石含量/%	水泥含量/%	砂灰比	抗压强度/MPa
1	85	10	1.35	3.86	31	40	6	9.40	0.56
2	85	6	2.35	2.23	32	40	8	6.90	0.87
3	80	10	1.80	2.98	33	40	10	5.40	1.20
4	80	6	3.13	1.46	34	40	12	4.40	1.46
5	75	4	6.00	0.59	35	40	16.7	3.00	2.29
6	75	6	3.92	1.18	36	40	23.1	2.00	4.26
7	75	8	2.88	1.90	37	30	6.0	10.97	0.44
8	75	10	2.25	2.11	38	30	8	8.05	0.69
9	75	12	1.83	2.61	39	30	10	6.30	1.13
10	70	3	9.70	0.37	40	30	15	3.97	2.19
11	70	4	7.20	0.57	41	30	25.9	2.00	4.77
12	70	6	4.70	0.93	42	20	6	12.53	0.35
13	70	8	3.45	1.44	43	20	8	9.20	0.60
14	70	10	2.70	1.85	44	20	10	7.20	0.89
15	70	13	2.00	2.23	45	20	12	5.87	1.14
16	60	3	12.93	0.28	46	20	15.1	4.50	1.54
17	60	4	9.60	0.40	47	20	21.1	3.00	2.92
18	60	6	6.27	0.83	48	20	28.6	2.00	4.56
19	60	8	4.60	1.17	49	10	6	14.10	0.30
20	60	10	3.60	1.58	50	10	8	10.35	0.50
21	60	12	2.93	1.77	51	10	10	8.10	0.76
22	60	16.7	2.00	2.82	52	10	15	5.10	1.47
23	50	4	12.00	0.34	53	10	22	3.19	2.30
24	50	4.5	10.61	0.37	54	0	6	15.67	0.25
25	50	8	5.75	1.00	55	0	7.7	12.00	0.46
26	50	6	7.83	0.71	56	0	9.1	10.00	0.55
27	50	10	4.50	1.23	57	0	11.1	8.00	0.77
28	50	12	3.67	1.58	58	0	14.3	6.00	1.41
29	50	14.3	3.00	2.11	59	0	20	4.00	2.07
30	50	20	2.00	3.38	60	0	25	3.00	3.27

表 5-5　胶结充填体抗压强度与废石含量及水泥含量的对应关系表　单位：MPa

水泥含量/%　＼　废石含量/%	0	10	20	30	40	50	60	70	80
3							0.281	0.372	
4						0.34	0.40	0.57	
5			0.2637	0.32	0.39	0.49	0.61	0.75	
6	0.26	0.30	0.35	0.44	0.57	0.71	0.83	0.93	1.46

水泥 含量/% \ 废石含量/%	0	10	20	30	40	50	60	70	80
7	0.37	0.40	0.48	0.57	0.72	0.86	1.00	1.19	1.84
8	0.48	0.50	0.60	0.69	0.87	1.00	1.17	1.44	2.22
9	0.54	0.63	0.74	0.91	1.04	1.12	1.37	1.65	2.60
10	0.65	0.76	0.89	1.13	1.20	1.23	1.58	1.85	2.99
11	0.76	0.90	1.01	1.34	1.33	1.41	1.68	1.97	3.23
12	0.95	1.04	1.14	1.56	1.46	1.58	1.77	2.10	
13	1.15	1.18	1.27	1.77	1.64	1.81	2.00	2.23	
14	1.35	1.32	1.40	1.98	1.81	2.04	2.22	3.24	
15	1.49	1.47	1.53	2.19	1.99	2.27	2.45		
16	1.60	1.59	1.75	2.43	2.17	2.49	2.67		

表 5-6 废石胶结充填体(砂灰比为 6)与尾砂胶结充填体强度对比表

废石含量/%	75	70	60	50	40	30	20	10	0
废石胶结充填 体抗压强度/MPa	0.59	0.74	0.88	0.97	1.04	1.08	1.11	1.25	1.41
对应的尾砂胶结 充填砂灰比	24.00	20.00	15.00	12.00	10.00	8.57	7.50	6.67	6.00
对应的尾砂胶结充填 水泥含量/%	4.00	4.76	6.25	7.69	9.09	10.45	11.76	13.04	14.30
尾砂胶结充填 体抗压强度/MPa	0.08	0.16	0.30	0.46	0.55	0.68	0.89	1.15	1.41

表 5-7 不同料浆浓度的废石胶结充填体抗压强度值

浓度	废石尾砂比	水灰比	大理岩		闪长岩	
			密度/(kg/m³)	抗压强度 /MPa	密度/(kg/m³)	抗压强度 /MPa
66%	70%/30%	2.94	2397	0.77	2390	0.76
69%	70%/30%	2.56	2410	0.97	2398	0.85
72%	70%/30%	2.22	2434	1.17	2417	0.96
75%	70%/30%	1.90	2449	1.31	2445	1.26

表 5-4 为废石胶结充填配比的充填体强度测试原始数据。表 5-5 是常见的废石含量与水泥含量对应的胶结充填体强度值,此表中胶结充填体强度为原始数据经过 Matlab 插值计算而得到。

如图 5-17 所示,在水泥含量不变的条件下,胶结充填体抗压强度随废石含量的增加而增大。当废石含量增大至 60% 以后,其曲线斜率明显增大,表明抗压强度的增长速度随废石含量的增大而提高较快,尤其是水泥含量越大时,其增长的速度越快。水泥含量不变时,废石含量增加能提高充填体强度是因为随着废石的增加,其废石尾砂颗粒单位面积上所分配水泥量增加而促使其强度增大。

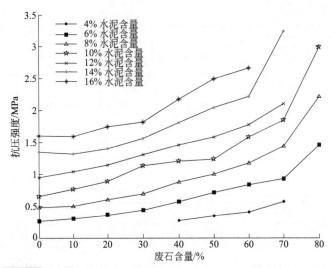

图 5-17 不同水泥含量的充填体抗压强度与废石含量的关系曲线

如图 5-18 所示，当废石含量不变时，其胶结充填体强度随水泥含量的增加而增大，其强度曲线近似呈线性增长。

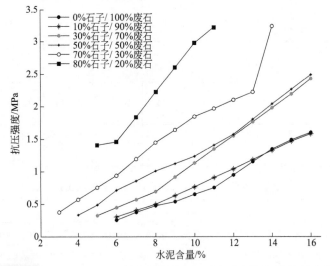

图 5-18 不同废石含量的充填体抗压强度与水泥含量的关系曲线

表 5-6 为在废石胶结充填配比中保持砂灰比不变(砂灰比为 6) 的条件下，废石胶结充填体强度和与之相对应的尾砂胶结充填体强度对比表。由表 5-7 中的数据绘制出废石胶结充填体强度与相对应的尾砂胶结充填体强度对比图，如图 5-19 所示。图中与废石含量相对应的水泥含量，既为废石胶结充填中的水泥含量也为尾砂胶结充填中的水泥含量。从图中可以看出，废石胶结充填体强度和尾砂胶结充填体强度均随水泥含量的减小而减小。在废石胶结充填体中砂灰比不变时，随着废石含量的增加，废石胶结充填体强度比对应的尾砂胶结充填体强度减小率越小，且废石胶结充填体强度均大于相对应的尾砂胶结充填体强度，这说明水泥含量减小时，废石的掺入抑制了胶结充填体的减小速度。

图 5-20 为废石胶结充填体强度与废石含量和水泥含量的关系等值线图。图 5-20(a)～(d)分别为不同水泥含量范围的等值线图，可根据不同的水泥含量值有选择性地参考等值线

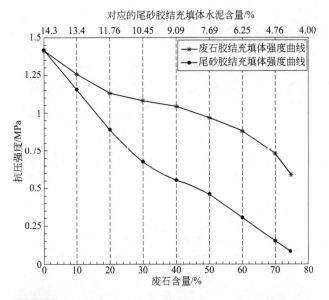

对应的尾砂胶结充填体水泥含量/%

图 5-19　废石胶结充填体与尾砂胶结充填体的强度对比图

关系图。由图可知，水泥含量与废石含量共同相互制约胶结充填体强度，两者中任何的增长都能促进胶结充填体强度增加。若使胶结体强度从某一等值线增长到另一等直线，在水泥含量不变的情况，靠单一增加废石含量来达到其强度，其需要增加的废石量比较大。在废石含量不变的情况下，水泥增加比较小的量就能达到另一等值线强度。从图中可以看出，废石含量大约为 30% 时，强度为 1.2MPa 以上的等值线出现明显向上拐曲，其 1.2MPa 等值线拐点处对应的水泥含量大约为 10.5%；拐翘曲线范围随水泥含量的增加逐步发展到废石含量为 40% 左右，在拐曲范围内废石含量增加不能增加其胶结充填体强度值，其强度提高主要靠水泥含量的增加。这表明废石含量的增加在此范围对增加胶结体强度的影响不明显。

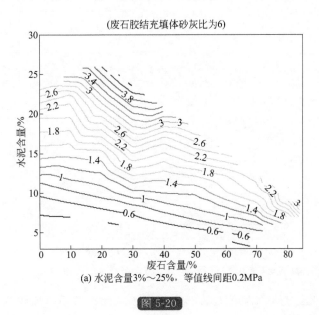

(废石胶结充填体砂灰比为6)

(a) 水泥含量3%～25%，等值线间距0.2MPa

图 5-20

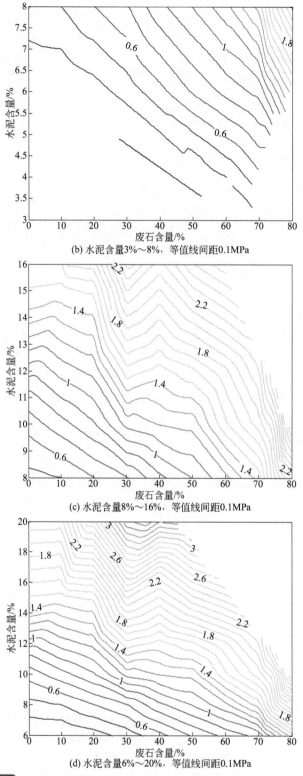

(b) 水泥含量3%~8%，等值线间距0.1MPa

(c) 水泥含量8%~16%，等值线间距0.1MPa

(d) 水泥含量6%~20%，等值线间距0.1MPa

图 5-20 胶结充填体抗压强度与废石含量及水泥含量的关系等值线图

　　图 5-21 为废石胶结充填体强度与废石含量和砂灰比的关系等值线图。图 5-21（a）~（d）分别为不同砂灰比范围的等值线图，可根据不同的水泥含量值有选择性地参考等值线关系

图。如图中所示，胶结充填体抗压强度在废石含量不变条件下，随砂灰比的增大而减小，这是因为砂灰比增大实质是减少水泥在充填材料中的含量。同样在砂灰比不变条件下，废石含量的增加导致其充填料中水泥含量的降低，其胶结充填体的强度减小。

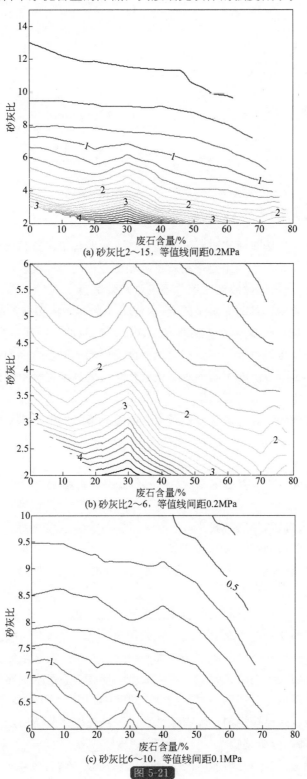

(a) 砂灰比2～15，等值线间距0.2MPa

(b) 砂灰比2～6，等值线间距0.2MPa

(c) 砂灰比6～10，等值线间距0.1MPa

图 5-21

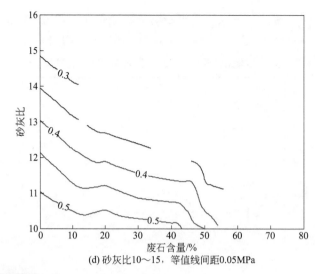

(d) 砂灰比10～15，等值线间距0.05MPa

图 5-21 胶结充填体抗压强度与废石含量及砂灰比关系等值线图

由上述可以看出，保持其料浆浓度不变条件下，水泥含量和废石含量的增加对胶结充填体强度的影响都非常显著，砂灰比变化实质是水泥量变化的一种表现形式。

5.3.1.3 料浆浓度对废石尾砂胶结充填体强度影响性试验

废石胶结充填试验中，其改变料浆浓度（水泥、尾砂、水拌和成的胶结浆）实际上是在灰砂比不变情况下，通过改变水的量来改变水灰比。一般地，料浆浓度越高其水灰比就越小，其胶结充填体强度也就越大。其胶结充填体强度增大，可能是因为高浓度的料浆其颗粒沉降分布比较均匀，因颗粒沉降引起的水泥离析减小。但其浓度又不能太大，因为高浓度的料浆与废石混合过程中，易造成废石集料表层的浆体水分太少而不能充分水化，导致其胶结效果降低，胶结体强度降低。本试验分析了废石胶结充填过程中，料浆浓度对充填体强度变化影响程度。

（1）试验参数配比设计

充填料水泥含量为 6％，废石尾砂比为 70％/30％，养护龄期 28d。其试验材试验配比设计如下。

1）废石类型：大理岩、闪长岩。

2）料浆浓度：66％、69％、72％、75％。

3）测试指标：抗压强度。

（2）结果与讨论

不同料浆浓度条件下，废石胶结充填体密度及抗压强度值见表 5-7 和图 5-22。从表 5-7 中可知，废石胶结充填体强度和密度，随着料浆浓度的增大都逐渐增大。从图中也可看出，废石胶结充填体抗压强度是随料浆浓度的增加而增大，且相同料浆浓度条件下，大理岩胶结充填体强度大于闪长岩胶结充填体强度。料浆浓度的提高实质是水灰比的减小，水灰比降低一方面能提高胶结充填体强度；另一方面能减小料浆中的水泥离析。料浆浓度的提高在一定程度上促进散体颗粒沉降比较均匀，能有效地改善胶结充填体胶结质量。

5.3.1.4 胶结体孔隙率分析试验

胶结充填体孔隙率是胶结充填体内部的孔隙体积占胶结体总体积的百分率，以 ω_k（％）

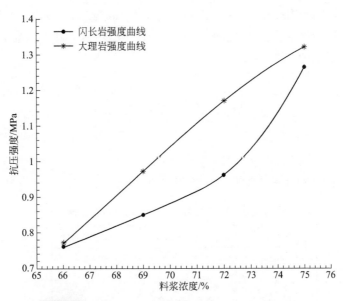

图 5-22 废石胶结充填体抗压强度与料浆浓度关系

表示。与孔隙率相对应的孔隙比，是指胶结体内部的孔隙体积与胶结体实体积之比，其实体积是指胶结体总体积除去孔隙体积后之体积，以 ε 表示。

孔隙率计算公式如下：

$$\omega_k = \frac{V_k}{V_c} \times 100\% \tag{5-2}$$

式中　ω_k——胶结体孔隙率，%；

　　　V_k——胶结体中孔隙体积，cm^3；

　　　V_c——胶结体总体积（包括孔隙体积），cm^3。

孔隙比 ε 与孔隙率 ω_k 之间有如下关系：

$$\varepsilon = \omega_k + \omega_k \varepsilon = \frac{\omega_k}{1-\omega_k} \tag{5-3}$$

胶结充填体孔隙率反映的胶结体试块其内部胶结密实性，其孔隙的产生是由于胶结料浆与废石混合搅拌过程中料浆中的空气泡没有排出，细碎废石之间挤压较紧，料浆没完全渗透而留有孔隙。一般情况下，胶结充填体其浓度较高，其孔隙率比尾砂胶结充填体低。

本次胶结体孔隙率分析试验针对胶结闪长岩充填体测试，研究其孔隙性对胶结充填体质量、强度等影响。所用孔隙率测定充填体是废石胶结充填强度试验充填体，是对原有废石胶结充填体强度试验的孔隙性分析。

（1）试验所选充填体的参数配比设计

充填料水泥含量为 8%，料浆浓度 72%，养护龄期 28d。

废石类型：闪长岩。

废石尾砂比：80%/20%、70%/30%、60%/40%、50%/50%、20%/80、10%/90%。

测试指标：孔隙率、孔隙比、抗压强度。

（2）孔隙率测试方法

先将已测重量（m_1）、总体积（V_1）和抗压强度的废石胶结充填体标准试块完好无损的收放在洁净的容器(容器重量 m_2，容器体积 V_2)中，然后将其均匀捣碎，并注入水(水的密度为 ρ_w)，水面要高于废石胶结体的碎颗粒 5~10cm，浸泡 24h，第 2 天将容器注满水称废石胶结体、水和容器的总质量为 m_3。

则孔隙率为：

$$\omega_k = \frac{V_1 - \left[V_2 - \dfrac{m_3 - (m_1 + m_2)}{\rho_w} \right]}{V_1} \times 100\% \tag{5-4}$$

(3) 结果与讨论

废石胶结充填体孔隙性分析试验测定结果见表 5-8 及图 5-23。

表 5-8　胶结充填体孔隙性指标测试结果

充填类型废石/尾砂	水泥含量/%	密度/(kg/m³)	抗压强度/MPa	孔隙比	孔隙率/%
80%/20%	8	2422	2.20	0.096	8.77
70%/30%	8	2404	1.47	0.086	7.95
60%/40%	8	2366	1.17	0.080	7.41
50%/50%	8	2311	0.97	0.060	5.64
20%/80%	8	2201	0.60	0.045	4.28

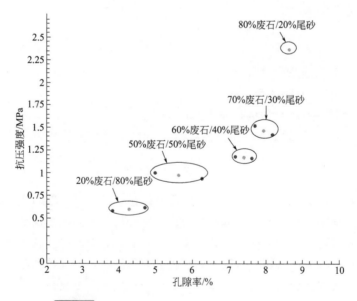

图 5-23　胶结充填体抗压强度与孔隙率之间关系

从表 5-8 可知，废石胶结充填体平均孔隙率变化范围为 4.28%~8.77%，其相应孔隙比变化为 0.045~0.096。废石胶结充填体孔隙率及孔隙比随着废石含量的减小而减小。在同一废石含量水平条件下，一般孔隙率和孔隙比低的胶结充填体其抗压强度较大，如图 5-23 所示。

5.3.1.5　充填材料的混合浇注方式与胶结充填体强度的关系试验

废石胶结充填过程中，矿山常用的混合方式主要有水泥浆直浇自淋混合、水泥浆溜槽自淋混合和废石砂浆同时下料等混合方式。究竟怎样的混合与胶结方式能使其形成的胶结充填体满足强度要求，且具有普遍的可行性？以下试验尝试通过试验室试验回答这个问题。本试验仍采用 $\phi152$mm 试模进行，充填试模时考虑了 3 种充填胶结方式，分别为废石与料浆在搅拌槽中充分搅拌混合（均匀搅拌）、先向试模中倒料浆然后充填废石（废石投入料浆）、先向试模中倒废石然后料浆浇注废石（料浆直浇废石）。不同的充填类型主要包括废石胶结充填、尾砂胶结包裹废石柱芯充填、尾砂胶结充填。胶结废石柱芯充填是试模形成外层为胶结尾砂层，废石柱体被胶结层包裹形成尾砂胶结废石柱芯，柱芯直径为 85mm，尾砂胶结层为厚 33.5mm 圆柱层包裹废石柱芯。

（1）不同混合方式参数配比设计

充填水泥含量为 6%，料浆浓度 72%，废石尾砂比 75%/25%，养护龄期 28d。

试验配比设计如下。

1）废石类型　闪长岩。

2）充填混合方式　均匀搅拌、废石投入料浆、料浆直浇废石。

3）测试指标　抗压强度。

（2）不同充填类型参数配比设计

1）参数指标　水泥含量为 14%，8%，废石含量 0%、30%，料浆浓度 72%。

2）充填类型　废石胶结充填、尾砂胶结包裹废石柱芯充填、尾砂胶结充填。

3）测试指标　抗压强度。

（3）结果与讨论

不同充填方式和充填类型的胶结充填体抗压强度测试结果见表 5-9、表 5-10。

表 5-9　不同充填方式的胶结充填体抗压强度值

混合方式	水泥含量/%	砂灰比	废石尾砂比	密度/(kg/m³)	抗压强度/MPa
均匀搅拌	6	4	75%/25%	2446	1.25
废石投入料浆	6	4	75%/25%	2447	1.14
直浇废石	6	4	75%/25%	2447	0.98

表 5-10　不同充填类型的胶结充填体抗压强度值

充填方式	砂灰比	废石含量/%	水泥含量%	抗压强度/MPa
胶结废石	6	30	8	0.69
胶结尾砂	6	0	14	1.37
废石柱芯	6	30	8	0.62
胶结废石	4.3	30	14	1.60
胶结尾砂	12	0	8	0.48

从表 5-9 可知，废石与料浆在搅拌槽中充分搅拌混合的胶结体抗压强度值最大，为 1.25MPa；废石投入料浆方式的胶结体强度次之，为 1.14MPa；料浆浇注废石的胶结体强度最低，为 0.98MPa。这说明均匀搅拌方式能使胶结剂料浆充分与废石混合，达到较好的胶结状态，故其强度值最高。废石投入料浆混合是废石倾倒入料浆中，不能搅拌，胶结废石是自然浸入沉降过程中形成料浆胶结废石，其强度值低于均匀搅拌混合，这说明其混合过程

料浆胶结废石并不是最佳胶结状态。料浆直接浇注废石混合方式是料浆通过自然堆积的废石表面渗透到其里面，其胶结剂渗透程度和胶结效果与废石堆的自然堆积状态和级配有关。

由表5-10可知，在相同水泥含量（水泥含量为8%）情况下，废石胶结充填体强度最高，为0.69MPa；尾砂胶结包裹废石柱芯充填体强度次之，为0.62MPa；尾砂胶结充填体强度最低，为0.48MPa。这说明在水泥含量相同条件下，无论是废石胶结充填和废石柱芯充填方式均优于尾砂胶结充填。

在砂灰比（砂灰比为6）相同条件下，尾砂胶结充填体强度最高，为1.37MPa；废石胶结充填体强度次之，为0.69MPa；尾砂胶结包裹废石柱芯充填体强度最低，为0.62MPa。这是因为砂灰比不变的条件下，充填体掺加30%废石时，充填料中水泥百分比含量由14%降低为8%，水泥含量的大幅度降低导致了废石胶结充填体和尾砂胶结包裹废石柱芯充填体的强度比尾砂胶结充填体强度降低了约50%。废石柱芯胶结体的强度比均匀搅拌混合的废石胶结体强度略低。废石柱芯充填是胶结料浆包裹松散废石芯，料浆横向渗进松散废石柱中，自然形成外面水泥尾砂胶结层包裹废石柱芯的胶结体，由于料浆横向渗透能力较小，故其胶结废石柱的程度较差。胶结体强度主要取决于外面包裹废石的水泥尾砂胶结层与废石柱芯形成的共同体的组合作用的效果。

5.3.2　废石尾砂胶结充填工艺

废石尾砂胶结充填工艺流程主要为：采集或制备废石集料、高浓度尾砂胶结充填料浆，废石集料与高浓度尾砂胶结充填料浆分别输送至井下，高浓度尾砂胶结充填料浆与废石集料以一定的方式浇筑混合，以形成废石尾砂胶结充填体。如图5-24所示。高浓度尾砂胶结充填料浆与废石集料的浇筑混合方式是废石尾砂胶结充填工艺的关键。

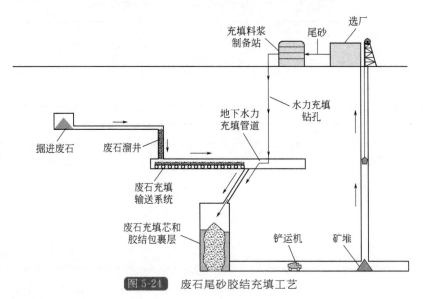

图5-24　废石尾砂胶结充填工艺

5.3.2.1　浇筑混合方式试验

（1）试验方案

废石尾砂胶结充填浇筑混合方式试验内容包括：a. 废石均匀铺设的废石尾砂胶结充填模型试验；b. 废石锥形堆放的废石尾砂胶结充填模型试验（见图5-25、图5-26）。

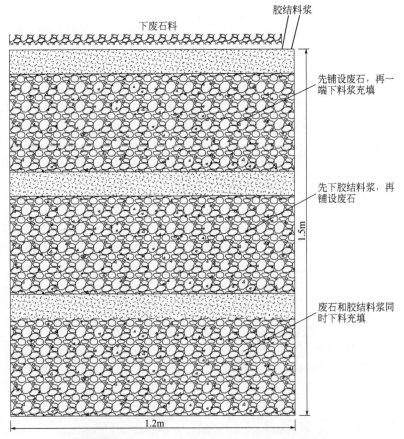

胶结料浆

下废石料

先铺设废石，再一端下料浆充填

先下胶结料浆，再铺设废石

1.5m

废石和胶结料浆同时下料充填

1.2m

图 5-25 废石均匀铺设的废石尾砂胶结充填模型

废石均匀铺设和废石锥形堆放的废石尾砂胶结充填模型是模拟废石料下料方式和充填料浆混合工艺试验，探索不同下料方式、充填工艺方式及废石料堆积形状的充填混合效果。

试验方案包括充填模型规格尺寸确定、试验模型充填配比确定、废石料及胶结料浆下料混合工艺方式。

1) 充填模型规格尺寸确定 依据采场尺寸（宽 15m，长 40m，高 50m），并根据相似比例法，确定主要试验充填体模型尺寸为宽 1.2m、长 1.8m、高 1.5m，模型体积为 3.24m³，模型要求的废石控制最大块度为 300mm。

2) 试验模型充填配比确定

① 充填材料配比：废石尾砂胶结充填现场胶结料浆浓度均为 72%，以达到尾砂胶结充填体砂灰比为 8 的充填体强度来设计废石尾砂胶结充填试验胶结料浆的砂灰比。

② 水泥：选用充填站充填所用的散装水泥。

③ 尾砂：选用充填站充填所用的充填尾砂。

④ 废石：为井下掘进的自然级配废石，剔除大于 300mm 废石。

试验过程中，每个模型所需要的水泥量、尾砂量、废石量、水量，根据实际充填模型体积计算确定。

3) 废石料及胶结料浆充填混合方式 废石均匀铺设的废石尾砂胶结充填模型试验是在模型中层铺废石，然后从一侧下胶结料浆进行胶结废石。废石料及胶结料浆下料方式为：

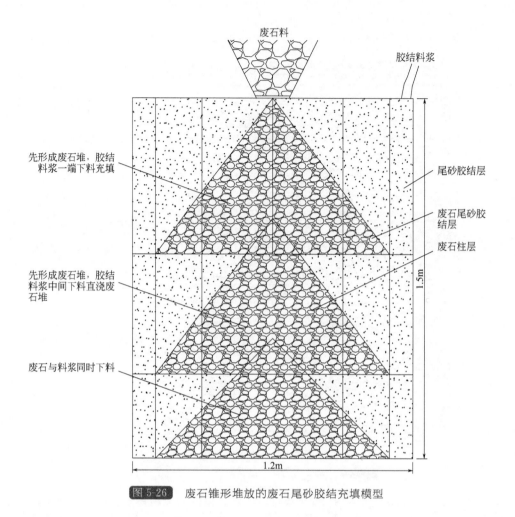

废石料

胶结料浆

先形成废石堆，胶结料浆一端下料充填

尾砂胶结层

废石尾砂胶结层

废石柱层

先形成废石堆，胶结料浆中间下料直浇废石堆

废石与料浆同时下料

1.5m

1.2m

图 5-26 废石锥形堆放的废石尾砂胶结充填模型

a. 废石和胶结料浆同时下料；b. 先下胶结料浆，再铺设废石料；c. 先铺设废石，再一端下料浆充填。

废石锥形堆放的废石尾砂胶结充填模型试验是指废石料在充填试模中形成圆锥形状的废石堆，胶结料浆包围锥形废石堆形成胶结充填体。废石料及胶结料浆下料方式为：a. 废石料与胶结料浆同时下料；b. 先形成废石堆，胶结料浆中间下料直浇废石堆；c. 先形成废石堆，胶结料浆一端下料充填。

（2）试验过程及方法

1）试验场地布置及工作平台搭建

① 试验场地要求布置：料浆溜槽，充填体模型，废石斜溜槽，工作平台（一个是搅拌机和料浆槽工作平台，为平台 1；一个是模型上方的工作架，为平台 2）。

② 工作平台搭建方法：平台 1 可以利用已有的场地条件，如果场地条件不能满足要求，必须搭建平台 1。工作平台 2，必须要制作铁板进行搭建。

③ 下料与输送系统的设计：包括高差设计与输送系统设计。

根据以上要求及安庆铜矿实际条件，选择在安庆铜矿小选厂选矿破碎车间搭建试验场地和工作平台，如图 5-27 所示。

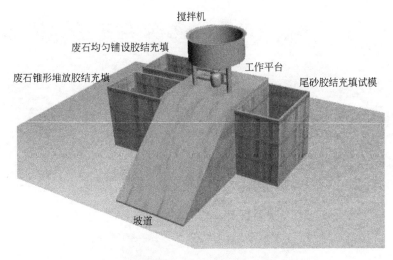

搅拌机

废石均匀铺设胶结充填

废石锥形堆放胶结充填

工作平台

尾砂胶结充填试模

坡道

图 5-27　地表试验模型布置

2）充填材料下料方式

① 胶结料浆下料：制备的胶结料浆通过圆锥形料浆槽下料，并通过输送管将料浆输送至试验模型。

② 废石下料方法：废石垂直下料是指将废石从试模正上方垂直下放到模型中。

3）四种模型胶结充填实施方案

① 废石均匀铺设的废石尾砂胶结充填模型试验。废石均匀铺设的胶结充填模型试验是在充填模型中层铺废石，然后从一侧放下胶结料浆进行浇注废石集料。

模型试验：每天浇注 0.5m，选用废石及胶结料浆混合下料方式为：废石和胶结料浆同步下料、先下胶结料浆，再铺设废石料、先铺设废石，再一端下料浆充填。

② 废石锥形堆放的废石尾砂胶结充填模型试验。废石锥形堆放的废石尾砂胶结充填模型试验：先向模型中倒入废石，形成圆锥形状的废石堆，然后向模型中充填胶结料浆，待料浆浇注废石堆 2/3 高度时停止浇注，静置 24h，再向其中倒入废石，然后继续浇注胶结料浆。

胶结充填模型试验每次浇注 0.5m 高，选用废石及胶结料浆下料方式为：废石与料浆同时下料、先形成废石堆，胶结料浆中间下料直浇废石堆、先形成废石堆，胶结料浆一端下料充填。

③ 尾砂胶结充填模型试验。本次试验尾砂胶结充填体配比以满足强度要求，且井下充填体主体部分配比为模型试验尾砂胶结充填体配比。尾砂胶结料浆浓度为 72%，砂灰比分别为 8。

尾砂胶结充填体模型每天浇注 0.5m 高，充填下料及排水方式为：料浆一端下料，排水口 1 排水；料浆一端下料，排水口 2 排水；料浆中间下料，两排水口同时排水。

（3）试验过程详述及结果分析

废石均匀铺设的胶结充填模型试验如下。

1）混合下料设计　从废石与胶结料浆混合下料方式分为 3 种：a. 废石与胶结料浆同步下料；b. 先充填胶结料浆，再均匀铺设废石料，即废石料投掷胶结料浆充填试验；c. 先铺设废石料，再一端充填胶结料浆充填，即胶结料浆渗透废石料。如图 5-28～图 5-30 所示。

(a) 搅拌及下料过程

(b) 废石与胶结料浆

(c) 废石尾砂胶结充填体

图 5-28　废石与胶结料浆同步下料

(a) 胶结料浆下料过程

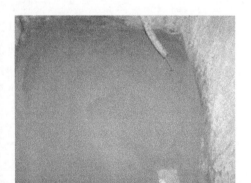

(b) 废石下料过程

(c) 混合后的充填料

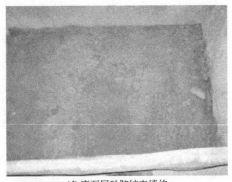

(d) 废石尾砂胶结充填体

图 5-29 废石料投掷胶结料浆充填试验

(a) 均匀铺设废石料(一)

(b) 均匀铺设废石料(二)

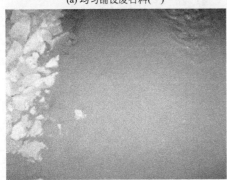

(c) 胶结料浆浇注废石

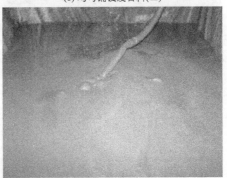

(d) 胶结料浆下料过程

(e) 废石尾砂胶结充填体

图 5-30 胶结料浆渗透废石料试验

2）胶结料浆流动特性　通过测量充填体表面沿流动方向的高程变化来得出胶结料浆与废石料流动堆积规律。试验采用吊锤测量，在试验模型口固定6条基准测量线，测线布置如图5-31所示。

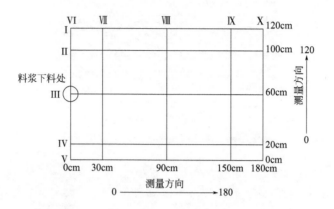

图 5-31　不同下料方式下充填体表面高程测量布置

测量结果见表5-11和图5-32。由图5-32可知，废石料与胶结料浆同步下料条件下，充填体表面高程随距下料口距离的增加而减小，下料口处充填体较高，向远处逐渐减小，但高程相差不大，最大相差1.5cm。废石料投掷胶结料浆试验和胶结料浆浇注废石料试验，充填体表面高程随距下料口距离的增加而增大，下料口处充填体较低，向远处逐渐变增大，废石料投掷胶结料浆试验其充填体表面高度变化较大，最大高程差为6cm。

表 5-11　充填体表面高程测量数据

		废石均匀堆放胶结充填第一层（废石料与胶结料浆同步下料）																	
		充填体表面高程/cm																	
测线	测线点	0	10	20	30	40	50	60	70	80	90	100	110	120	130	140	150	160	170	180
Ⅱ线		20	20	20	20	20	20	20	20	20	20	20	20	20	19.5	19.5	20	19.5	20
Ⅲ线		21	21	21	21.5	21	21	21	20.5	20	19.5	19.5	19.5	19	19.5	19.5	20	20	20
Ⅳ线		20.5	20.5	20	20.2	20.2	20.5	20.5	20.5	20.2	20	20	19.3	19.5	19.5	20	20.5	20
Ⅵ线		20.5	20.5	20.5	21	20.5	20	20	20	19.5	20	19	19	—	—	—	—	—	—	—
Ⅶ线		20.5	20.5	21	21	21	21	21	21	21	20	—	—	—	—	—	—	—	—	—
Ⅷ线		19.5	19.5	19.5	19	19	19	19	19	19	19	19.5	19.5	19.5	—	—	—	—	—	—
Ⅸ线		19	19	19	19	19	19	19.5	19.5	20	20	20	20	—	—	—	—	—	—	—
		废石均匀堆放尾砂胶结充填第二层（废石投入胶结料浆充填）																	
		充填体表面高程/cm																	
测线	测线点	0	10	20	30	40	50	60	70	80	90	100	110	120	130	140	150	160	170	180
Ⅰ线		55	50	52.5	55	54.5	54	55	55	56	56	55	55	56	57	58.5	59	59	59	59
Ⅱ线		40	55	56	55	54.5	54	55.5	57	58	56.5	56	56	57	57	58	58	58.5	58.5	58.5
Ⅲ线		53	53	54	55	56	54.5	55	55	55	54.5	55	56	56	57.5	58	58.5	59	59	59

废石均匀堆放尾砂胶结充填第二层（废石投入胶结料浆充填）																		
充填体表面高程/cm																		
测线点 / 测线	0	10	20	30	40	50	60	70	80	90	100	110	120	130	140	150	160	170	180
Ⅳ线	55	55	55	57	57	57	57	56	55	55	55.5	57	57	57	58	58	58	58.5	58.5
Ⅴ线	55	55	57	57	57	58	58	57	57	57	58	58	58	58	58.5	58.5	59	59	59
Ⅵ线	54	54	39	42	45	35	43	46	43	51	50	56	55	—	—	—	—	—	—
Ⅶ线	56.5	56.5	56.5	56.5	56	55	55	55	54.5	54	54	54	—	—	—	—	—	—	—
Ⅷ线	56.5	56.5	55	54	53.5	54	54	55	55.5	55.5	56.5	56	56	—	—	—	—	—	—
Ⅸ线	58.5	58	58	58	58	58	58	58.5	59	59	59	59.5	59.5	—	—	—	—	—	—
Ⅹ线	60	59	59	59	59	59	59	59	59.5	59.5	59.5	59.5	60	—	—	—	—	—	—

废石均匀堆放尾砂胶结充填第三层（胶结料浆浇注废石料）																		
充填体表面高程/cm																		
测线点 / 测线	0	10	20	30	40	50	60	70	80	90	100	110	120	130	140	150	160	170	180
Ⅰ线	101	101	101	101	101	102	102	102	102	102	102	102	102	102	102	102	102	102	102
Ⅱ线	102	102	102	102	102	102	103	103	103	103	103	102	102	102	102	102	102	102	102
Ⅲ线	102	102	102	102	102	102	103	103	103	103	103	103	103	103	103	103	103	103	103
Ⅳ线	102	102	102	102	102	102	102	102	102	102	103	103	103	103	103	103	103	103	103
Ⅴ线	102	102	102	102	103	103	103	103	102	102	102	—	—	—	—	—	—	—	—
Ⅵ线	101	101	102	102	102	102	102	102	102	102	102	101	101	—	—	—	—	—	—
Ⅶ线	102	102	102	102	102	102	102	102	102	101	101	—	—	—	—	—	—	—	—
Ⅷ线	102	102	102	102	102	102	103	103	103	103	102	102	—	—	—	—	—	—	—
Ⅸ线	102	102	102	103	103	103	103	102	102	102	102	—	—	—	—	—	—	—	—
Ⅹ线	102	102	103	103	103	103	103	103	103	102	102	102	102	—	—	—	—	—	—

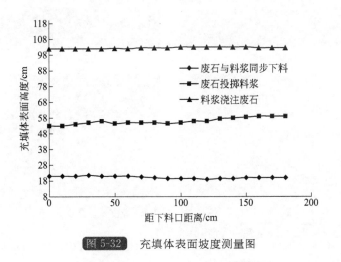

图 5-32 充填体表面坡度测量图

5.3.2.2　废石锥形堆放的废石尾砂胶结充填模型试验

（1）混合下料设计。

废石与胶结料浆混合下料方式分为 3 种。

① 废石与胶结料浆同步下料，废石料在模型中间形成圆锥形废石堆。

② 先充填废石料，形成圆锥形废石堆，胶结料浆从锥形废石堆正上方直接浇注废石料充填，即胶结料浆直浇废石堆试验。

③ 先充填废石料，形成圆锥形废石堆，胶结料浆从一端下料充填，即料浆一端下料包裹废石。

如图 5-33～图 5-35 所示。

(a) 搅拌下料过程

(b) 废石与胶结料浆

图 5-33　废石与胶结料浆同步下料

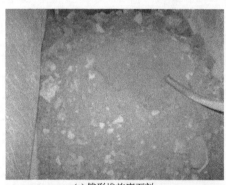
(a) 锥形堆放废石料

(b) 胶结料浆下料过程

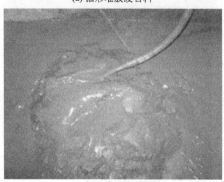
(c) 料浆直浇废石堆

(d) 废石尾砂胶结充填体

图 5-34　胶结料浆直浇锥形废石堆试验

(a) 圆锥形废石堆料   (b) 胶结料浆下料过程

(c) 胶结料浆浇注废石   (d) 废石尾砂胶结充填体

图 5-35　胶结料浆一端下料包裹废石堆试验

（2）废石料堆积特性及胶结料浆流动规律

废石料堆积形态如图 5-36 所示。区域 A 为废石料堆，其被外面的胶结层 B 和 C 所包裹，形成废石柱。区域 B 为胶结料浆渗进废石料的过渡区域，其类似于包裹废石堆的混凝土墙。区域 C 为尾砂胶结充填体，其将松散废石堆料紧紧包裹包，形成稳定的废石尾砂胶结充填体。

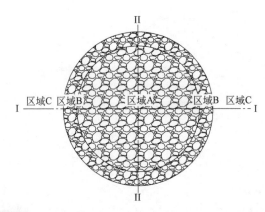

图 5-36　胶结料浆包裹圆锥形废石芯的废石胶结充填平面

模型试验设计每层废石堆料高度为 0.4m，废石料形态实际测量数据见表 5-12 和图 5-37。从图中可以看出，废石堆料剖面形态为圆拱形，3 种下料方式废石堆形态相似。

不同下料方式下充填体表面高程测量布置如图 5-38 所示。充填体表面高程测量结果见表 5-13 和图 5-39。由图 5-39 可知，3 种下料方式胶结充填料浆均满过废石堆，形成的胶结充填体表面均比较平坦。

表 5-12　充填废石料堆形态测量数据

圆拱形废石堆第一层																			
测线＼测线点	废石堆高度/cm																		
	0	10	20	30	40	50	60	70	80	90	100	110	120	130	140	150	160	170	180
Ⅰ线	0	0	2	5	7.5	15	23	30	40	44	41	30	23	15	8	6	2	0	0
Ⅱ线	0	7	15	23	30	38	45	37	30	23	15	8	0	—	—	—	—	—	—
圆拱形废石堆第二层																			
测线＼测线点	废石堆高度/cm																		
	0	10	20	30	40	50	60	70	80	90	100	110	120	130	140	150	160	170	180
Ⅰ线	53	53	55	60	66	77	86	89	90	91	91	92	91	78	76	67	59	55	50
Ⅱ线	67	70	75	82	87	90	90	90	91	88	82	73	73	—	—	—	—	—	—
圆拱形废石堆第三层																			
测线＼测线点	废石堆高度/cm																		
	0	10	20	30	40	50	60	70	80	90	100	110	120	130	140	150	160	170	180
Ⅰ线	95	100	100	105	117	125	133	133	134	135	134	134	134	133	128	120	108	100	95
Ⅱ线	112	118	123	133	135	135	136	135	135	128	123	118	112	—	—	—	—	—	—

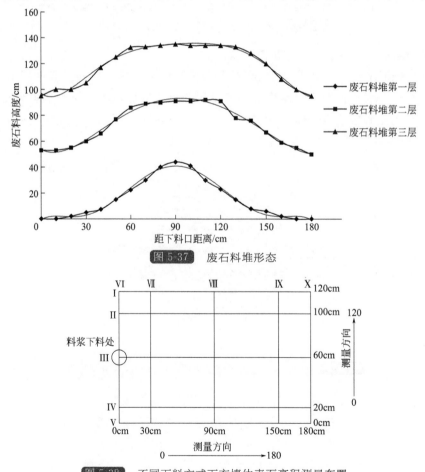

图 5-37　废石料堆形态

图 5-38　不同下料方式下充填体表面高程测量布置

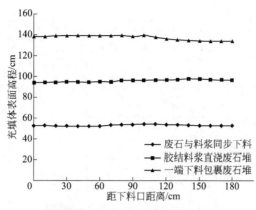

图 5-39 充填体表面坡度测量图

表 5-13 充填体表面高程测量数据

	测线点																		
测线								充填体表面高程/cm											

废石锥形堆放尾砂胶结充填第一层

测线\测线点	0	10	20	30	40	50	60	70	80	90	100	110	120	130	140	150	160	170	180
Ⅱ线	52	52	52.5	52.5	52.5	52.5	53	53	54	54	53.5	53.5	53.5	53	53	53	53	53	53
Ⅲ线	52.5	53	52.5	52.5	52.5	52.5	52.5	53.5	54	54	54.5	54.5	54	53.5	53.5	53	53	53	53
Ⅳ线	53.5	53	53	53	53	53	53.5	53.5	53.5	54	54.5	54.5	54	54	54	54	54	53.5	53
Ⅵ线	53	53	53	53	53	52.5	52.5	52.5	52.5	52.5	52	52	51.5	—	—	—	—	—	—
Ⅶ线	53	53	53	53	53	53	53.5	53.5	53.5	53	53	52.5	52.5	—	—	—	—	—	—
Ⅷ线	54	54	54	54	54	54.5	55	54.5	54.5	54.5	54.5	54	54	—	—	—	—	—	—
Ⅸ线	54	54	54	54	54	53.5	53.5	53	53	53	53	53	53	—	—	—	—	—	—
Ⅹ线	53	53	53	53	53	53	53	53	53	53	53	52	52	—	—	—	—	—	—

废石锥形堆放尾砂胶结充填第二层

测线\测线点	0	10	20	30	40	50	60	70	80	90	100	110	120	130	140	150	160	170	180
Ⅰ线	93	93.5	94	94	94	94	93.8	93.5	94	95	95	96	96.5	96.5	96.5	96	96	96	96
Ⅱ线	93	93.5	93.8	93.8	93.8	94	93.8	94	94	94	94.5	94.5	96	96	96	96	96	96	96
Ⅲ线	94	94.2	94.2	94.8	94.5	94.5	95	95	96	96	96	96.5	96.5	97	97.5	97.5	97	96.5	96
Ⅳ线	94	94	94.2	94.8	94.5	95	95	95.5	96	96	96	97	97	97	97	97	96.5	96.5	96.5
Ⅴ线	94	94	94.5	95	95	95	95	96	96	96	92.5	94	95	94	96.5	96.5	96	96	96
Ⅵ线	94	94	94	94	94	94	94	94	94	93.5	93.5	93.5	—	—	—	—	—	—	
Ⅶ线	95	95	95	95	95	95	95	95	94.5	94.5	94	94	—	—	—	—	—	—	—
Ⅷ线	94	96	96	96	96	96	96	96	96	95.5	95	94.5	94	—	—	—	—	—	—
Ⅸ线	96	96.5	96.5	97	97	97	97	97	97	97	97	96.8	96	—	—	—	—	—	—
Ⅹ线	96	96	96.5	96.5	96.5	96.5	96.5	96	96	96	96	95.5	95.5	—	—	—	—	—	—

废石锥形堆放尾砂胶结充填第三层

测线\测线点	0	10	20	30	40	50	60	70	80	90	100	110	120	130	140	150	160	170	180
Ⅰ线	138	138	138	139	138	138	138	138	138	139	139	139	138	137	136	135	134	133	133
Ⅱ线	138	138	138	139	138	138	138	139	139	139	139	138	138	137	136	135	135	134	134
Ⅲ线	139	139	139	139	139	139	139	139	139	138	140	138	136	135	135	135	134	134	134

废石锥形堆放尾砂胶结充填第三层																		
测线点 / 测线	充填体表面高程/cm																	
	0	10	20	30	40	50	60	70	80	90	100	110	120	130	140	150	160	170	180
Ⅳ线	139	139	139	139	139	139	139	140	140	140	140	138	137	137	136	136	136	135	135
Ⅴ线	139	139	139	139	139	139	140	139	139	140	139	138	138	137	136	136	136	135	135
Ⅵ线	139	139	139	139	139	139	139	138	138	138	138	138	/	/	/	/	/	/	/
Ⅶ线	139	139	139	139	139	139	139	139	138	139	139	139	/	/	/	/	/	/	/
Ⅷ线	140	140	140	140	140	140	140	140	140	140	140	139	139	/	/	/	/	/	/
Ⅸ线	136	136	136	136	136	135	135	135	135	135	135	135	136	/	/	/	/	/	/
Ⅹ线	136	136	136	135	135	135	135	135	135	134	134	134	134	/	/	/	/	/	/

（3）试验充填体揭露效果

图 5-40～图 5-42 为充填揭露效果图。从图 5-40 可知，废石均匀铺设的废石尾砂胶结充填体，第一层为废石与胶结料浆同步下料充填试验情况，胶结充填体结构致密坚硬，胶结效果最好。第二层为废石料投掷胶结料浆充填试验，胶结充填体下部致密坚硬，上部废石胶结效果不佳，其原因为充填过程先充填胶结料浆，然后废石再投掷料浆中，胶结料浆在底部产生沉积，故充填体底部胶结效果好，上部胶结质量较差。第三层为先铺设废石料，再充填胶结料浆，此情况胶结料浆通过废石料空隙渗透而胶结废石，也考察了废石料的渗透性。通过测量胶结料浆在废石料中的渗透深度为 6～10cm。此种情况充填体下部为松散废石（未胶结），上部为胶结废石和胶结尾砂充填体。

图 5-40　废石均匀铺设的废石尾砂胶结充填体

从图 5-41 可知，废石锥形堆放的废石尾砂胶结充填体，第一层为废石与胶结料浆同步下料，废石料在模型中间形成圆锥形废石堆，此种情况形成的圆锥形废石料堆被胶结料浆包裹效果较好，充填体胶结质量较好。第二层为胶结料浆直浇废石堆试验，即先充填废石料，形成圆锥形废石堆，胶结料浆从圆锥形废石堆正上方直浇废石料堆试验，此种情况胶结料浆渗透进废石堆，并在其周围形成胶结充填层包裹废石芯，其充填体胶结情况较好。第三层为料浆一端下料包裹废石堆，此种情况与直浇废石堆相比较而言，胶结效果不如直浇废石堆模型效果好些，但整体胶结质量也较好。总之，3 种废石充填下料情况，胶结料浆与废石料同步下料，胶结充填体效果最好，其余两种情况充填体胶结效果次之，可根据不同现场情况采用不同方案。

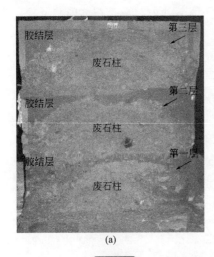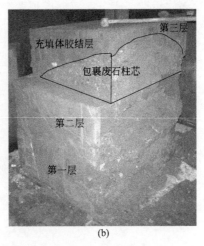

(a)　　　　　　　　　　　　　　　(b)

图 5-41　废石锥形堆放的废石尾砂胶结充填体
(胶结料浆包裹废石芯)

从图 5-42 可看出，6 层尾砂胶结充填体胶结效果均较好，离析少，结构致密。对于尾砂胶结充填体而言，不同下料及脱水方式对充填体质量影响较小，主要是充填体表面平坦度。

图 5-42　尾砂胶结充填体模型

5.3.2.3　废石尾砂胶结充填的最佳下料混合工艺技术方案

废石尾砂胶结充填最佳下料工艺技术研究是基于废石尾砂胶结充填配比试验研究、废料尾砂胶结充填料流动及固结模型试验的研究成果，制定科学合理的井下废石尾砂胶结充填工艺技术方案。

根据废石尾砂胶结充填料流动规律及充填固结模型，可知废石尾砂胶结充填过程废石料与胶结料浆同步下料情况，胶结充填体胶结质量最好。最佳下料工艺应选择胶结料浆与废石料充分混合且同步下料情况充填为宜。充填料混合设计依据废石料充填方式分为三种方案（见图 5-43）。

（1）方案一：废石料与胶结料浆斜充填井下料混合工艺

充填天井是构成理想充填的一个重要因素，它的位置应满足能使充填料均匀连续分布。充填天井的方位也决定落地料堆的位置，因天井中的料流具有一定下落速度，这个速度决定着料流落地运动轨迹，该轨迹可用抛物线方法求得，但天井中颗粒之间存在着相互摩擦，故下落不是自由落体运动。所以，应根据预期废石料落地位置及废石堆形状反算出充填天井的方位。如图 5-43 所示。

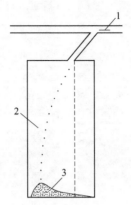

图 5-43 废石与尾矿胶结料浆斜充填井下料混合工艺
1—废石充填＋尾砂胶结料浆(管道)；2—抛掷过程中的充填料；3—废石料堆

（2）方案二：废石料与胶结料浆垂直充填井下料混合工艺

对于采场跨度不大时(小于 30m)，在采场中央布置垂直充填天井是一种理想的布置方式。废石料和胶结料浆通过垂直充填井下料混合充填采空区，废石料下料落地较容易形成圆锥形废石堆，胶结料浆也易于包裹废石料，最终形成胶结料浆包裹废石料芯充填模式。如图5-44 所示，A 区为被包裹的废石柱芯，B 区为胶结料浆包裹层。但是实际充填过程中，废石充填料的分凝是不可避免的现象，所以应充分搞好充填质量控制，避免出现大范围分凝现象。

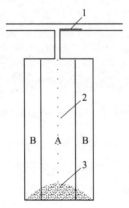

图 5-44 废石与尾砂胶结料浆垂直充填井下料混合工艺
1—废石充填＋尾砂胶结料浆(管道)；2—下落过程中的充填料；3—废石料堆

（3）方案三：可伸缩变速抛掷机抛掷废石料与胶结料同步下料混合工艺

采用可伸缩变速抛掷机抛掷废石料进入采场，胶结料浆通过管道输送一端同步下料。这种方案可实现废石均匀铺设的废石尾砂胶结充填试验和胶结料浆包裹废石芯的充填试验。可伸缩变速抛掷机可将废石料抛掷到所设定范围内，胶结料浆同步下料，充填体形成 A 区和 B 区。如图 5-45 所示。

井下废石尾砂胶结充填技术方案可根据采场尺寸及充填条件，选择适宜的废石料和尾砂胶结料浆下料混合工艺方案。但是涉及充填设计系统及其废石料的输送方式，应根据不同下料混合工艺及现场条件确定。

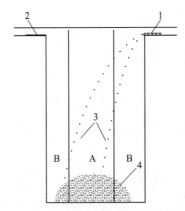

可伸缩变速抛掷机抛掷废石料与尾砂胶结料浆同步下料混合工艺
1—抛掷废石料；2—尾砂胶结料浆（管道）；3—抛掷过程中的废石料；4—废石料堆

5.3.3 典型废石尾砂协同充填实例

5.3.3.1 蒙特艾萨矿

（1）概述

蒙特艾萨矿隶属于澳大利亚蒙特亚萨矿山公司，是一座铜-铅-锌-银多金属矿山。矿山于 1924 年建矿，矿床南北走向长约 4000m，垂直延深超过 1700m，矿体厚大，部分厚度超过 500m。矿床主要分为南北两个区，南区铜矿体（1100 矿体），北区为铅锌矿体。据资料显示，该矿的开采主要采用分段空场嗣后充填的方法。充填方式主要有分级尾砂胶结充填、废石充填和集料胶结充填。

（2）充填实践

该矿废石充填采用废石添加分级尾砂和炉渣的形式，通常涉及配比参数是废石：分级尾砂：磨细的铜反射炉炉渣：普通硅酸盐水泥为 68：29.3：1.8：0.9。为了促进充填料的混合，该矿在 1992～1997 年对废石胶结充填进行了有关浇注机理方面的研究，如在天井顶部设置一种新的溜槽装置等；此外，还将废石充填料最大颗粒尺寸从 300mm 降低至 75mm，使得块石撞击引起的充填料的分离降至最小。

5.3.3.2 金川二矿区

（1）概述

金川镍矿是我国最重要的镍、钴生产基地，主要由二矿区、龙首矿等几个大的矿区组成。金川镍矿二矿区主要采用下向进路式胶结充填采矿法，设计之初主要采用棒磨砂集料与尾砂作为主要的充填骨料。随着矿山开采年限与产能的增加，棒磨砂的产能出现了严重的不足，据资料显示，2008 年产能缺口达 6×10^5 t 以上。为此，经研究，矿山已逐渐开始转向废石胶结充填工艺的应用。

（2）充填实践

金川二矿区井下废石主要来自矿山的生产掘进、脉石及上下盘围岩、充填接顶时产生的溢流砂浆以及其他工业废弃物等几个方面。井下废石组成随生产情况的不同会有所不同，其中以开拓和生产中产生的废石为主。据统计,二矿区在 2004~2010 年期间废石平均产量约为 $4×10^5$ t/a,综合利用废石充填采矿法是有效处理该部分废石同时满足矿山充填需要的有效方法。

二矿区的废石胶结充填工艺初步设计为利用废石磨碎到 20mm 以下,与地表的颗粒物料、水泥和井下的废水等进行混合制成可管道输送的充填料浆,泵送到采空区进行充填,构成下向进路充填法所需的人工假顶。经过一定的科研和现场工业试验,目前二矿区已基本确定了废石:尾砂为 1:1 的配比参数。具体科研流程见图 5-46。

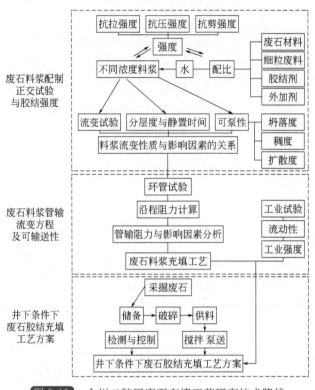

图 5-46 金川二矿区废石充填工艺研究技术路线

经矿山实践,采用废石充填工艺的成本约为 86.48 元/m³,是矿山之前采用棒磨砂自留充填成本的 66.25%,是膏体充填成本的 88%,具有较好的应用前景。

参 考 文 献

[1] 刘可任. 充填理论基础 [M]. 北京:冶金工业出版社,1982.

[2] 刘同有等. 充填采矿技术与应用 [M]. 北京:冶金工业出版社,2001.

[3] 周爱民等. 矿山废料胶结充填 [M]. 北京:冶金工业出版社,2007.

[4] 王凤波,苏红蕊. 全尾砂胶结充填技术在马庄铁矿的应用 [J]. 生产技术,2010.

[5] 谢开维,何哲祥. 张家屯铁矿全尾砂胶结充填的试验研究 [J]. 矿业研究与开发,1998,18 (04):8-10.

[6] 郭利杰,杨小聪. 废石尾砂胶结充填试验研究 [J]. 武汉理工大学学报,2008.

[7] 姚维信. 矿山粗骨料高浓度充填理论研究与应用 [D]. 昆明:昆明理工大学,2011.

[8] 张宗生. 金川矿山废石膏体配制与流变特性研究 [D]. 昆明:昆明理工大学,2008.

[9] 张修香,乔登攀. 废石-尾砂高浓度料浆的流变特性及输送参数优化 [J]. 昆明理工大学学报 (自然科学版),2015,(3):39-45.

第6章

利用尾矿制备建筑材料

6.1 国内外利用尾矿制备建筑材料研究概况

尾矿属选矿后的废弃物，且大部分堆存于地表尾矿库。尾矿地表堆存，不但占用耕地，造成环境污染，而且如设计不当尾矿坝坍塌还会造成人员伤亡等危害。随着地球资源不断减少和人们环境意识的增强，世界各国都把尾矿当作第二资源对待[1]。

研究表明，尾矿是一种复合矿物原料，尾矿中除含少量金属组分外，其主要矿物成分为脉石矿物，如石英、辉石、长石、石榴石、角闪石及其蚀变矿物，黏土、云母类铝硅酸盐矿物，以及方解石、白云石等钙镁碳酸盐矿物；其化学成分主要以硅、铝、钙、镁、铁等氧化物为主，并伴有少量硫、磷等；其粒度与建材领域所用原料十分接近，是一种已加工成细粒的天然混合材料，且尾矿的颗粒多组分混合，在建材领域中应用尾矿成为比提纯矿物混合配料而成的原料，是具有更多优点的天然复合矿物原料。

6.1.1 国外研究概述

各工业化国家把无废料矿山作为矿山开发目标，广泛开展对尾矿的综合利用研究，尤其是在利用尾矿研制生产建筑材料方面取得很大成果。俄罗斯、美国、日本和加拿大等国家在该方面研究最为突出。

早在 20 世纪 60 年代，苏联已开始利用尾矿研制生产建筑材料，现俄罗斯选矿厂尾矿用作建筑材料约占 60%，已用尾矿生产各种矿物胶凝材料和墙体材料。俄罗斯克里沃罗格铁矿将尾矿中粗级别颗粒（＞14mm）用作重混凝土的骨料，并用于生产黏土-硅酸盐渣砖等；小于 14mm 的尾矿可适当代替天然砂做密实的硅酸盐。俄罗斯最大的铁矿基地之一——库尔斯克磁力异常区，对尾矿进行了合理利用，其利用率达 15% 左右，矿区建起了水泥厂和硅酸盐玻璃厂等，取得了较好经济效益。高加索矿物研究所，用尾矿生产硅酸盐砌墙材料、蒸压硬化饰面材料和沥青硅等，均取得了较好的经济效益。

美国克罗沃罗格铁矿区通过对含铁石英岩尾矿的分选，将＋0.14mm 粒级的尾矿用作重混凝土的建筑砂料，－0.14～＋0.04mm 粒级用作制备胶结充填料的混合黏结料组分、加固干式堆置的尾料，作为泡沫混凝土，用于建造道路、农业、水工和其他建设的人工基础；

而−0.04mm粒级的尾矿则用来制造气孔和泡沫玻璃，取得了极好的经济效益和环境效益。前苏联的佩而沃乌拉尔矿山管理局，每年提供 $3.5×10^6$ t碎石用于修筑道路，作混凝土骨料等，加工碎石的收入达企业收入的70%。美国爱达荷州公路局，于1963年使用废弃的尾矿石修建了一段长约6.5km的公路，该公路已经正常运行多年。美国从一些铅矿废石中回收萤石，再从尾矿中回收长石、石英作为建筑材料原料加以利用。

日本Yagi和Seichi等将尾矿与10%硅藻土混合成型，并在1150℃煅烧，研制出轻质骨料，其密度为 $1.77g/cm^3$，抗压强度8.33MPa。土耳其的Cine-Milas省通过浮选、重力分离和磁场等方法去除杂质，从铁尾矿中提取出钾长石，并用这些优质的钾长石精矿来生产陶瓷。印度使用铁尾矿生产出符合EN标准，并比传统瓷砖具有更高强度和硬度的墙壁瓷砖和陶瓷地板，创造了良好的社会效益和经济效益。

6.1.2　国内研究概述

国内自20世纪80年代开始研究如何利用废弃的尾矿资源生产建筑材料，经过三十多年的科研攻关，如今尾矿作为建筑材料在社会的各个方面发挥着重要的作用。例如，利用尾矿生产水泥、玻璃、陶瓷、耐火材料、保温建材等，同时还成功地将尾矿用于生产混凝土用的粗细骨料和灌浆料。

张金青等[2]将尾矿用作混凝土的骨料，生产出抗压强度符合要求的混凝土空心砌块，其中，尾矿利用量的大小会影响混凝土空心砌块的抗压强度。北京科技大学李德忠等利用密云铁尾矿制备出达到国家相关标准、质量优异的B06级加气混凝土，从而为尾矿的资源化利用提供了一个可靠的途径。武汉工业大学曾经利用废弃的程潮低硅铁尾矿加入水泥生产出符合要求的加气混凝土。位于辽宁省的鞍钢矿渣砖厂将尾矿掺入石灰、水泥等原料，生产出加气混凝土；该加气混凝土具有保湿性能好、质量轻的优点。该厂的加气混凝土车间年产量为 $1.0×10^5$ t，尾矿消纳量约为 $3.0×10^4$ t。

在水泥和混凝土生产技术方面，山东省昌乐县特种水泥厂在水泥熟料中掺入5.32%的铜尾矿，生产出高标号的水泥。山东省沂南磊金公司成功使用尾矿砂生产出抗硫酸盐水泥和道路用水泥。首钢矿业公司利用大石河铁矿选矿产生过程中产生的尾矿砂，采用旋流器筛选工艺，分离出10%~30%的粗尾砂，可代替传统混凝土中的优质"中砂"，不仅满足其公司用砂，还可外销。

中国铁道科学研究院以高速铁路活性粉末混凝土材料人行道挡板、盖板为载体，研究用尾矿部分取代掺和料、部分取代骨料来制备活性粉末混凝土材料，能够制得抗压强度大于130MPa、抗折强度大于18MPa、弹性模量大于48MPa、电通量小于40C、抗冻标号大于F500的尾矿类活性粉末混凝土材料。以京沪高速铁路为工程背景，针对高速铁路建设过程中所面临的河砂与粉煤灰资源严重短缺的局面，打破了传统铁路CFG桩桩体材料的原料体系，本着资源合理化利用的原则，开创性地将尾矿砂这一矿产资源提炼过程中排放量巨大的固体废弃物，以及堆放量远超过粉煤灰的灰渣，同时引入到CFG桩桩体材料，初步形成了以水泥、灰渣、尾砂和石子为主要组分的铁路CFG桩桩体材料体系。北京科技大学已在实验室开发出抗压强度达到120MPa，具有优异的耐久性，尾矿掺量达到70%，总固废用量达到87%的尾矿高强结构材料，制造出足尺寸高强铁路轨枕，超高强度人工鱼礁样品进行了投海工程实验，取得了良好效果。

20世纪90年代后，随着我国矿冶工业和钢铁工业的快速发展，各科研单位也加大了矿渣微晶玻璃的研究，技术上进一步成熟，主要以武汉理工大学、清华大学、中国科学院上海硅酸盐研究所、中国地质科学院尾矿利用中心等。矿渣微晶玻璃生产主要以铜矿尾渣、磷矿渣、粉煤灰、钨矿尾矿和高炉渣等固体废物为原料。

6.2　金属尾矿应用于水泥制备

6.2.1　金属尾矿用于水泥原料制备的可行性分析

传统水泥生产原料除石灰石外，有黏土、铁粉、矿化剂、混合材等。很多尾矿的主要化学成分都是 SiO_2 和 Al_2O_3，与黏土的化学成分很相似，有可能在代替黏土来配制生料；有些尾矿同时还含有比较高的 Fe_2O_3，可能在代替黏土的同时也代替铁粉或部分代替铁粉。尾矿大都含有较为丰富的微量元素，且尾矿本身熔点大都也较低，这样的特性使尾矿有可能用来作矿化剂。一些尾矿 SiO_2 含量较高，活性好，且尾矿本身粒度细，易磨，如果作为混合材使用能降低水泥粉磨电耗。金属尾矿中铜、铅、锌尾矿最具代表性，并占有较大比例。铜、铅、锌尾矿除含有主要化学成分 CaO、SiO_2、Al_2O_3、Fe_2O_3、MgO 外，还含有 Mn、Ti、Ni、Mo、Ba、Be、W 等多种微量元素。它的矿物成分中含有铁铝钙镁硅酸盐、硫化物、硫酸盐、萤石等，这些微量元素和矿物是水泥熟料煅烧过程的良好矿化剂。

在试验研究过程中，结合地质成岩成因理论分析，发现铜、铅、锌尾矿存有较多的地质潜能，并具供氧助燃能力。通过立窑应用表明，采用铜、铅、锌尾矿作水泥配方原料，通过调整生产工艺和熟料烧成热工制度，使尾矿中的 SiO_2 得以活化，某些具有矿化作用的矿物和微量元素得以激活，尾矿地质潜能得以充分释放，从而取得显著的节能降耗效果[3~6]。

6.2.2　水泥制备工艺

水泥，粉状水硬性无机胶凝材料。加水搅拌后成浆体，能在空气中硬化或者在水中更好地硬化，并能把砂、石等材料牢固地胶结在一起。水泥的历史最早可追溯到 5000 年前的中国秦安大地湾人，他们铺设了类似现代水泥的地面。后来古罗马人在建筑中使用的石灰与火山灰的混合物，这种混合物与现代的石灰火山灰水泥很相似，用它胶结碎石制成的混凝土，硬化后不但强度较高，而且还能抵抗淡水或含盐水的侵蚀。长期以来，它作为一种重要的胶凝材料，广泛应用于土木建筑、水利、国防等工程。

水泥，按其主要水硬性物质名称分为：a. 硅酸盐水泥，即国外通称的波特兰水泥；b. 铝酸盐水泥；c. 硫铝酸盐水泥；d. 铁铝酸盐水泥；e. 氟铝酸盐水泥；f. 磷酸盐水泥；g. 以火山灰或潜在水硬性材料及其他活性材料为主要组分的水泥。其中硅酸盐水泥是目前应用最广的一种水泥，其生产工艺在水泥生产中具有代表性，是以石灰石和黏土为主要原料，经破碎、配料、磨细制成生料，然后喂入水泥窑中煅烧成熟料，再将熟料加适量石膏（有时还掺加混合材料或外加剂）磨细而成。

水泥生产随生料制备方法不同，可分为干法生产（包括半干法）与湿法生产（包括半湿法）两种。

1) 干法生产　将原料同时烘干并粉磨或先烘干经粉磨成生料粉后喂入干法窑内煅烧成熟料的方法。但也有将生料粉加入适量水制成生料球，送入立波尔窑内煅烧成熟料的方法，称之为半干法，仍属干法生产。

干法生产的主要优点是热耗低（如带有预热器的干法窑熟料热耗为 3140～3768J/kg）；缺点是生料成分不易均匀，车间扬尘大，电耗较高。

2）湿法生产　将原料加水粉磨成生料浆后喂入湿法窑煅烧成熟料的方法。也有将湿法制备的生料浆脱水后，制成生料块入窑煅烧成熟料的方法，称为半湿法，仍属湿法生产之一种。

湿法生产具有操作简单，生料成分容易控制，产品质量好，料浆输送方便，车间扬尘少等优点；缺点是热耗高（熟料热耗通常为 5234～6490J/kg）。

新型干法水泥生产技术是 20 世纪 50 年代在日本德国等发达国家发展起来，中国第一套悬浮预热和预分解窑 1976 年投产。该技术优点：传热迅速，热效率高，单位容积较湿法水泥产量大，热耗低。

新型干法水泥生产线指采用窑外分解新工艺生产的水泥。生产时将生料粉直接送入窑内进行煅烧，生料含水率非常低，节省了水泥烘干的大量热耗。以悬浮预热器和窑外分解技术为核心，采用新型原料、燃料均化和节能粉磨技术及装备，全线采用计算机集散控制，实现水泥生产过程自动化和高效、优质、低耗、环保。因此，新型干法水泥是未来水泥发展的新方向，其工艺流程见图 6-1。

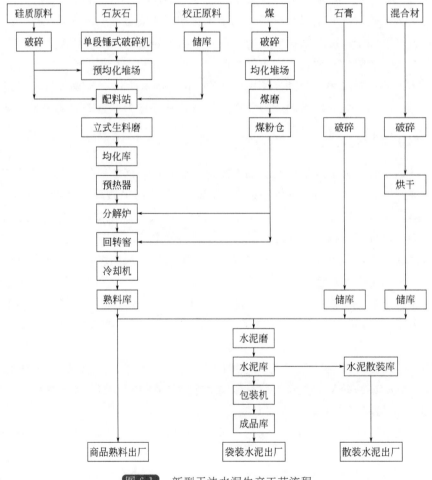

图 6-1　新型干法水泥生产工艺流程

水泥的生产一般可分生料制备、熟料煅烧和水泥制成等 3 个工序，整个生产过程可概括为"两磨一烧"，即生料粉磨、水泥粉磨和熟料煅烧。

6.2.2.1 生料粉磨

生料粉磨分干法和湿法两种。干法一般采用闭路操作系统，即原料经磨机磨细后，进入选粉机分选，粗粉回流入磨再行粉磨的操作，并且多数采用物料在磨机内同时烘干并粉磨的工艺，所用设备有管磨、中卸磨及辊式磨等。流程湿法通常采用管磨、棒球磨等一次通过磨机不再回流的开路系统，但也有采用带分级机或弧形筛的闭路系统的。

6.2.2.2 熟料煅烧

煅烧熟料的设备主要有立窑和回转窑两类，其中立窑适用于生产规模较小的工厂，大、中型厂宜采用回转窑。

（1）立窑

窑筒体立置不转动的称为立窑。立窑分普通立窑和机械化立窑。

普通立窑是人工加料、人工卸料或机械加料、人工卸料。

机械立窑是机械加料和机械卸料。机械立窑是连续操作的，它的产量、质量及劳动生产率都比普通立窑高。

国外大多数立窑已被回转窑所取代，但在当前中国水泥工业中立窑仍占有重要地位。根据建材技术政策要求，小型水泥厂应用机械化立窑，逐步取代普通立窑。

（2）回转窑

窑筒体卧置（略带斜度，约为 3％），并能做回转运动的称为回转窑。分煅烧生料粉的干法窑和煅烧料浆（含水量通常为 35％左右）的湿法窑。

1）干法窑　干法窑又可分为中空式窑、余热锅炉窑、悬浮预热器窑和悬浮分解炉窑。20 世纪 70 年代前后，发展了一种可大幅度提高回转窑产量的煅烧工艺——窑外分解技术。其特点是采用了预分解窑，它以悬浮预热器窑为基础，在预热器与窑之间增设了分解炉。在分解炉中加入占总燃料用量 50％～60％的燃料，使燃料燃烧过程与生料的预热和碳酸盐分解过程，从窑内传热效率较低的地带移到分解炉中进行，生料在悬浮状态或沸腾状态下与热气流进行热交换，从而提高传热效率，使生料在入窑前的碳酸钙分解率达 80％以上，达到减轻窑的热负荷，延长窑衬使用寿命和窑的运转周期，在保持窑的发热能力的情况下，大幅度提高产量的目的。

2）湿法窑　用于湿法生产中的水泥窑称湿法窑，湿法生产是将生料制成含水为 32％～40％的料浆。由于制备成具有流动性的泥浆，所以各原料之间混合好，生料成分均匀，使烧成的熟料质量高，这是湿法生产的主要优点。

湿法窑可分为湿法长窑和带料浆蒸发机的湿法短窑，前者使用广泛，但后者已很少采用。为了降低湿法长窑热耗，窑内装设有各种型式的热交换器，如链条、料浆过滤预热器、金属或陶瓷热交换器。

6.2.2.3 水泥粉磨

水泥熟料的细磨通常采用圈流粉磨工艺（即闭路操作系统）。为了防止生产中的粉尘飞扬，水泥厂均装有除尘设备，例如电除尘器、袋式除尘器和旋风除尘器等是水泥厂常用的收尘设备。

由于在原料预均化、生料粉的均化输送和除尘等方面采用了新技术和新设备，尤其是窑外分解技术的出现，一种干法生产新工艺随之产生。采用这种新工艺使干法生产的熟料质量不亚于湿法生产，电耗也有所降低，已成为各国水泥工业发展的趋势。

6.2.3 硅酸盐水泥熟料水化性能分析

6.2.3.1 熟料的矿物组成

水泥熟料是一种多矿物的聚集体。通过显微镜观察水泥熟料的内部结构发现：硅酸三钙矿物呈六角形和棱柱状粒子，硅酸二钙矿呈圆形粒子状，它们二者占熟料矿物的 70% 以上。中间相是铝酸三钙和铁铝酸四钙及玻璃相等。由于铁铝酸四钙（C_4AF）中含铁，其折射率很高，所以也可以将其与铝酸三钙（C_3A）加以区别。下面分别介绍这几种主要矿物的结构特征。

（1）硅酸三钙

硅酸三钙（C_3S）是硅酸盐水泥的主要矿物，其含量通常在 50% 左右，它对熟料的性质有重要的影响。

在研究 CaO-SiO_2 二元系统时指出，硅酸三钙只有在 125℃ 以上才是稳定的，如果它在此温度下缓慢冷却时会按下式分解：

$$3CaO \cdot SiO_2 \Longrightarrow 2CaO \cdot SiO_2 + CaO$$

C_3S 按上式的分解速率，随温度的降低迅速减弱，如果在急冷的条件下，其分解的速率小到可以忽略不计。因此，它可以在常温下保持其介稳状态。从热力学的观点来看，它是不稳定的。

在水泥热料中一般含有 MgO、Al_2O_3 以及其他少量氧化物，它能进入 C_3S 的晶格并形成固溶体。因此，水泥中的硅酸三钙一般不是以纯的 C_3S 形式存在，而是含有氧化镁和氧化铝的固溶体。所以，人们称它为阿利特（Alite）或简称 A 矿。阿利特的组成常因其他氧化物的含量及其在 C_3S 中固溶程度的不同而变化较大，不同研究者所得结果也有所差异。一般认为是 $54CaO \cdot 16SiO_2 \cdot MgO \cdot Al_2O_3$（简写为 $C_{54}S_{16}MA$）；也有研究者认为是 $154CaO \cdot 2MgO \cdot 52SiO_2$（$C_{154}M_2S_{52}$）或 $C_{151}M_2S_{52}$ 等。电子探针分析表明，在阿利特中除含有氧化镁和氧化铝外，还含有少量的氧化铁、碱、氧化钛、氧化磷等，但其成分仍然接近于纯硅酸三钙。几种阿利特的组成范围为：CaO 70.90%～73.10%；SiO_2 24.90%～25.20%；Al_2O_3 0.70%～2.47%；MgO 0.3%～0.98%；TiO_2 0.2%～0.4%；Fe_2O_3 0.4%～1.6%；K_2O 0.20% 左右；Na_2O 1% 左右；P_2O_5 0.1% 左右。

对 C_3S 结晶结构形态的研究指出，它可存在于 3 个晶系，共有 7 个变型，即三斜晶系的 T_I、T_{II}、T_{III} 型；单斜晶系的 M_I、M_{II}、M_{III} 型和三方晶系的 R 型。其相互间的转变温度为：

$$T_I \underset{}{\overset{620℃}{\rightleftharpoons}} T_{II} \underset{}{\overset{920℃}{\rightleftharpoons}} T_{III} \underset{}{\overset{980℃}{\rightleftharpoons}} M_I \underset{}{\overset{990℃}{\rightleftharpoons}} M_{II} \underset{}{\overset{1060℃}{\rightleftharpoons}} M_{III} \underset{}{\overset{1070℃}{\rightleftharpoons}} R$$

纯 C_3S 在常温下，通常只能保留三斜晶系（T 型），如含有少量 MgO、Al_2O_3、SO_3、ZnO、Cr_2O_3、Fe_2O_3、R_2O 等稳定剂形成固溶体，便可保留 M 型或 R 型。由于熟料中硅酸三钙总含有 MgO、Al_2O_3、Fe_2O_3、ZnO、R_2O 等氧化物，故阿利特通常为 M 型或 R 型。

结合大量的研究结论，可以认为硅酸三钙的结构特征如下所述。

1）硅酸三钙是在常温下存在的介稳的高温型矿物。因而其结构是热力学不稳定的。

2）在硅酸三钙结构上，进入了 Al^{3+} 与 Mg^{2+} 并形成固溶体。固溶程度越高，活性越大。比如在 $C_{54}S_{16}MA$ 结构中，由于 Al^{3+} 取代 Si^{4+}，同时为了补偿静电而引入 Mg^{2+}，因而引起了硅酸三钙的变形，提高了其活性。

3）在硅酸三钙结构中，Ca^{2+} 的配位数是 6，比正常的配位数低，并且处于不规则状态，

因而使 Ca^{2+} 具有较高的活性。

（2）硅酸二钙

硅酸二钙也是硅酸盐水泥熟料的重要组成，其含量一般为 20% 左右。在水泥熟料烧成过程中形成的硅酸二钙常常含有少量的杂质，如氧化铁、氧化钴等，所以人们称它为贝利特（Belite）或简称为 B 矿。在显微镜下观察时，呈圆形粒子，其折射率为 $N_g=1.735\pm0.002$，$N_p=1.7\pm0.002$。电子探针分析的几种贝利特固溶体的组成范围为：CaO 63%～63.7%；SiO_2 31.5%～33.7%；Al_2O_3 1.1%～2.6%；Fe_2O_3 0.7%～2.2%；MgO 0.2%～0.6%；Na_2O 0.2%～1.0%；K_2O 0.3%～1%；TiO_2 0.1%～0.3%；P_2O_5 0.1%～0.3% 等。

硅酸二钙有多种晶型，即 α-C_2S、$\alpha H'$-C_2S、$\alpha L'$-C_2S、β-C_2S、γ-C_2S 等。α-C_2S 在 1450℃ 以上的温度范围内是稳定的，在 1425℃ 时 α-C_2S 转变为 $\alpha H'$-C_2S。在 1160℃ 时 $\alpha H'$ 型转变为 $\alpha L'$ 型。在 630～680℃ 时 $\alpha L'$ 转变为 β 型。β-C_2S 再加热到 690℃ 时又可转变为 $\alpha L'$-C_2S，当温度降至 500℃，β-C_2S 转变为 γ-C_2S。因为 β 型转变为 γ 型时晶格要做很大的重排。比密度由 β 型的 3.28g/cm³ 转为 γ 型的 2.97g/cm³，体积膨胀约 10%，导致熟料粉化。如果冷却速度很快，这种晶格的重排是来不及完成的，这样便形成了介稳的 β-C_2S。在水泥熟料的实际生产中，由于采用了急冷的方法，所以硅酸二钙是以 β-C_2S 的形式存在的。瑞果德（Regourd）等模拟熟料形成条件，其主要掺杂离子为 Fe 和 Al，合成了 β-C_2S 型的贝利特并测定了其晶胞参数如表 6-1 所列。

表 6-1　贝利特晶胞参数

组成	a/nm	b/nm	c/nm	β
$Ca_2Fe_{0.035}Al_{0.035}Si_{0.93}O_{3.965}$	0.5502	0.6750	0.9316	94.45°
$Ca_2Fe_{0.050}Al_{0.050}Si_{0.90}O_{3.950}$	0.5502	0.6753	0.9344	94.19°
Ca_2SiO_4	0.5502	0.6745	0.9297	94.59°

当 C_2S 中固溶有少量的 Al_2O_3、Fe_2O_3、BaO、SrO、P_2O_5 等氧化物时，可以提高其水硬活性。研究表明，β-C_2S 型贝利特具有如下的结构特性。

1）β-C_2S 是在常温下存在的介稳的高温型矿物，因此其结构具有热力学的不稳定性。

2）β-C_2S 中的钙离子具有不规则配位，使其具有较高的活性。

3）在 β-C_2S 结构中的杂质和稳定剂的存在也提高了其结构活性。

（3）铝酸三钙

硅酸盐水泥中的铝酸钙主要是铝酸三钙（C_3A），还可能有七铝酸十二钙（$C_{12}A_{17}$）等。铝酸三钙在偏光镜下无色透明，折射率 $N=1.710$，密度 3.04g/cm³。在反光镜下，C_3A 呈暗灰色。纯相为立方晶系，a=0.7623nm。但有少量氧化物如 Na_2O 等存在时，C_3A 还可形成斜方、四方、假四方以及单斜等多种结晶形态。水泥熟料中的 C_3A 相的晶型常随原料的化学组成及熟料的形成和冷却工艺而异，一般为立方或斜方晶系。

铝酸三钙是由许多四面体 $[AlO_4]^{5-}$ 和八面体 $[CaO_6]^{10-}$、$[AlO_6]^{9-}$ 所组成，中间由配位数为 12 的 Ca^{2+} 松散地联结，巴依柯娃（Boikova）确定其结构中具有半径为 0.147nm 的大孔穴。所以在熟料形成条件下，C_3A 晶格中可能有较多的杂质离子进入，因而其晶格缺陷也较多。综上所述，C_3A 具有以下的结构特征。

1）在 C_3A 的晶体结构中，Ca^{2+} 具有不规则的配位数，其中处于配位数为 6 的 Ca^{2+} 以及虽然配位数为 12 但联系松散的 Ca^{2+}，均有较大的活性。

2）在 C_3A 晶体结构中，Al^{3+} 也具有两种配位情况，而且四面体 $[AlO_4]^{5-}$ 是变了形的，因此 Al^{3+} 也具有较大的活性。

3）在 C_3A 结构中具有较大的孔穴，OH^- 很容易进入晶格内部，因此 C_3A 的水化速度较快。

（4）铁铝酸四钙

铁铝酸四钙简称 C 矿（C_4AF），它在水泥熟料中很容易用显微镜观察出来。在透射光下，它为黄褐色或褐色的晶体，有很高的折射率，$N_g=2.04\sim2.08$，$N_p=1.98\sim1.93$，密度为 $3.77g/cm^3$。此外，C_4AF 有显著的多色性，它形成长柱状晶体，或形成有显著突起的小圆形颗粒。在反射光镜下观察磨光片时，因为它具有高的反射能力和最浅最亮的颜色，所以很容易识别。

C_4AF 的结晶结构是由四面体 $[FeO_4]^{5-}$ 和八面体 $[AlO_6]^{9-}$ 互相交叉组成，上述四面体和八面体由 Ca^{2+} 互相连接，其结构式为 $Ca_8Fe_4^{\,IV}Al_4^{\,VI}O_{20}$ 其中 Fe^{IV} 表示配位数为 4 的四面体，Al^{VI} 表示配位数为 6 的八面体。

在水泥熟料中，C_4AF 常常是以铁铝酸盐固溶体的形式存在。C_4AF 通常称为铁相固溶体，它的组成可以从 $6CaO \cdot 2Al_2O_3 \cdot Fe_2O_3$ 到 $4CaO \cdot Al_2O_3 \cdot Fe_2O_3$ 到 $2CaO \cdot Fe_2O_3$。在氧化铁含量高的熟料中，其组成接近于 $4CaO \cdot Al_2O_3 \cdot Fe_2O_3$。

铁铝酸盐的固溶体是铝原子取代铁铝酸二钙中的铁原于的结果。C_2F、C_4AF 和 C_6A_2F 的晶胞尺寸如表 6-2。

表 6-2　C_2F、C_4AF 和 C_6A_2F 的晶胞尺寸

化合物	a/nm	b/nm	c/nm
$2CaO \cdot Fe_2O_3$	0.532	1.463	0.558
$4CaO \cdot Al_2O_3 \cdot Fe_2O_3$	0.526	1.442	0.551
$6CaO \cdot 2Al_2O_3 \cdot Fe_2O_3$	0.522	1.335	0.548

由表 6-2 所列的数据表明，它们的尺寸差别是很小的。

综合以上分析资料，可以认为 C_4AF 的结构特征在于：它是高温时形成的一种固溶体，在铝原子取代铁原子时引起晶格稳定性降低。

（5）玻璃体

玻璃体是水泥熟料中的一个重要组成部分。经过急速冷却的熟料，在 10％KOH 水溶液及 1％的硝酸酒精溶液中处理后，在反射光下能很清楚地看到玻璃相。呈暗黑色的包裹体，它的组成是不定的，主要成分是 Al_2O_3、Fe_2O_3、CaO 以及少量的 MgO 和 R_2O。玻璃体的形成是由于熟料烧至部分熔融时部分液相在较快冷却时来不及析晶的结果。因此它是热力学不稳定的，所以也具有一定的活性。

（6）游离氧化钙和氧化镁

水泥熟料中，常常还含有少量的没有与其他矿物结合的以游离状态存在的氧化钙，称为游离氧化钙，又称游离石灰（Freelime 或 f-CaO）。它在偏光镜下为无色圆形颗粒，有明显解理，有时有反常干涉色。在反光镜下用蒸馏水浸蚀后呈彩虹色，很易识别。因为它是在高温时形成的 CaO 呈死烧状态，因此水化速度很慢，常常在水泥硬化以后游离氧化钙的水化才开始进行，这时 CaO 水化产生 $Ca(OH)_2$，体积增大并产生膨胀应力，使水泥石的强度降低。如果游离氧化钙的含量较高时它会使水泥石产生裂纹，甚至破坏，这就是水泥安定性差的原因之一，为此应严格控制游离氧化钙的含量。

方镁石系游离状态的氧化镁晶体。熟料煅烧时，少量的 MgO 可以进入熟料矿物中形成固溶体，或溶于液相中；如果 MgO 的含量超过限量，则多余的氧化镁会以方镁石结晶存在。这种高温煅烧的方镁石，其水化速度比游离氧化钙更慢，由于它在水化时产生体积膨胀，同样也会导致水泥的安定性不良。

6.2.3.2 熟料矿物的水化特性

（1）硅酸三钙水化

硅酸三钙在普通的硅酸盐水泥熟料中含量一般都在 50％左右，在很大程度上决定了水泥浆体的性能。在常温下，C_3S 水化反应一般用以下方程式表示：

$$3CaO \cdot SiO_2 + nH_2O = xCaO \cdot SiO_2 \cdot yH_2O + (3-x)Ca(OH)_2$$

上式表明，C_3S 在水化时产物是水化硅酸钙和氢氧化钙。但在室温条件下对 $CaO\text{-}SiO_2\text{-}H_2O$ 系统的相关研究表明：在不同浓度的氢氧化钙溶液中，水化硅酸钙的组成是不同的。所以，硅酸三钙的水化产物并不是固定的，与水固比、温度、有无异离子参与等水化条件都有关系。在常温下，水固比减小将使水化硅酸钙的 CaO/SiO_2 分子比（缩写为 C/S 比，即上式中的 x）提高。

硅酸三钙的水化过程主要有以下几个阶段。

① 初始水解期　加水后立即发生剧烈反应，但该阶段很短，在 15min 内结束。这一阶段也称为诱导前期。

② 诱导期　这一阶段反应速率十分缓慢，又称静止期，一般持续 2～4h，是硅酸盐水泥浆体能在几个小时内保持塑性的原因。初凝时间基本上是诱导期结束的时间。

③ 加速期　反应重新加快，出现第二个放热峰、在到达峰顶时本阶段也相应结束（4～8h）。此时终凝已过，开始硬化。

④ 衰退期　反应速率随时间下降阶段，又称减速期，约持续 12～24h，水化速率逐渐受扩散速率控制。

⑤ 稳定期　反应速率很低，水化作用完全受扩散速率控制。

C_3S 的水化产物对熟料的 3d 强度、28d 强度影响最大，当达到 28d 时其强度已经基本达到最大值。虽然 28d 以后其强度贡献减少，但依然有相当大的贡献。

（2）硅酸二钙水化

硅酸二钙 C_2S 在熟料中的含量虽不及 C_3S，但是在熟料当中也是占有很大的比例，在水化过程中起到了很大的作用。β 型 C_2S 的水化过程与 C_3S 的十分相似，也有以上 5 个时期，但是其水化速率慢得多，约为 C_3S 的 1/20。其水化反应方程式如下：

$$2CaO \cdot SiO_2 + mH_2O = xCaO \cdot SiO_2 \cdot yH_2O + (2-x)Ca(OH)_2$$

C_2S 的水化热较低，特别是第二个放热峰十分微弱。C_2S 的水化初始阶段开始的较早，但是后期的发展十分缓慢。若在 C_2S 浆体中加入少量 C_3S 可以加速水化，因此在熟料中的 C_2S 水化速度被大大提高，而且 C_2S 水化产物中的 C/S 比和形貌与 C_3S 无大差别。

C_2S 的水化产物对熟料的早期直到 28d 强度贡献较小，但是却是决定后期强度的主要因素。

（3）铝酸三钙及铁铝酸四钙水化

铝酸三钙水化速率大，其水化产物受氧化钙，氧化铝离子浓度和温度影响很大。常温下铝酸三钙水化可以表示为：

$$3CaO \cdot Al_2O_3 + 27H_2O = 4CaO \cdot Al_2O_3 \cdot 19H_2O + 2CaO \cdot Al_2O_3$$

在常温、处于介稳状态下，C_4AH_{19} 有向 C_3AH_6 等轴晶体转化趋势。上述过程随着温度的升高而加速，而 C_3A 本身的水化热就很高，按照上述情况，在水化过程中可能会直接生成 C_3AH_6。一般 C_3A 在与水搅拌后几分钟内开始快速反应，数小时后就完成水化，是主要的早强矿物。加入石膏后，C_3A 水化速度相对降低，可以延长几个小时。随着石膏的加入，在与氧化钙同时存在的情况下，C_3A 虽然开始快速水化成 C_4AH_{19}，但接着会与石膏反应，如下式：

$$4CaO \cdot Al_2O_3 \cdot 19H_2O + 3(CaSO_4 \cdot 2H_2O) + 14H_2O$$
$$= 3CaO \cdot Al_2O_3 \cdot 3CaSO_4 \cdot 32H_2O + Ca(OH)_2$$

铁相固溶物一般都以 C_4AF 为代表，其水化速率比 C_3A 低，水化热低，即使单独水化也不会引起瞬凝。铁铝酸四钙水化产物与 C_3A 十分相似，氧化铁基本上起着氧化铝的作用，也就是在反应中置换了部分铝，水化硫铝酸钙和硫铁酸钙的固溶体，或者水化铝酸钙和铁酸钙的固溶体。

C_3A 的水化产物是决定熟料早期强度的主要物质。其含量对 1d、3d 等早期强度有明显贡献，当达到 28d 的时候，C_3A 已经基本上不对强度做贡献，后期甚至会对强度起消极作用；C_4AF 的 28d 强度远比 C_3A、C_2S 要大得多，其一年的强度甚至可以达到 C_3S 的水平。由此可见，C_4AF 不仅对早期强度有贡献，而且更会有助于后期强度的发展。

综上所述，硅酸三钙在最初 28d 内强度发展迅速，它决定着硅酸盐水泥 28d 的强度；硅酸二钙在 28d 后才发挥强度作用，约 1 年达到硅酸三钙 28d 发挥的强度；铝酸三钙强度发展较快，但强度较低，仅对硅酸盐水泥在 1~3d 的强度起到一定的作用；铁铝酸四钙的强度发展也较快，但强度低，对硅酸盐水泥的后期强度贡献不大。这 4 种熟料矿物中，如果提高硅酸三钙的含量，可得到高强硅酸盐水泥；提高硅酸三钙和铝酸三钙的含量，可得快硬性硅酸盐水泥；降低硅酸三钙和铝酸三钙的含量，提高硅酸二钙的含量，可得低热或中热硅酸盐水泥。

6.2.4 尾矿作水泥生产原料应用分类

金属尾矿由脉石、矿石、围岩中所含的多种矿物组成，经常包含硅酸盐、碳酸盐以及多种化学元素，主要含有 SiO_2、Al_2O_3、Fe_2O_3、CaO、MgO 等化学成分，其特点有以下几点。

1）尾矿的颗粒极其细小，大部分小于 0.074mm，数量大，包含多种金属元素。

2）大多数金属尾矿属于硫化物尾矿，较易氧化。

水泥熟料中的氧化物主要为 CaO、SiO_2、Al_2O_3 及 Fe_2O_3，它们的含量通常在 95% 以上，除上述 4 种氧化物外，还含有少量 M_2O、SO_3 以及 TiO_2、MnO_3、P_2O_5、Na_2O、K_2O 等。通过以上分析可以看出金属尾矿中的氧化物成分与水泥熟料中氧化物成分非常接近，因此，利用尾矿制备水泥原料具有一定的可行性[7-14]。

不同矿山的尾矿具有不同特性，在用于水泥生产原料时，必须根据不同的尾矿特性进行科学分类，经济合理利用，以达到废物利用的最佳化。

水泥生产原料主要有石灰石、黏土、铁粉、矿化剂、烟煤、石膏、活性或非活性混合材，其中黏土的作用是提供 SiO_2，铁粉则是用来提供 Fe。根据水泥生产原料特点和尾矿特性，尾矿可分成三类应用于水泥生产：代黏土或代黏土和铁粉；作矿化剂；作混合材。根据林细光等对国内 30 多个矿山尾矿进行化学元素分析、差热分析、X 衍射分析、熔点分析等，通过分析并对尾矿应用水泥生产原料进行分类，提出分类应用原则见表 6-3。

表 6-3 铜、铅、锌尾矿分类应用原则

尾矿用途 / 尾矿特性	代黏土			作矿化剂	作混合材
	配高钙石灰石	配中钙石灰石	配低钙石灰石		
	$CaO>48\%$	$CaO42\%\sim48\%$	$CaO<42\%$		
Loss					低
SiO_2	高	中(约 50%)	低($<40\%$)	低	高
Al_2O_3	高	低	低		高
Fe_2O_3	高	高	低		
CaO		高	高		
MgO					低
可燃硫				高	低
灰熔点		低	低	低	
微量元素 (Cu,Zn,Pb,W,St)				高	

另外，林细光通过对国内 30 多矿山尾矿测试发现，尾矿含微量元素种类都比较多，但具体种类的含量因尾矿不同差别很大，各种氧化物的含量、可燃硫和灰熔点也相去甚远。根据尾矿特性分析结果和尾矿分类应用原则，对国内部分矿山的尾矿可做如表 6-4 所列应用分类。

表 6-4 铜、铅、锌尾矿应用分类

尾矿序号	尾矿名称	熔点划分	应用分类
1	福建建阳市建爱镇铅锌尾矿	低	作矿化剂、代黏土
2	福建连城县庙前镇铅锌尾矿	低	代黏土
3	福建建阳市水吉镇塔下铅锌尾矿	低	矿化剂、代黏土
4	福建浦城县铜尾矿	高	作混合材
5	贵州都匀市坝固镇洋畦村铅锌尾矿	高	作矿化剂
6	贵州都匀市坝固镇坪洋村铅锌尾矿	高	代黏土
7	贵州南丹大厂镇拉么锌尾矿	高	作矿化剂
8	广西德胜县铜尾矿	高	作混合材、代黏土
9	广东紫金县紫城镇铅锌尾矿	中	代黏土
10	广东梅县丙村镇铅锌尾矿	低	作矿化剂、代黏土
11	广东连平县铅锌尾矿	低	作矿化剂
12	广东韶关市大宝山铜尾矿	低	作矿化剂
13	广东韶关市凡口铅锌尾矿	中	代黏土
14	云南冶炼厂窑渣样品	中	作矿化剂
15	云南新平县大红山铜矿样品	低	作矿化剂
16	云南易山矿样品	中	
17	云南驰宏锌锗股份公司铅锌尾矿	高	作矿化剂
18	安徽安庆市月山铜尾矿	低	代黏土

尾矿序号	尾矿名称	熔点划分	应用分类
19	安徽铜陵冬瓜山铜尾矿	低	代黏土
20	安徽滁州铜尾矿	低	作矿化剂
21	江西永平县铜尾矿	低	作混合材、代黏土
22	江西德兴市德兴铜尾矿	高	作混合材、代黏土
23	江西德兴市银山铅锌尾矿	高	作混合材、代黏土
24	浙江龙泉铅锌尾矿	低	作矿化剂
25	浙江杭州千岛湖矿业公司铅锌尾矿	低	作矿化剂
26	浙江杭州建铜集团有限公司铜尾矿	中	代黏土
27	浙江诸暨铅锌尾矿1	中	代黏土
28	浙江诸暨铅锌尾矿2	低	代黏土
29	浙江富阳铅锌尾矿	中	代黏土
30	新疆阿舍勒铜尾矿	中	作矿化剂
31	新疆喀拉通克铜镍尾矿	中	代黏土

注：熔点低≤1200℃，熔点中1200～1350℃，熔点高≥1350℃。

6.2.5 铜、铅、锌尾矿作为水泥原料制备

水泥是三大传统材料之一，其生产水泥所用的原材料逐步扩大，除煤矸石、粉煤灰和各种钢渣外，目前已将选厂尾矿用于研制生产水泥。针对不同的尾矿进行了大量试验研究，如用铜、铅、锌尾矿代替黏土来配制水泥生料，降低了煤耗，提高了产量和质量发明了尾矿烧水泥的"小料球快烧技术"；利用尾矿的地质潜能，发明了"热激发技术"等。特别是发现了一些铜、铅、锌尾矿中的 SiO_2 可用来作活性调控剂，使泥灰岩也能用于烧制水泥，这是水泥煅烧技术的一大进步。该项技术开发成功后，被当时国家经贸委以"石煤、金属尾矿、低品位石灰石烧制水泥"列入了国家资源综合利用优秀实用技术。目前，"铜、铅、锌尾矿、低品位石灰石烧制水泥"技术已在全国十几个省市的数十家水泥厂得到了应用，取得了较好的效果。例如，广东清远地区连州市水泥厂，原来用高品位石灰石（CaO 含量 53％）、花岗岩风化的高硅黏土配方，1t 熟料标煤耗高达 200kg，产量却只有设计生产能力的 1/2。采用本技术后，将部分原料更换为 CaO 含量仅为 33％的低品位泥灰岩和邻县大麦山铜矿尾矿，调整窑的煅烧操作，结果 1t 熟料标煤耗降到了 100kg，产量也超过设计生产能力。新疆阿勒泰市水泥厂原来要 20 多千米外购买黏土，还需烘干，然而应用本技术改用厂附近变质岩系中的金属尾矿后，煤耗降低了 25％，熟料 28d 抗压强度从 60MPa 增长到 66MPa。甘肃白银市银海水泥厂用当地铅、锌尾矿代替中品位石灰石和黏土来配料，使产量提高了 25％，煤耗降低了 20％。

（1）尾矿为原料生产水泥熟料主要机理

研究表明，铅锌尾矿的掺入，能降低熟料的烧成温度，促进形成熟料矿物，具体作用机理如下。

1）在煅烧过程中，铅锌尾矿中的硫、铁等物质转化为新生态的 Fe_2O_3，其活性比铁质原料中的 Fe_2O_3 的活性更强。Fe_2O_3 在熟料中为溶剂矿物，液相铁有利于降低熟料的烧成温度。

2）当煅烧温度为 900～1000℃ 时，铅锌尾矿中的 Pb^{2+} 和 Zn^{2+} 与熟料中的 Fe_2O_3、

MgO 和 Al_2O_3 等溶剂矿物反应生成中间体形式的含 Pb 和 Zn 矿物，使液相出现提前。

3）当温度上升到 1100℃ 时，含 Pb 和 Zn 矿物呈熔融状态，在较低温度下开始分解，改善了易烧性，促进形成熟料矿物。

4）熟料中的微量元素一部分进入到铁相中，增加了熟料的液相量，从而降低了液相黏度，加快 C_2S 吸收 CaO 的速率，促进 C_3S 的形成。

5）另一部分微量元素进入到硅酸盐相，置换出 C_3S 中的 Ca^{2+}，与 C_2S 反应生成 C_3S，增加了熟料中的 A 矿量，提高了 C_3S 的活性。

6）铅锌尾矿中引入的微量元素使 A 矿的稳定更好，从而使得熟料在冷却过程中不易被分解。

根据地质成岩成因理论分析可以得知，铅锌尾矿具有较高的地质潜能。当采用铅锌尾矿为原料生产水泥熟料时，尾矿中的 SiO_2 被活化，而且尾矿中的微量元素和具有矿化作用的矿物被激活，从而释放出铅锌的地质潜能，达到降低熟料的烧成温度的效果，节约了水泥的成本。

（2）尾矿制备水泥原料的应用试验

2005 年 9 月末至 10 月，林细光在浙江兆山新星集团的 2500t 血新型干法回转窑生产线上进行了利用铜尾矿制备水泥原料的工业试验。该生产线于 2003 年下半年建成投产，产量和能耗都比较稳定，运行良好，生产原料有高钙石灰石、中钙石灰石、低钙石灰石、硅铝质校正原料页岩、硅质原料砂岩、铁质原料硫酸渣，燃料为内蒙古烟煤和兖州烟煤。工业试验中设计了 4 个配方，配方中尾矿掺加量逐步增多，分别为 1%、2%、3% 及 5%。试验时就以这 4 个配方为基础，依具体情况可对配方稍做调整。

试验结果表明如下所述。

1）加尾矿后，经过 1 个月时间的运行，情况良好，生产系统没有出现任何异常现象。

2）生产的熟料各项指标良好，熟料中不同的尾矿掺量没有带来相应熟料特性的明显差别，特别是 C_3S 和 f-CaO，前者都在 50% 以上，后者大部分在 1% 以下，最高也仅 1.07%，C_3S 和 C_2S 两者之和也都超过 75%，这些都说明熟料的强度将会比较高，安定性较好。

3）通过试验对比分析，加入尾矿的熟料强度略有提高，且熟料平均时产提高了 10.07%，熟料标煤耗和水泥电耗分别降低了 8.29% 和 4.88%，尾矿配料的增产节能效果很显著。

4）没掺加尾矿煅烧出的熟料 C_3S、C_3A 含量均小于加尾矿烧成的熟料，其中 C_3A 是早强矿物，C_3S 是熟料强度的主要来源，早期和后期强度都很高。所以物检分析时掺加尾矿煅烧出的熟料各项强度指标都优于传统水泥熟料。

5）按照此项研究成果达到的经济技术指标，增产水泥产量 10.07%，节煤 8.29%，节电 0.488%，水泥企业生产能力 1.3×10^6t，水泥售价 230 元/t，标煤价 760 元/t，电价 0.58 元/(kW·h)，销售利润率 12%，税收 11%，企业目前吨水泥标煤耗 114kg，电耗 85kW·h，企业每年可获经济效益 1733.308 万元。

6.2.6 基于铁尾矿制备的充填新型胶凝材料的应用

南方某大型铁矿山，设计采选能力 4.5×10^6t/a，矿体厚大，矿石价值较高。矿山主要采用大直径深孔阶段空场嗣后充填采矿法，其中回采方式分为两步骤进行：在一步骤回采完成后进行胶结充填，待两边充填体完成养护达到回采强度要求后，再进行二步骤回采工作。因此，充填体强度及其质量是影响矿山正常生产的一项重要因素。

通过矿山生产实践发现，采用当地生产的水泥作为胶凝材料，其充填体强度普遍偏低，水泥单耗较高，导致充填成本偏高。为了改善充填效果，提高充填质量，降低水泥单耗，实现节约充填成本。遂矿山针对全尾砂特点开发了与之相适应的矿用充填胶凝材料。

矿山研发的新型矿用充填胶凝材料主要由石灰、石膏、水泥熟料、铁尾矿及添加剂按照相应的比例进行粉磨、均匀混合搅拌后形成最终产品，最终产品与尾矿和水按照相应的充填配比进行混合搅拌后用于井下充填，其基于铁尾矿制备的充填胶凝材料与尾矿制备的充填体基本性能如下。

（1）尾矿基本物化性质

按照《土工试验规程》（SL 237-005—1999）采用比重瓶法及堆积法测定尾矿密度及容重，最后按下式计算孔隙率：

$$\omega = \left(1 - \frac{\rho_{dmin}}{d_s}\right) \times 100\%$$ (6-1)

式中　ω——尾矿孔隙率，%；

　　ρ_{dmin}——尾矿容重，g/cm^3；

　　d_s——尾矿相对密度。

试验结果见表 6-5。

表 6-5　尾矿基础物理参数表

材料名称	密度/(g/cm³)	容重/(g/cm³)	孔隙率/%
尾矿	2.87	1.58	44.95

通过现场取样对其进行化学成分分析，其结果见表 6-6。

表 6-6　尾砂发射光谱金属元素半定量分析测试结果

分析项目	结果/%	分析项目	结果/%
Al	3.72	Mn	0.07
As	<0.05	Ni	<0.05
Ba	<0.05	Pb	<0.05
Be	<0.05	Sb	<0.05
Bi	<0.05	Sn	<0.05
Ca	2.27	Sr	<0.05
Cd	<0.05	Ti	0.09
Co	<0.05	V	<0.05
Cr	<0.05	Zn	<0.05
Cu	<0.05	Li	<0.05
Fe	8.79	Mg	3.44

从表中可以看出，尾矿中的金属元素主要有 Fe、Al、Ca、Mg，含量分别为 8.79%、3.72%、2.27%、3.44%；其他金属元素含量较低。

经化学元素定量分析，如表 6-7 所列，尾矿中金属元素及其氧化物为 Al_2O_3、TFe、MgO、CaO，其含量分别为 7.03%、8.79%、5.73%、3.18%，这些金属氧化物均有利于充填体的强度增加；另外，非金属氧化物 SiO_2 含量为 67.10%，含量较高，因此能够很好地起到骨料的作用，有利于增强充填体强度；同时，尾矿中有害物质 P_2O_5、非金属元素 S 含量较低，分别为 0.11％和 0.12％，因此整体来看其尾矿可作为井下充填材料。

表 6-7　尾矿元素分析结果表

元素	SiO_2	Al_2O_3	TFe	MgO	CaO	TiO_2	P_2O_5	MnO	S	烧失量
含量/％	67.10	7.03	8.79	5.73	3.18	0.10	0.11	0.09	0.12	3.98

（2）尾矿的矿物组成

图 6-2 为尾矿 XRD 衍射图谱，从图中可以看出该尾矿的矿物组成以石英为主，这说明尾矿的主要成分 SiO_2 以石英形式存在，属于高硅型铁尾矿；此外还含一定量的云母和少量的赤铁矿。通过 XRD 衍射物相分析出矿物石英、云母和赤铁矿的主要化学成分为 SiO_2、Al_2O_3、Fe_2O_3 和 K_2O，此分析结果与表 6-7 所列化学元素分析汇总结果相吻合。

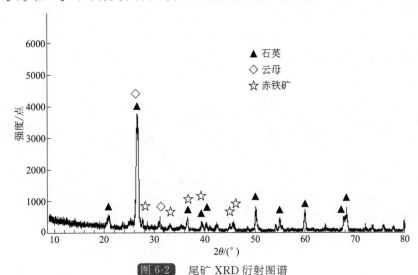

图 6-2　尾矿 XRD 衍射图谱

（3）尾矿粒径组成

尾矿粒度测试采用马尔文激光粒度测试仪，测试分析汇总结果见表 6-8。

表 6-8　尾矿激光粒度分析汇总结果

粒径/μm	筛下分计/％	筛下累计/％	粒径/μm	筛下分计/％	筛下累计/％
1	2.12	2.12	25	4.24	36.61
1.5	1.43	3.55	35	6.89	43.50
2.0	1.31	4.86	40	2.95	46.45
2.5	1.31	6.17	50	5.26	51.71
3.0	1.29	7.46	60	4.63	56.34
4.0	2.43	9.89	70	4.13	60.47
5.0	2.23	12.12	75	1.9	62.37
6.0	2.00	14.12	80	1.78	64.15
8.0	3.65	17.77	90	3.27	67.42
10	3.22	20.99	100	2.9	70.32
15	6.3	27.29	120	4.82	75.14
20	5.08	32.37	140	3.77	78.91

粒径/μm	筛下分计/%	筛下累计/%	粒径/μm	筛下分计/%	筛下累计/%
170	4.25	83.16	350	4.53	94.52
200	3.13	86.29	500	3.54	98.06
250	3.7	89.99	800	1.94	100

根据尾矿的大小不同的颗粒组成，可用不均匀系数 C_u 表征该物料粒级组成的均匀程度，计算公式为：

$$C_u = \frac{d_{60}}{d_{10}}$$

式中　d_{10}、d_{60}——累计含量分别为 10%、60% 颗粒能够通过的筛孔直径。

从表 6-8 中可看出，尾矿 d_{10} 为 $4.13\mu m$，d_{60} 为 $68.87\mu m$，d_{90} 为 $260.18\mu m$。尾矿粒级组成不均匀系数为 16.68，通常适用于充填的尾矿颗粒组成不均匀系数应介于 4~6 之间。由尾矿粒度曲线可知，结合粒径分布曲线可认为颗粒级配不均，属于相对缺失粗颗粒的类型，尾矿自然级配属于相对不连续级配。尾矿粒度分布曲线如图 6-3 所示。

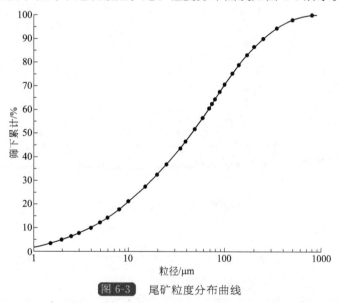

图 6-3　尾矿粒度分布曲线

（4）基于尾矿制备的新型充填胶凝材料基本性能

按照《通用硅酸盐水泥》（GB 175—2007）标准，对基于尾矿制备的新型充填胶凝材料进行相关检测，其结果见表 6-9。

表 6-9　基于尾矿制备的新型充填胶凝材料测试分析结果

样品	细度(0.045mm 筛余)/%	初凝时间/min	终凝时间/min	28d 抗折强度/MPa	28d 抗压强度/MPa
一次取样	6.3	235	310	8.4	38.4
二次取样	5.8	230	295	8.3	37.2
32.5 级普通硅酸盐水泥标准	≤30	≥45	≤600	5.5	32.5

从表 6-9 可以看出抽样所取的两批次的胶凝材料初凝及终凝时间都在 32.5 级水泥标准允许范围内，28d 抗折强度及 28d 抗压强度同样达到 32.5 级水泥标准。此外，水泥的初凝

和终凝时间分别为235min和310min，时间均较为理想，因此可以预见该材料应用到矿山胶结充填后，其凝结硬化时间较短，强度形成的时间早，这可以一定程度上有利于提高充填开采效率。

同时通过两次取样（第一次为2013年11月，第二次为2014年3月）的试样进行测试，发现其各项指标相差不大，均达到了相应的标准，也就是说从一定程度上表明胶凝材料的生产的稳定性较好。

（5）普通水泥与尾矿胶凝材料充填体强度对比试验

通过上述分析知，矿山自产的基于尾矿制备的新型充填胶凝材料，按照水泥标准检测达到了32.5级普通硅酸盐水泥标准，其各项指标均优于前期矿山所用的水泥，但是自产胶凝剂与矿山的尾砂制备的充填体能否也具有其相应的强度优势还需进行相应的试验测定。为此，采用相同的尾矿、相同的充填用水的前提下，分别考察矿山所用的32.5级普通硅酸盐水泥、周边矿山充填所用胶凝剂及矿山基于尾矿制备的新型胶凝材料与充填尾矿制备的充填体强度性能。

试验设计充填浓度为68％、70％、72％三组，灰砂比1∶4、1∶6、1∶8、1∶10四组，胶凝材料分别为32.5级普通硅酸盐水泥、周边矿山充填所用胶凝剂及矿山基于尾矿制备的新型胶凝材料，试块制作完成后采用标准养护28d，然后测试其单轴抗压强度，图6-4～图6-6为试验过程，其测试结果见表6-10；图6-7为3种胶凝材料强度对比。

图 6-4　充填试块制作

图 6-5　充填试块养护

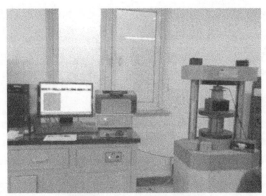

图 6-6　充填试块强度测试

表 6-10　不同胶凝材料充填体单轴抗压强度试验结果　　　　单位：MPa

胶凝材料类型	养护龄期/d	料浆浓度/%	砂灰比			
			4	6	8	10
水泥	28	68	1.113	0.672	0.450	0.302
		70	1.304	0.807	0.611	0.345
		72	1.895	0.954	0.636	0.436
附近矿山胶凝剂	28	68	1.457	0.923	0.607	0.466
		70	1.789	1.112	0.784	0.560
		72	2.059	1.247	1.013	0.666
自产胶凝剂	28	68	2.30	1.11	0.84	0.62
		70	2.65	1.20	0.89	0.76
		72	4.16	1.59	0.96	0.86

　　根据不同胶凝材料充填体强度对比试验结果（见图 6-7）来看，附近矿山充填所用胶凝剂充填体强度要略高于水泥尾矿胶结充填体强度，而自产的基于尾矿制备的充填新型胶凝材料尾矿充填体强度在三者之间属于最高。自产基于尾矿制备的充填新型胶凝剂尾矿充填体，在灰砂比（1∶10）～（1∶4），浓度在 68%～72% 时，其充填体强度在 0.62～4.16MPa 之间，

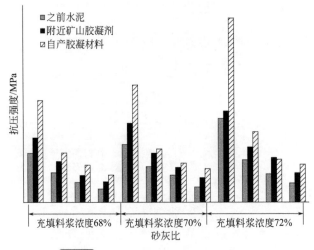

图 6-7　不同胶凝材料充填体强度对比

其测试结果较为理想。结合自产基于尾矿制备的充填胶凝材料基本检测结果来看，无论自产胶凝材料自身的特性还是自产胶凝材料与尾矿的匹配性都要优于前期的水泥及周边矿山所用胶凝剂。

（6）尾矿胶凝材料充填体微观结构分析

通过扫描电镜（SEM）对不同胶凝材料充填体、不同充填浓度及砂灰比条件下的充填体进行微观结构分析，从微观角度分析充填体内部结构及形态，从而从微观结构角度分析充填体强度变化规律。

图 6-8 为料浆浓度 70％的不同砂灰比水泥充填体试块的 SEM 照片。从图中可以看出，充填体水化 28d 后生成纤维状晶体并形成网络，此纤维状晶体为钙矾石（AFt）。另外还有大量的凝胶的产生，主要为硅酸三钙（C_3S）及硅酸二钙（C_2S）水化产物，呈团簇状的凝胶（C-S-H 产物）。并且随着砂灰比的减小，充填体中凝胶量减少，且结构越不紧密，表现为强度降低。

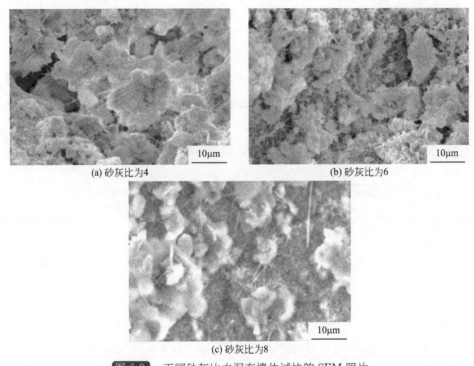

(a) 砂灰比为4   (b) 砂灰比为6

(c) 砂灰比为8

图 6-8　不同砂灰比水泥充填体试块的 SEM 照片

从图 6-8 中可知：当砂灰比为 4 时［图 6-8（a）］，尾矿颗粒被大量的纤维状钙矾石和团簇状 C-S-H 凝胶产物黏结在一起，使充填体的结构较为密实；当砂灰比为 6 时［图 6-8（b）］，虽然存在钙矾石和 C-S-H 凝胶，但因 C-S-H 凝胶产物的数量较少，充填体的结构不均一；当砂灰比为 8 时［图 6-8（c）］，水化产物主要是纤维状钙矾石和片状的 $Ca(OH)_2$，C-S-H 凝胶很少。由此可以得出，随着砂灰比的增大，充填体的微观结构变差，将导致其强度变小。

相同条件下的基于尾矿制备的充填新型胶凝材料充填体试块的 SEM 照片（图 6-9）发现，与水泥相比较，其水化产物大体一致，均含有钙矾石（AFt）、C-S-H 凝胶及片状的 $Ca(OH)_2$，但基于尾矿制备的充填新型胶凝材料充填作为胶结剂制得的充填体水化产生的钙矾石纤维较长且粗，凝胶量也较多。从图中反映出：当砂灰比为 6 时［图 6-9（a）］，大量的纤维状钙矾石与 C-S-H 凝胶产物相嵌，将尾砂黏结在一起；当砂灰比为 8 时［图 6-9（b）］，C-S-H 凝胶产物的数量减少，大量的纤维状钙矾石相互聚集，并未大面积嵌入凝胶中；当砂灰比为

10时［图6-9(c)］，钙矾石与C-S-H凝胶分布分散；当砂灰比为12时［图6-9(d)］，水化产物基本为短纤钙矾石与片状Ca(OH)$_2$。与水泥充填体一样，强度随着灰砂比的降低而下降。

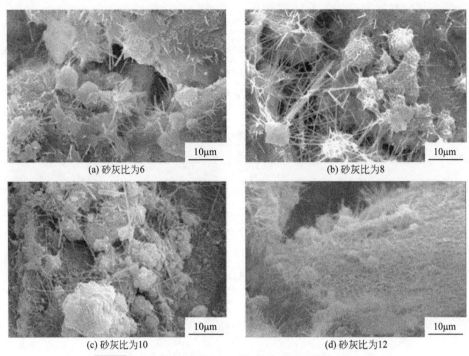

(a) 砂灰比为6 　　(b) 砂灰比为8 　　(c) 砂灰比为10 　　(d) 砂灰比为12

图 6-9　不同砂灰比自产胶凝剂充填体试块的 SEM 照片

　　为研究料浆浓度对充填体微观结构的影响，固定砂灰比为4，观察料浆浓度分别为66％、68％、70％、72％的充填体试块的 SEM 照片。图 6-10 为不同充填料浆浓度水泥充填体试块的 SEM 照片。当浓度为 66％时［图 6-10(a)］，水化 28d 后，充填体中存在大量的片状 Ca(OH)$_2$、少量 C-S-H 凝胶及较短呈簇状的钙矾石。原因在于：料浆浓度较小时，充填体中存在较多的吸附水和自由水，当部分水分蒸发后会造成孔隙的产生、有利于空气的进入，从而使材料发生碳化，生成大量的 Ca(OH)$_2$。随着料浆浓度增大，水化生成 Ca(OH)$_2$将减少。从图中可以看出：当料浆浓度为 68％时［图 6-10(b)］，水化产物主要为较短呈簇状的短纤维钙矾石，Ca(OH)$_2$量减少；当料浆浓度为 70％时［图 6-10(c)］，从 SEM 照片中可明显观察到大面积的 C-S-H 凝胶，钙矾石变长且嵌入凝胶中；当料浆浓度增大至 72％［图 6-10(d)］，大量的 C-S-H 凝胶与钙矾石一起将尾砂黏结在一起，使充填体结构致密，已从 SEM 照片中观察不到尾砂边界与大孔隙。

　　对比相同条件下自产胶凝剂充填体试块的 SEM 照片可发现，相比于水泥，该胶凝剂制得的充填体水化 28d 后生成的钙矾石的数量变多、纤维长度很长，可达 20μm 以上，由此将形成更高的强度。从图 6-11 可知，当料浆浓度为 66％时［图 6-11（a）］，充填体中以片状 Ca(OH)$_2$、少量的 C-S-H 凝胶及纤维状钙矾石为主。当料浆浓度为 68％时［图 6-11（b）］，钙矾石数量增大、分布集中、纤维长度增大，伴随有凝胶与片状的 Ca(OH)$_2$。当料浆浓度为 70％时［图 6-11（c）］，产物中包含大面积的 C-S-H 凝胶，钙矾石嵌入凝胶中，二者将尾砂包裹黏结。当料浆浓度增大至 72％［图 6-11（d）］，大量的 C-S-H 凝胶与钙矾石一起紧密堆积，使充填体结构更加致密。

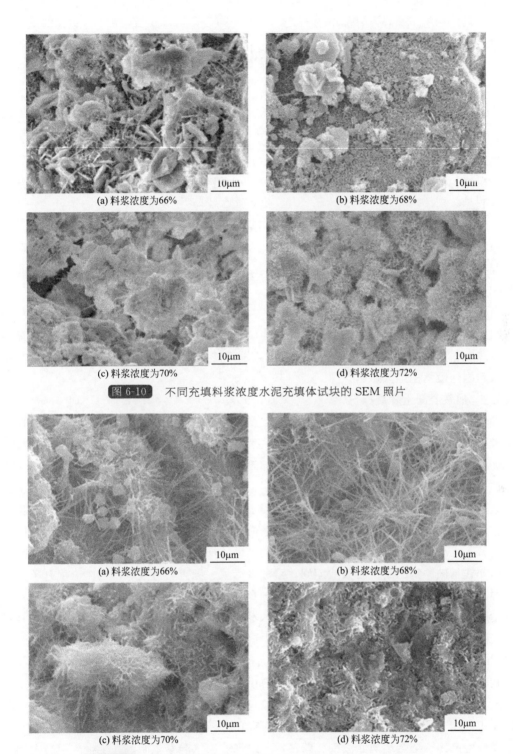

(a) 料浆浓度为66%

(b) 料浆浓度为68%

(c) 料浆浓度为70%

(d) 料浆浓度为72%

图 6-10　不同充填料浆浓度水泥充填体试块的 SEM 照片

(a) 料浆浓度为66%

(b) 料浆浓度为68%

(c) 料浆浓度为70%

(d) 料浆浓度为72%

图 6-11　不同充填料浆浓度自产胶凝剂充填体试块的 SEM 照片

　　从以上分析可以看出，在相同砂灰比、浓度条件下，采用基于尾矿制备的充填新型胶凝材料尾矿充填体内部结构均比水泥尾矿充填体致密；同时，水化产物钙矾石（AFt）及 C-S-H 凝胶数量较水泥尾砂充填体多，且质量也高。因此，最终表现为基于尾矿制备的充填新型胶凝材料其尾矿充填体强度较水泥尾砂充填体强度高。

6.3　尾矿制备新型混凝土材料

6.3.1　尾矿制备加气混凝土

6.3.1.1　加气混凝土简述

加气混凝土是以硅质材料和钙质材料为主要原材料，利用发气剂使料浆发气膨胀，再通过计量搅拌、浇筑成型、初始养护、蒸压养护、出釜拆模等工艺过程制成的具有多孔结构的硅酸盐制品。

加气混凝土根据制备过程、发气方式和钙质材料种类分类。

1）按制备过程分类　加气混凝土按制备过程分为蒸养加气混凝土和非蒸养加气混凝土，加气混凝土制备过程中的养蒸养过程对加气混凝土的干密度、抗压强度和导热系数都有重要的影响。

2）按发气方式分类　加气混凝土按发气过程分为外部发气和内部发气。外部发气是指事先制备好泡沫并加入到料浆中使料浆发气膨胀（泡沫混凝土属于此类）；内部发气是指通过化学方法在料浆中加入发气剂（如铝粉）使料浆发气膨胀。目前我国加气混凝土的生产制备工艺采用内部发气占绝大多数。

6.3.1.2　加气混凝土发展概况

加气混凝土是通过内部发气的方式使含硅质材料和钙质材料的料浆发气膨胀形成轻质高强的多孔型建筑材料。加气混凝土具有轻质高强、保温隔热、加工灵活、原材料来源广泛、节能环保等优点，其正逐渐应于工业与民用建筑当中。

加气混凝土最早由欧洲国家发明并使用，20世纪初德国、荷兰等国家相继研发了多孔型混凝土并在普通混凝土的基础上加气了混凝土的轻质性，加气混凝土逐渐在人们的生产生活中应用。1918～1924年间，德国首先研发了使用金属作为发气剂添加在混凝土料浆中，最终制备了具有多孔结构的加气混凝土，这为以后的加气混凝土的大规模发展奠定了坚实的理论和实践基础。第二次世界大战期间，欧洲以荷兰、捷克、芬兰等国为中心展开了大量对加气混凝土探索的路程，这其中出现了大量的专利和技术规程，进一步推动了加气混凝土行业的发展。第二次世界大战后，前苏联和日本等国也逐渐开展了对加气混凝土的研究，日本在加气混凝土研发上取得了巨大的成果，并申请了加气混凝土灵活加工与制备的专利。综合全世界的加气混凝土发展概况来看，加气混凝土产业取得了重大成就。

我国在20世纪30年代就将加气混凝土应用在建筑行业，在上海建设了加气混凝土生产厂。到了20世纪50年代，我国一些高等院校与政府机构联合成立研发组织，针对加气混凝土性能和实际工程应用的情况进行了细致的研究和分析。20世纪60年代，在北京建立了加气混凝土生产线，结合瑞典西波列克斯技术，生产的加气混凝土制品在工程应用当中起了良好的经济效果。此后，我国还引进国外的加气混凝土生产技术，并结合我国自行研发的技术把原有的加气混凝土制备技术进行改良，最终形成了研发、生产、销售与应用的产业链。随着建筑行业的不断发展，人们对建筑的要求也日益提高，轻质高强、保温隔热的建筑材料越来越受到人们的重视；同时随着建筑行业的不断发展，环境问题也不断地显露出来，因此研发新型建筑材料是最为迫切的需求，加气混凝土正是由于这些原因不断是人们对其进行研究和开发，加气混凝土行业进入了快速发展时期。

从发展趋势来看，欧洲发达国家民用建筑逐渐饱和，同时受到陶粒混凝土（leca）的竞争，使得加气混凝土在国外的发展状况受到阻碍。与此同时，加气混凝土在亚洲和非洲地区却有着良好的发展前景，日本在加气混凝土的制备、成型、加工方面有着重要的技术基础，韩国也不断建立加气混凝土生产厂，中国对加气混凝土的性能也做了有关研究并建立了多条加气混凝土生产线。由于亚洲和非洲地区的经济原因，加气混凝土因其轻质高强、造价低廉等特点越来越受到重视。加气混凝土不仅应用到建筑外墙当中，而且还应用在楼板、门板、装饰建材当中。

从工艺技术来看，欧洲首先形成了"西波列克斯（Siporex）"和"伊通（Ynotg）"两大专利，并在瑞典建立了相应的加气混凝土厂。同时其他国家和地区也开始研发生产技术并对加气混凝土的制备做了深入的研究，特别是一些气候寒冷的国家如芬兰、挪威、波兰等都成功研发出自己的加气混凝制备工艺并申请专利技术。例如，荷兰的求劳克斯（Durox）、丹麦的司梯蒂玛（Setma）、波兰的乌尼波尔（Unipol）、德国的海波尔（Hebel）。从我国加气混凝土发展状况来看。20 世纪 80 年代我国开始对矿产资源的综合利用制定了相应的管理措施，1985 年首次提出矿产综合利用法律法规并在《中华人民共和国资源保护法》中颁布。在《中国 21 世纪议程》中，我国也将环境保护、资源再利用列为主要内容，通过一系列的措施有力地推动了尾矿利用与治理。

6.3.1.3　加气混凝土的性能特点

（1）轻质高强

加气混凝土的孔隙率达 $70\% \sim 80\%$，干密度为 $400 \sim 700 \mathrm{kg/m^3}$，其干密度为普通黏土砖的 1/3，普通混凝土的 1/5。在制备过程中可以通过调整发气剂的掺量以获得不同干密度等级的加气混凝土制品，国内目前生产的加气混凝土干密度一般为 $500 \sim 700 \mathrm{kg/m^3}$。加气混凝土的轻质高强的特性可提高建筑物的基础强度、减少建筑能耗，最终达到节约材料、减少工程费用的目的。

（2）保温隔热性好

加气混凝土良好孔隙结构使其本身具有较好的保温隔热性能，其孔隙率可达到 70% 以上，热导率一般为 $0.07 \sim 0.12 \mathrm{W/(m \cdot K)}$。同等厚度的加气混凝土墙和普通黏土砖墙相比，前者的保温隔热效果是后者的 $3 \sim 4$ 倍；同等厚度的加气混凝土墙和普通混凝土墙相比，前者的保温隔热效果是后者的 $4 \sim 8$ 倍。

（3）抗震性能好

普通混凝土结构建筑自重 $1.0 \sim 1.5 \mathrm{~t/m^3}$，砖混结构建筑自重达 $1.3 \sim 1.5 \mathrm{t/m^3}$，加气混凝土结构建筑自重为 $0.75 \sim 0.8 \mathrm{t/m^3}$。建筑物的自重减轻会大大减小其抗震等级，但是利用加气混凝土作为建筑材料，其建筑物的抗震等级不会减小，抗震指标符合建筑物抗震标准。

（4）耐高温性及无有害气体散发

加气混凝土的保温隔热性能使其具有良好的耐高温性能，由于本身在原材料选材的限制性（钙质材料和硅质材料）使得加气混凝土在经过高温后无有害气体散发。加气混凝土结构在发生火灾遇高温后只是发生表面起皮和开裂现象，加气混凝土结构整体不发生破坏仍可继续使用。加气混凝土的导热系数小于一般建筑材料、热迁移慢，能有效降低发生火灾时高温带来的破坏并保护建筑结构。在同等防火等级下，加气混凝土的防火性能明显优于普通混凝土防火性能。

（5）制备成型便捷

加气混凝土可以制备成多种规格和尺寸的制品，并且可以进行钻、钉、锯、刨等工艺，因此加气混凝土可根据现场实际需要灵活地加工和使用。

（6）良好的吸声性能

加气混凝土内部含有大量孔隙结构，孔隙结构使其吸声性能明显优于一般建筑材料（吸声系数 0.2～0.3）。

（7）良好的耐久性

耐久性主要包括抗冻性、耐水性和抗碳化性。由于加气混凝土制品内部含有大量封闭型小孔使开口孔形成的毛细血管现象减少，减缓了渗透在内部的水结冰时发生的膨胀现象，因此加气混凝土制品具有良好的抗冻性能。由于加气混凝土内部的大量闭口孔隙，使加气混凝土自身的耐水性能增强。由于孔隙的存在阻隔了内部空气和外部空气中的水分的接触，空气中的二氧化碳的含量小于 0.03%，加气混凝土内部水化产物并不会受到二氧化碳影响，并且水化产物可以完整地进行晶体转变，因此加气混凝土在自然条件下碳化过程缓慢，具有良好的碳化稳定性能。

（8）良好的抗渗性

分别向 24cm 厚的普通黏土砖墙和加气混凝土墙进行淋浴喷淋实验，普通黏土砖墙 24h 后全部被水浸透，而加气混凝土墙 72h 后浸透深度为 70～90mm，这是由于加气混凝土内部具有封闭且独立的孔隙结构，使加气混凝土渗水导湿缓慢。因此加气混凝土具有良好的抗渗性。

（9）生产能耗低、效率高、原材料来源广

加气混凝土制品单位生产制备能耗一般小于 60kg（标煤），因此其具有能耗低的优点。加气混凝土的年人均生产率可达 650m³ 左右，少数利用自动化生产的企业可达 1000m³ 左右，因此其具有生产效率高的优点。加气混凝土可以因地制宜采用尾矿、砂子、粉煤灰、矿渣等工业废渣作为原材料，因此加气混凝土具有生产能耗低、生产效率高、废物再利用率高、原材料来源广泛等特点。

6.3.1.4　利用铁尾矿制备加气混凝土

（1）制备工艺

利用尾矿制备加气混凝土主要是通过一系列的物理变化和化学反应而形成的。这一系列的变化可分为铝粉发气、料浆稠化、蒸压水热合成反应三个过程[15]。

① 发气过程　在搅拌过程中，铝粉加入后，料浆的发气过程就已经开始，其原理为铝粉在碱性环境下与水反应生成氢气。铝是化学性质很活泼的金属，能置换出酸中的氢气，也可在碱性介质中与水反应置换出氢气。由于在空气中很容易被氧化，在表面形成一层致密的氧化铝薄膜。因此要想使铝粉与水反应，必须先用碱溶液将表面的氧化铝薄膜溶解，然后铝就与溶液中的水发生以下反应：

$$2Al + 6H_2O = 2Al(OH)_3 + 3H_2 \uparrow$$

生成的氢氧化铝呈凝胶状态，会阻碍铝和水的接触，但在碱性环境下，凝胶状的氢氧化铝能溶解在碱溶液中，生成偏铝酸盐，这样铝与水的反应就能继续进行。所以碱的存在只是溶解氧化铝薄膜和氢氧化铝，铝粉发气的实质是铝与水的反应。蒸压加气混凝土料浆属于碱性介质，加入铝粉后能置换出水中的氢气使料浆发气膨胀。

② 料浆稠化过程 加气混凝土料浆从搅拌、稠化至坯体硬化的过程可分为以下几个过程。

1）刚形成的料浆是流变特性接近于理想牛顿体的一种溶液粗分散体系，石灰和水泥开始发生水化反应。

2）随后固体离子相互碰撞，在范德华力的作用下相互黏结形成絮凝结构，结构骨架初步形成。

3）随着石灰、水泥的继续水化，体系中的自由水逐渐减少，溶液中水化产物浓度逐渐增加，生成的胶体聚集，晶体逐渐生长，使坯体具有一定的结构强度，达到初凝或稠化，这也是结构骨架的发育阶段。

4）随着水化的继续进行，体系中的固相越来越多，液相越来越少，体系结构更加致密，并且具有能抵抗一定外力作用的结构强度，达到终凝；料浆达到终凝以后，水化作用在常温下不能继续进行，整个体系形成稳定的坯体。

③ 蒸压水热合成过程 为了使坯体具有更高的强度，必须将坯体置于饱和蒸汽中高压蒸养。这一过程中，坯中的钙质材料和硅质材料进行水热合成反应。随着温度的升高，$Ca(OH)_2$ 与硅质材料中的活性 SiO_2 反应生成高碱水化硅酸钙，随着 SiO_2 的不断溶解，生成的水化硅酸钙的碱度不断降低，开始生成半结晶的，同时三硫型水化硫铝酸钙分解成单硫型水化铝酸钙。在蒸压釜内温度达到恒温初期，坯体中有大量 CSH（Ⅰ）生成，单硫型水化铝酸钙也继续分解生成 C_3AH_6 和 $CaSO_4$，水化铝酸钙和 SiO_2 作用生成水化石榴子石。随着恒温时间的延长，水化硅酸钙的结晶度不断提高，出现托贝莫来石。加气混凝土制品中主要的水化产物为 CSH（Ⅰ）、托贝莫来石、水化石榴子石等。

温欣子利用河北钢铁集团棒磨山尾矿进行了加气混凝土的研制工作，其所用原材料及相关研究结果如下所述。

（2）主要原材料

1）尾矿 制备加气混凝土制品的硅质原料通常为河砂或粉煤灰。硅质原料的主要作用是为加气混凝土中生成的水化硅酸钙提供 SiO_2。因此对硅质原料的要求是 SiO_2 含量较高并能在水热条件下有较高的反应活性。

选用尾矿砂取自河北钢铁集团棒磨山铁矿尾矿库尾砂作为试验原料。对尾矿样进行化学成分分析，结果见表 6-11。

表 6-11　棒磨山尾矿化学成分分析表

组分	TFe	SiO_2	Al_2O_3	CaO	MgO	S	P	V_2O_5	TiO_2
含量/%	5.40	73.02	9.24	2.01	2.74	0.069	0.060		

2）钙质原料 生石灰是生产加气混凝土制品的其中一种钙质原料，原料要求有效钙含量大于 80%。生石灰在加气混凝土制备过程中的主要作用有以下几点。

① 为水化反应提供有效氧化钙，生石灰中有效氧化钙与硅质材料中的二氧化硅在碱性环境下反应生成各种水化产物，这些水化产物为制品提供强度。

② 生石灰遇水后形成碱性料浆，铝粉在碱性条件下与水、与氢氧化钙发生放气反应，释放氢气，使制品发生膨胀，形成多孔状结构。

③ 生石灰消化时是放热热量，使料浆温度升高，有利于水化反应的进行和坯体硬化过程。

试验所用的生石灰为首钢矿山建设有限公司鸽子窝砖厂所用生产加气混凝土制品所用生

石灰，有效钙含量大于 80%。水泥是配制加气混凝土的又一种钙质原料，水泥在加气混凝土制备过程中的主要作用有：a. 蒸压养护前，水泥在碱性料浆中与生石灰水化后生成的 $Ca(OH)_2$ 反应，生成的水化产物为坯体提供了初始强度，便于后续切割工序的进行；b. 蒸压釜中，在高温高压条件下，水泥与料浆中的硅质原料生成强度更高的托贝莫来石等，为制品提供最终强度。

试验中水泥选用河北省唐山市冀东水泥股份有限公司生产的盾石牌 42.5 级普通硅酸盐水泥。

3) 发气剂——铝粉　铝粉是目前加气混凝土制备使用最多的发气材料，也是一种最为简单有效的发气材料。铝粉在碱性介质中的发气反应：

$$2Al + 6H_2O = 2Al(OH)_3 + 3H_2 \uparrow$$

$$2Al + 3Ca(OH)_2 + 6H_2O = 3CaO \cdot Al_2O_3 \cdot H_2O + 3H_2 \uparrow$$

发气剂铝粉的主要作用是在料浆中与水进行化学反应，产生氢气从而使坯体中形成均匀的气孔，使加气混凝土制品形成多孔状结果，减轻制品本身的容重。铝粉采用加气混凝土专用铝粉膏，活性铝含量 $\geqslant 90\%$。

4) 调节材料——石膏　加气混凝土的制备通常还需要加入调节材料。

调节材料一般选用石膏，石膏在加气混凝土中的作用主要有：调节水泥和石灰的参与反应的速度，改善石灰消化速度和水泥凝结时间。

(3) 工艺参数

在加气混凝土制备试验中，反应产生的生成物的种类、数量和比例决定了加气混凝土的力学性能，而原材料的成分、细度、配比、成型条件、养护制度等条件又决定了反应生成物的种类数量和比例。因此，在制备加气混凝土时，以上因素产生的影响必须考虑在内。

1) 球磨时间　生产加气混凝土砌块对各种原材料的细度要求很高，通常要求石灰等原材料 200 目筛余 $\leqslant 15\%$。对铁尾矿砂进行适当的磨细可以提高其比表面积，增强其中 SiO_2 的反应活性。对铁尾矿进行球磨是为了使配料搅拌时料浆能够具有合适的稠度和一定的流动性，提高浇注过程中料浆的稳定性；同时使料浆保持合适的稠化速度，有利于坯体硬化和强度的发展，促进蒸压过程中水化反应的发展。但是各原料都不宜磨得过细，原料细度过细时，制品强度不但不再增加，反而有可能降低，这是因为当原料细度过细时反应后生成的水化硅酸钙晶粒过小，导致生成的托贝莫来石和其他水化生成物微观结构不佳，并且加气混凝土制品中又没有添加骨料来支撑，这就导致了加气混凝土制品强度下降。经过多次试验确定球磨时间为 30min。

2) 水料比的选择　水料比的选择是加气混凝土制品的生产中一个重要的参数指标，在配料过程中，水料比的确定尤为重要，制定的水料比必须保证料浆各组分能够搅拌均匀，保证料浆能够顺利入模，保证坯体能够正常的发气，同时保证制品具有较好的气孔结构。水料比的选择，其本质是使料浆的稠化速度和铝粉的发气速度相一致。水料比过大时，料浆稠度过稀，铝粉和氢氧化钙反应过快，铝粉的发气速度大于料浆稠化速度，这种情况下比较容易形成较大的气孔而导致塌模。如果水料比过小，就会使铝粉发气速度过慢，小于坯体稠化速度，除了影响料浆的流动性，影响料浆的搅拌和入模外，还会使加气混凝土料浆发生憋气现象，影响气孔结构的形成。

目前，水料比、密度、料浆流动性之间还没有一个具体的关系式可以计算出最佳水料比，只能通过重复试验来确定水料比。加气混凝土制品工业生产中，水料比通常在 0.55～

0.65 之间。

3）最佳料浆温度的确定　料浆温度对于加气混凝土的影响与水料比类似，都是对发气时间产生影响，料浆温度越高，铝粉的发气速度就越快，坯体发气膨胀越快。同时，料浆温度对反应进行的速度也有影响，料浆温度升高，促使反应物的活性增强，反应速度加快。料浆温度高能促进内部反应的进行，但也不是越高越好，料浆温度过高，前期铝粉反应剧烈，有可能使铝粉的发气速度大于料浆稠化速度，在坯体强度形成之前制品发气已完成，难以形成大量气孔，易导致塌模现象。料浆温度过低，铝粉发气缓慢，容易导致制品发气不完全，出现憋气现象。因此调整料浆温度与控制水料比类似，也可以在一定程度上协调料浆稠化速度和发气速度，保证发气膨胀和制品强度形成顺利进行。

工业生产中，料浆温度通常保持在 45～55℃，本试验中，搅拌时若使用常温水，虽然生石灰水化会放出热量，但由于生石灰含量不是很多，其放出的热量不足以使料浆温度升高到 50℃左右，浇注时温度达不到所需浇注温度 45℃，因此试验确定搅拌时拌和水温为 50℃。

4）生石灰用量的选择　生石灰是加气混凝土反应体系中钙质材料的主要提供者，生石灰消化后形成了氢氧化钙碱性溶液，也为铝粉的发气创造了碱性条件。同时，在坯体硬化阶段，可以发出大量热量，使坯体升温达 80～90℃，有利于坯体中胶凝材料的进一步凝结反应。生石灰水化后 30min，石灰体积将产生膨胀约 44%。放热和膨胀对加气混凝土的发气过程都是有利的，但也有可能因为控制不当，放热过多以至于温度过高，或者坯体已经凝固，石灰仍在膨胀，很容易造成坯体的开裂。在生产工艺的第一阶段，料浆中的石灰开始与水作用，石灰放出水化热，半流态的料浆呈碱性，这为铝粉反应提供了合适的条件。由于氢氧化钙与铝作用，在加气混凝土料浆中产生的氢气泡，使料浆发气和疏松。同时，由于石灰消解，使料浆的黏性增大。石灰的消解速度与料浆的初始温度和石灰的质量有关，也就是与 CaO 的含量，消解时间和消解的最高温度有关。根据这个阶段的要求，石灰必须具备一定的性质，主要的是活性氧化钙的总含量，以及生石灰的消解温度和时间。氧化钙的含量，消解温度和时间对料浆的温度增长速度和凝结速度有决定性影响。例如，使用消解时间过短的（少于 5min）生石灰将使料浆过早过快地变稠，并使发气不正常。如果料浆的发气时间与其初凝时间不能同步，则由于料浆在铝粉放气尚未结束之前已经硬化，而使料浆产生憋气现象。应该指出，这种现象是非常不安全的。因为，如果氢气从初硬的加气混凝土料浆中泄出，则将使气孔结构受到无法挽回的破坏；相反，若使用消解时间过长的生石灰，则在料浆尚未达到能维持气孔结构的稠度之前铝粉已经反应完毕，同时也会产生结构变形的现象。

在加气混凝土生产工艺的第二阶段——湿热处理阶段，在加气混凝土料浆中，主要是由 CaO，SiO_2 和 H_2O 之间进行化学反应，其结果是生成水化硅酸钙，它对加气混凝土的最终强度具有决定性影响。因此，生石灰中应有尽可能多的活性氧化钙 CaO，因为它在湿热处理过程的化学反应中是起主要作用的；同时，在石灰中应尽可能减少氧化镁 MgO 的含量。

无论是在生产工艺的第一阶段还是第二阶段，生石灰的细度具有重要影响，生石灰的细度越高则加气混凝土的质量越好。根据大量工业生产原料配比的经验，本试验配比中生石灰掺入量在 20%～30% 之间，生石灰细度为 200 目筛余≤15%。

5）水泥用量的选择　水泥在加气混凝土反应体系中的作用，除了能够促进料浆凝结和坯体的稠化之外，还能提供氧化钙在蒸压养护条件下与铁尾矿中的二氧化硅、三氧化二铝发生反应，生成水化铝酸盐和水化硅酸盐等，使坯体获得必要的强度。

C_3S 是水泥中活性最高的成分，由它决定加气温凝土的强度。它对加气混凝土料浆初期的硬化速度有重大影响。C_3S 的含量越大，则硬化越快。其水化热高，而最终强度大。

C_2S 的活性中等，其水化速度很慢，并且只有一部分参与反应。在饱和溶液中生成 $2CaO \cdot SiO_2 \cdot H_2O$ 胶体，该胶体与从 C_3S 中生成的同类型胶体结合一起，缓慢变稠凝聚，并逐渐转化为结晶状态。如果加以湿热处理，则结晶过程可以大大加速。C_2S 的水化热低，强度增长缓慢，但其最终强度很高。

C_3A 的活性较低，水化作用很快，能缩短加气混凝土的凝结时间。其强度增长很快，但不显著，最终强度很低。因此 C_3A 对强度的影响不大。C_3A 的放热量很大，这种矿物不能提高水泥的活性，但能增大其放热量。它呈结晶状，水泥中 C_3A 的含量越大，则其收缩越大。

C_4AF 的活性比较低，水化反应很快，生成 $3CaO \cdot Fe_2O_3 \cdot 6H_2O$ 和其他水化物。其强度增长比较缓慢，而在一定时间后，其强度增长较快。该矿物的水化热中等，呈结晶状。与石灰相比较，水泥的稠化速度慢，硬化快，减少干燥收缩。

但不是加入越多的水泥，制品性能就越好。当水泥的用量达到一定时，继续增加水泥用量坯体强度反而下降，产生以上现象的原因是水泥过多，钙质材料总量过高，提供的氧化钙已经超过了水化反应中反应体系需要的氧化钙量，多余部分的水泥水化没有生成低碱硅酸盐 $C_2SH(B)$，生成了强度比较低的棱柱薄片状的双碱水化硅酸钙 $C_2SH(A)$，同时，纤维状 $C_2SH(B)$ 相应减少。

根据工业生产加气混凝土制品的经验，水泥掺入量一般为 5%～15% 左右。

（4）研究结论

通过运用正交试验设计对原料配比进行组合设计，制备出不同原料配比的加气混凝土砌块并检测其抗压强度和制品的绝干密度。运用极差分析等分析各种因素对制品强度和密度的影响，并参照国标要求，最终确定了铁尾矿最大加入量，当铁尾矿砂加入量为 62%、生石灰掺量 25%、水泥用量 10%、石膏加入量 3%、铝粉掺量 0.1%、水料比为 0.65 时，可制备出符合国标 A5.0、B07 级加气混凝土的要求的加气混凝土制品。结果表明采用棒磨山铁尾矿砂制备加气混凝土的可行性。

6.3.2 尾矿制备泡沫混凝土

6.3.2.1 泡沫混凝土特性及发展简述

泡沫混凝土又名发泡混凝土，是将混凝土浆体与泡沫混匀，待混凝土硬化后形成的内部具有泡沫孔隙，且具有轻质、保温、隔热等特性。

泡沫混凝土利用机械的方法将发泡剂（又称起泡剂）制成泡沫，然后再将已制得的泡沫和硅菱镁材料、硅钙质材料或石膏材料所制成的浆体混合均匀，即制成了泡沫混凝土拌合物。在自然养护、蒸汽养护或蒸压养护条件下，这些材料之间产生水化反应，生成水化硅酸盐、水化铝硅酸盐和水化铁铝酸盐等胶凝物质，使坯体逐渐成为具有一定强度和其他物理力学性能的多孔人造石材。

随着科学技术的发展，近年来，国外的许多学者都对泡沫混凝土进行了深入的研究与开发。英国、美国、加拿大、荷兰等欧美国家以及韩国、日本等亚洲国家，将泡沫混凝土的良好特性发挥到了极致，不断扩大它在建筑工程中的应用领域，促进了工程进度的加快和工程质量的提高。泡沫混凝土的主要用途为用作挡土墙、修建运动场和田径跑道、用作夹芯构件、用作复合墙板、管线回填、贫混凝土填层、屋面边坡、储罐底脚的支撑；此外在隔声楼面填充、防火墙的绝缘填充、隧道衬管回填，以及供电、水管线的隔离等方面也都用到泡沫混凝土。

国外的发泡剂种类繁多，但多以蛋白质类为主，它具有发泡数量多、稳定性好、产品强度高等特点。在日本有人采用蛋白质添加适量的阳离子表面活性剂配成的混合发泡剂，采用现场浇注成型的工艺，研制成功现浇泡沫混凝土新工艺。

在国外，20世纪30年代就已经诞生了泡沫混凝土。早在1954年，Valore详细地研究了多孔混凝土，包括泡沫混凝土的组成、物理性能及其应用等多个方面；1967年，基于固体容积推算的基础上，Mc Cormick提出了泡沫混凝土预制的试验配比方法；1971年，法国普罗赛尔多孔混凝土公司一直致力于多孔混凝土的生产，生产出拜多赛尔牌材料（泡沫混凝土）；1998年，Weiqing和Durack提出泡沫混凝土胶体强度与孔隙率的关系；2001年，Kearsley和Wainwright对高掺量粉煤灰对泡沫混凝土强度的影响及其泡沫混凝土的渗透与孔隙等特性方面做了大量的研究；同年，在利用人工神经网络技术的基础上，Nehdi等提出推测泡沫混凝土的抗压强度和干表观密度的非传统方法。2004年，A. Mc. Carthy和M. R. Jones提出了将未经处理的低钙粉煤灰代替砂利用在泡沫混凝土中，并能明显提高泡沫混凝土的流动性和后期强度。2006年，K. Ramamurthy和E. K. Kunhanandan Nambiar提出将砂用粉煤灰部分代替对泡沫混凝土干表观密度和不同龄期的抗压强度的影响。可见，国外主要研究的泡沫混凝土组成多数是水泥-砂、水泥-砂-粉煤灰体系的。

近年来，国外在提高泡沫混凝土强度方面研究的较多。例如，马来西亚的Zaidi，A. M. Ahmad、Li，Q. M. 的轻质泡沫混凝土的抗穿透能力的研究，Just，A. Middendorf B的高强度泡沫混凝土的研究，南非的Kearsley，E. P. 、Wainwright，P. J通过建立数学模型来研究孔隙度与抗压强度之间的关系，以及利用粉煤灰代替水泥的研究等。

近几年，很多人都从不同角度在泡沫混凝土领域做了大量研究工作，有的从降低成本掺加填料、骨料等方面。例如，肖力光、盖广清的影响大掺量粉煤灰泡沫混凝土砌块性能的主要因素的研究，孙文博的陶粒泡沫混凝土强度及其影响因素的研究，盖广清的陶粒泡沫混凝土孔结构及其对性能影响的研究，俞心刚等的煤矸石泡沫混凝土的研究，宋旭辉等的利用沙漠细砂生产泡沫混凝土的研究，杨久俊等的粉煤灰高强微珠泡沫混凝土的制备研究，王录民等的废旧聚苯乙烯泡沫混凝土试验研究，郑念念等的大掺量粉煤灰泡沫混凝土的性能研究，等等。

有学者研究效率更高、发泡效果更好的发泡剂及发泡机械。例如：张巨松等的泡沫混凝土泡沫发生器的研制，习志臻的混凝土泡沫剂的研究，高波等的混凝土发泡剂及泡沫稳定性的研究，王翠花等的混凝土发泡剂的泡沫稳定性研究，等等。

更有人从养护的角度提高泡沫混凝土的强度，例如，李学斌等用蒸压养护泡沫混凝土。

其他方面，例如，贺彬的轻质泡沫混凝土的吸水率研究，颜雪洲等的泡沫混凝土力学性能试验研究，李娟等的改善泡沫混凝土吸水性能的研究，樊小东等致力于早强型泡沫混凝土配制试验，等等。

总之，作为一种具备质量轻、强度高、保温隔声、防水抗渗等优良性能的节能产品，泡沫混凝土将会被越来越多的人所认可。可以预见，泡沫混凝土在向高强轻质、复合和节能方向发展的同时，其应用领域将会得以不断拓宽。

6.3.2.2　发泡剂类型及特性

发泡剂种类很多，其中大多为阴离子表面活性剂。目前，国内发泡剂品种主要有松香胶发泡剂、树脂皂类发泡剂、废动物毛发发泡剂、石油磺酸铝发泡剂、水解血胶发泡剂等。我国生产的发泡剂总体上来说还不够理想，而且功能偏少，尽管有些发泡剂发泡倍数比较大，但其稳定性很差、制品强度不高。而如今日本和意大利等国家生产的发泡剂多为蛋白质类发泡剂，不仅质量好，而且发泡倍数高、稳定性较国内生产的发泡剂好很多。虽然我国也有以动物蛋白为主要原料生产的发泡剂，但因原料来源有限，生产成本高，开发与应用受到限制，无法得到广泛的推广和应用。

6.3.2.3　泡沫形成原理及制备方法

基于表面张力作用，自然状态下液体表面有自动缩小的趋势，因而纯净液体经搅拌后并不能产生大量稳定泡沫，并且在纯净液体中，两个气泡相碰就会毫无阻碍地结合在一起，结果是气泡全部破裂。但如果在液体中溶解一种能降低气-液界面张力的物质，使之形成在组成上与其他液体有区别的且有一定机械强度的临界层，那么这两个气泡相碰时，这种临界层便可作为"缓冲层"，从而可以防止气泡破裂。

发泡剂具有分子结构不对称性，能聚集在气-液界面上，降低表面张力，提高膜的机械强度，形成"缓冲层"，因而在纯静液体中加入发泡剂后用搅拌、混合、吹入、喷射等机械方法将气体带入发泡剂液体中就能制得泡沫。

目前国内制泡技术主要采用高速搅拌机，即将发泡剂溶液倒入高速搅拌机中，然后用搅拌机的高速叶片旋转搅拌发泡剂制取泡沫；国外多采用压缩空气的方法，使发泡剂溶液和被压缩的空气在混合室内混合，然后在压缩空气作用下使混合物穿过一个特制的发泡筒，最终形成泡沫。发泡筒内有的采用磁片，有的采用玻璃球，有的采用铜网。两种发泡工艺相比较，压缩空气发泡设备比高速搅拌机稍复杂一些，但是压缩空气进行发泡有其自身优点：一方面发泡效率较高，能将发泡剂溶液完全吹制成泡沫，并且通过发泡筒后产生的泡沫粗细均匀；另一方面在技术允许的条件下可将泡沫直接吹入搅拌好的料浆中，减少中间环节，能更好地防止中间环节导致的泡沫破灭。

图 6-12 为 KT-M12 型空气压缩式发泡机，产量为 $15m^3/h$、泡径大小 0.1mm 左右；发泡倍率为 20 倍(发泡剂水溶液制备出的泡沫体积相对发泡剂水溶液体积的倍率，称为发泡倍率)。图 6-13 为发泡效果。

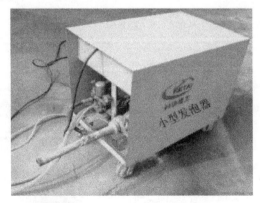

图 6-12　KT-M12 型空气压缩发泡机

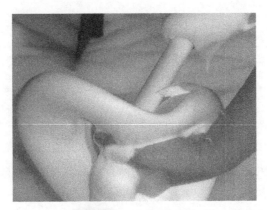
图 6-13　发出泡沫形状

6.3.2.4　尾矿泡沫混凝土制备

孙天虎利用湖北某石墨矿尾矿进行了泡沫混凝土的研制工作，其所用原材料及相关研究结果如下所述。

（1）所用原材料

所用石墨尾矿取自湖北某石墨矿，其矿床类型属于结晶片岩型，尾矿外观为灰绿色粉末，自然含水率为 2.52%，容重为 1.7g/cm³，矿物、化学组成分别见表 6-12、表 6-13。

表 6-12　**石墨尾矿的矿物组成**

矿物	石英	钾长石	钠长石	钙长石	黑云母	白云母
含量/%	43.15	12.42	5.08	3.31	8.34	4.82
矿物	蒙脱石	绿帘石	绿泥石	金红石	赤铁矿	其他
含量/%	11.88	2.05	3.13	0.72	1.07	4.03

表 6-13　**石墨尾矿的化学组成**

成分	Na_2O	K_2O	CaO	MgO	SiO_2	TiO_2	Al_2O_3	Fe_2O_3	烧失量
含量/%	0.74	3.11	0.86	2.12	63.19	0.72	17.32	4.91	7.12

由表 6-12 可见，尾矿组成主要组成矿物为长石、石英、蒙脱石，其次为云母、绿泥石、方解石、赤铁矿、石墨等，含有一定量的云母，在后续章节中将会分析云母对混凝土的影响。

由表 6-13 可见，尾矿组成主要以 SiO_2 为主，Al_2O_3 含量较高，S 未测出。从化学组成上，满足混凝土集料基本要求。

对尾矿粒度进行筛析，得到其粒度组成，结果见表 6-14。

表 6-14　**石墨尾矿的筛析结果**

筛目	粒级/mm	产率/%	负累计产率/%
+20	+0.85	0.77	100.00
−20+40	−0.85+0.425	5.63	99.23
−40+60	−0.425+0.25	16.63	93.6
−60+80	−0.25+0.18	8.42	76.97

筛目	粒级/mm	产率/%	负累计产率/%
-80+100	-0.18+0.15	12.98	68.55
-100+120	-0.15+0.125	23.14	55.57
-120+200	-0.125+0.074	18.59	32.43
-200	-0.074	13.84	13.84
合计		100	

由表 6-14 可见，尾矿属粗中粒，平均粒度 $d_{50}=0.14mm$，小于 $5\mu m$ 粒级(黏性粒级)含量低，尾矿的可塑性差。

水泥选用中国铝业山东分公司水泥厂生产的 P.O32.5R 和 P.O42.5R 普通硅酸盐快硬水泥，其化学成分及物理性能指标见表 6-15 和表 6-16。

表 6-15　水泥的化学成分

水泥类型	化学成分/%							
	CaO	SiO$_2$	SO$_2$	Al$_2$O$_3$	Fe$_2$O$_3$	MgO	TiO$_2$	烧失量
P.O 32.5R	62.87	20.32	1.50	6.12	3.94	2.24	0.94	1.98
P.O 42.5R	58.47	22.32	2.53	8.95	3.72	2.05	0.44	1.54

表 6-16　水泥的物理性能

水泥类型	标准稠度用水量/%	初凝时间/min	终凝时间/min	安定性	抗折强度/MPa		抗压强度/MPa		比表面积/(cm²/g)	密度/(kg/m³)
					3d	28d	3d	28d		
P.O 32.5R	27.5	173	223	合格	4.5	8.1	22.6	40.2	3598	2.98
P.O 42.5R	26.7	152	198	合格	5.8	9.2	26.9	48.5	3952	3.12

所用的泡沫混凝土发泡剂是山东临沂某建工设备厂生产的 KT-I 型发泡剂。该发泡剂为深褐色液体，无毒微味，pH 值为 6～8，属中性，挥发性小，发泡倍数大于 20 倍。

KT-I 型复合发泡剂性状指标见表 6-17。

表 6-17　发泡剂性状指标

检验项目	指标	结果
pH 值	7±1.0	7.2
密度(20℃条件下)/(kg/L)	1.15±0.05	1.13
环保指标/(g/L)	挥发性有机化合物，≤50g/L	19
游离甲醛/(g/kg)	≤1	0.12
苯/(g/kg)	≤0.2	0
甲苯十二甲苯/(g/kg)	≤10	0
外观		深褐色液体

选用水玻璃作稳泡剂，水玻璃为山东省淄博市某厂生产的，为乳白色半透明黏稠状液体，密度为 1.5g/mL，模数为 2.8～3.2。

（2）泡沫混凝土的参数设计

虽然，不少学者曾提出了诸多强度公式，试图将泡沫混凝土的配合比通过公式来设计出来，但是不能满足不同泡沫剂、不同轻集料及养护条件差异等的要求，具有很大的局限性。所以，现阶段主要是通过简单的参数选择的经验公式进行计算，最终还要通过实验来确定各组分材料的用量。

1）泡沫混凝土配合比设计原则　配合比设计的基本原则就是能够达到预期的要求并且在经济上适用。

其设计步骤如下：a. 确定水泥的类型、标号及用量；b. 按强度、密度、工艺要求等，确定水料比；c. 按强度、密度、工艺要求等，确定合适的活性微集料的种类、密度、粒度、级配及用量；d. 按强度、密度、热导率、工艺要求等，确定是否要将石墨尾矿进行分级，若进行分级则从经济考虑是否合适；e. 通过制备泡沫的实验，确定能制备出泡径、泌水率、稳泡性等泡沫质量合格的泡沫剂溶液配方；f. 按浇筑所需稠度及干物料等情况，确定用水量；g. 按原材料情况、水料比值、试配结果、按重量法计算出每立方米泡沫混凝土的集料用量；h. 按所选择的减水剂的减水率，确定其用量，并进一步确定它所减少的用水量，再从总用水量中扣除这部分水量；i. 确定各种外加剂的种类及用量；j. 在确定各物料配合比时应控制有缓凝性材料的用量。

任何一种设计都不可能完全符合实际要求，与生产实际总有一定的偏差，还需要通过实验进行反复的调整，然后才能基本确定并在生产中得以应用。

2）泡沫混凝土设计参数的选择　泡沫混凝土配合比设计的关键环节是设计参数的选择。选择科学的参数，可以经济有效地制备出具有要求性能的泡沫混凝土产品。

① 密度。体积密度（原称容重）是泡沫混凝土的一项最重要的物理性能指标，是参数设计的基础，是围绕体积密度的技术要求来选择各种物料及其用量的。

表观密度分为绝干表观密度和气干表观密度两种。一般用绝干表观密度来表示泡沫混凝土的密度，即在最高温度为 $105 \sim 110℃$ 的条件下烘至恒重时的表观密度，它反映的是泡沫混凝土完成养护后的理论干燥质量，包括各组成材料的干物料总量以及化学结合水和凝胶水等非蒸发水的总质量。

密度的设计要以产品的技术要求为出发点，并考虑现有材料、工艺、设备大致能达到的水平，脱离具体的技术实际的设计是没有意义的。

② 强度。强度是泡沫混凝土又一重要的物理性能指标，包括抗压强度、抗折强度、抗冲击强度三项。产品的设计注重的指标是根据产品的不同用途及技术要求来确定的。设计符合产品技术要求的强度值时，以干表观密度为基础，应以满足这一密度等级产品的使用性能为标准，不能一味追求高强度。泡沫混凝土的配制强度必须大于其标准值的 $3\% \sim 10\%$，使产品具有富余强度。

③ 导热率。大多数作为保温材料使用的泡沫混凝土，热导率也是它的主要指标之一。在材料的选择和配比时应该有相关降低热导率的考虑，以便保证它能达到设计的热导率指标。

④ 水泥用量。泡沫混凝土的主要胶凝材料是水泥，与加气混凝土根本不同的是泡沫混凝土的水泥配比较高，这是因为：第一，泡沫混凝土以常温养护居多；第二，泡沫混凝土需要大量掺入泡沫。

因此，泡沫混凝土的配合必须以水泥为主体，通常会占到干物料总量的 $50\%\sim100\%$。低水泥配比必须满足产品性能，并考虑浇筑的稳定性，以防止塌模的现象发生。

⑤ 轻集料配比。孔隙率高、吸水率较高、密度低是轻集料的特点，泡沫混凝土中轻集料的加入量对产品的密度和吸水率都有较大影响，而对导热率也有一定的影响。因此，轻集料的加入量需要在产品的密度、吸水率、导热率、强度等方面进行协调。石墨尾矿含有密度低的云母和其他轻质颗粒在泡沫混凝土中起到了轻集料的作用。

⑥ 水料比。在实际生产中，泡沫混凝土不像普通混凝土那样采用的是水灰比，而是水料比。水料比就是水与各种干物料的比值 K。

$$K = \frac{H}{S} \tag{6-2}$$

式中　K——水料比；

　　　S——基本材料的干重量；

　　　H——总用水量。

水料比是泡沫混凝土设计的重要的一个技术参数。泡沫混凝土的产品性能和工艺性能都会受水的加入量的影响，因为水是水泥水化反应的直接参与者，影响水化产物的产生，对产品强度起着重要作用；另外也关系到料浆的稠度，对工艺性能也起到关键的作用。

3）泡沫混凝土配合比设计方法　参照王培民提出的泡沫混凝土的配合比设计的方法来对石墨尾矿泡沫混凝土的配合比进行配置的。

以水泥-石灰-砂泡沫混凝土体系为例介绍泡沫混凝土配合比设计如下。

① 灰砂比的确定

$$K = \frac{H_a}{S} \tag{6-3}$$

式中　K——灰砂比值；

　　　S——砂的用量；

　　　H_a——水泥和石灰的总用量。

K 值与泡沫混凝土的要求容重有关，详见表 6-18。

表 6-18　灰砂比 K 值选择

混凝土容重/(kg/m³)	K 值	混凝土容重/(kg/m³)	K 值
≤800	5.0～5.5	1000	7.0～7.8
900	6.0～6.5		

② 计算水泥和石灰的总用量

$$H_a = \frac{\alpha \rho_f}{1 + K} \tag{6-4}$$

$$H_a = C_0 + H_0 \tag{6-5}$$

式中　C_0——水泥用量，kg；

　　　H_0——石灰用量；

　　　K——灰砂比；

　　　ρ_f——泡沫混凝土干表观密度，kg/m^3；

α——结合水系数，当 $\rho_f \leqslant 600\text{kg/m}^3$ 时 α 取 0.85，$\rho_f \geqslant 600\text{kg/m}^3$ 时 α 取 0.90。

③ 计算水泥用量 C_0

$$C_0 = (0.7 - 1.0)H_a \tag{6-6}$$

④ 计算石灰用量 H_0

$$H_0 = H_a - C_0 = (0 - 0.3)H_a \tag{6-7}$$

⑤ 确定水料比 k

$$k = \frac{W}{T} \tag{6-8}$$

式中　W——单位体积泡沫混凝土中的总用水量；

　　　T——单位体积泡沫混凝土中用灰量与用砂量的总和。

水料比与泡沫混凝土干表观密度的关系，可参见表 6-19。

表 6-19　水料比 k 值选择

混凝土容重/(kg/m³)	k 值	混凝土容重/(kg/m³)	k 值
≤800	0.38~0.40	1000	0.34~0.36
900	0.36~0.38		

⑥ 计算料浆用水量

$$C_0 = k(H_a + S_0) \tag{6-9}$$

式中　k——水料比；

　　　C_0——水泥用量，kg/m³；

　　　H_a——水泥用量，kg/m³；

　　　S_0——砂总量，kg/m³。

4）石墨尾矿泡沫混凝土的基准参数　通过原材料进行优化试验，再通过多组配比实验，最终确定出尾矿泡沫混凝土的基准参数见表 6-20。

表 6-20　实验基准参数

水泥型号	水泥用量/%	尾矿用量/%	发泡剂与水比	水料比	稳泡剂占总质量/%
P.O 32.5R	40	60	1:30	0.31	1

（3）结论

通过正交试验得到满足《泡沫混凝土砌块》（JC/T 1062—2007）要求的最佳配合比，并对石墨尾矿泡沫混凝土的制备工艺、干表观密度、不同龄期抗压强度、导热系数、软化系数与吸水率、线收缩率、抗冻性能等进行了系统的测试。结果表明：与市场普通泡沫混凝土相比，石墨尾矿泡沫混凝土的干表观密度可以达到 600~800kg/m³；具有较高的抗压强度和较小的导热系数，其导热系数随着石墨尾矿泡沫混凝土的干表观密度的降低而显著减小；吸水率随着干表观密度等级的降低而增大，软化系数随着干表观密度等级的降低而减小。石墨尾矿泡沫混凝土的线收缩率也较小，小于一般的水泥泡沫混凝土的线收缩率，而接近于水泥砂浆的线收缩率，抗冻性能也能达到夏热冬冷地区的标准。

结果表明：直接利用石墨尾矿、普通水泥、起泡剂、稳泡剂等材料制备泡沫混凝土，其性能完全达到 JC/T 1062—2007 标准中密度等级为 B08，强度等级为 A3.5 的要求。

6.4 泡沫充填材料制备

6.4.1 尾矿浆体自发泡基本原理

泡沫充填材料主要原理是在充填胶凝材料中添加发泡材料，使充填体形成多孔介质，以提高其应力吸收转移及隔热性能，满足深井开采要求。发泡材料种类很多，其中大多为阴离子表面活性剂。

浆体自发泡方式是指充填料浆搅拌阶段加入化学发泡材料产生气泡，从而使料浆体积膨胀，形成具有多孔结构的材料。目前国内广泛使用的蒸压加气混凝土即是采用这种发气方式。但在常温下且含水量较大的情况下气泡难以稳定，因此需要进行相应的稳泡技术。

浆体自发泡是通过在充填料浆中添加一定量的化学发泡材料，并且在一定的碱性条件下使其发生化学反应，从而生成一定量的气泡；并且这些气泡能够均匀的悬浮在尾矿之中，从而引起充填体体积膨胀。虽然发泡是经过一定的化学反应产生气体，但引起充填体体积膨胀只是一个物理过程，并不会参与和改变水泥的水化反应，因此自发泡的方式不会影响到充填体其他指标的改变。

铝粉与水在碱性环境下反应，最初生成的气体立即溶解于液相中。由于此气体的溶解度不大，溶液很快达到过饱和。当达到一定的过饱和度时，在金属颗粒表面形成一个或数个气泡核，由于气体逐渐积累，气泡内压力逐渐加大，当内压力克服上层料浆对它的重力和料浆的极限剪应力以后，气泡长大推动料浆向上膨胀。气泡长大后内压力降低，膨胀近于停止；但由于气体不断补充，内压力再次加大，气泡进一步长大，料浆进一步膨胀，因此反应产生气体与料浆膨胀是处于动态平衡状态。料浆膨胀的动力是气泡内的内压力，料浆膨胀的阻力是上层料浆的重力和料浆极限剪应力。发气初期，不断产生气体，内压力不断得到补充，此时料浆可能还处于牛顿液体状态，没有极限剪应力，因此料浆迅速膨胀。随着水泥不断水化，料浆的骨架结构逐渐形成，极限剪应力不断增大，这时，反应仍在继续进行，只要气泡内压力继续大于上层料浆的重力和极限剪应力，膨胀就会继续下去。反应接近尾声，料浆迅速稠化，极限剪应力急剧增大，这样膨胀就会逐渐缓慢下来。当反应结束，气泡内不再继续增加内压力，或者这种内压力不足以克服上层料浆的重力和料浆的极限剪应力时，膨胀过程就停止了。

自发泡充填料浆及所形成的充填体各项指标主要受到所选化学发泡材料的性质、发泡材料原料之间的配比、添加量等因素的影响。因此，针对不同的尾矿性质需要进行相应的试验确定以上最佳参数[16~21]。

6.4.2 尾矿基本物化性质

所用尾矿取自安庆铜矿立式砂仓放砂口，参照《土工试验规程》(SL 237—1999)，实验室内采用比重瓶法 (SL 237-005—1999) 及相对密度法 (SL 237-004—1999) 分别测定了分级尾矿的密度及容重，最后按下式计算孔隙率：

$$\omega = \left(1 - \frac{\rho_{dmin}}{d_s}\right) \times 100\% \tag{6-10}$$

式中　ω——尾砂孔隙率，%；

　　ρ_{dmin}——尾砂容重，g/cm^3；

　　d_s——尾砂相对密度。

充填材料基础参数试验结果见表 6-21。

表 6-21　充填材料基础参数试验结果

材料名称	相对密度	容重/(g/cm^3)	孔隙率/%
分级尾砂	3.02	2.41	20.20

图 6-14 为尾矿的 XRD 衍射谱图分析结果。从结果来看，主要矿物组成为绿脱石、方石英、堇青石、透辉石、铁韭闪石及珍珠云母，各矿物化学组成分别为 $Na_{0.3}Fe_2Si_4O_{10}(OH)_2 \cdot 4H_2O$、$SiO_2$、$Mg_2Al_4Si_5O_{18}$、$Ca(Mg,Al)(Si,Al)_2O_6$、$NaCa_2Fe_4AlSi_6Al_2O_{22}(OH)_2$ 及 $CaAl_2(Si_2Al_2)O_{10}(OH)_2$。尾砂中所含矿物的化学成分以 SiO_2、CaO、FeO、MgO、Al_2O_3 为主。结合 XRD 谱图中特征峰峰强及化学元素含量，可以得出粗尾砂中以珍珠云母、堇青石、透辉石为主。

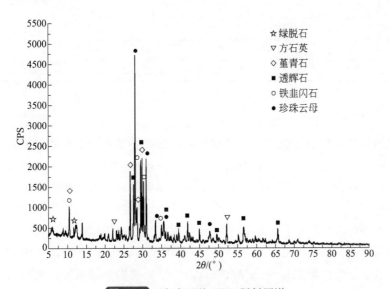

图 6-14　安庆尾矿 XRD 衍射图谱

采用 ICP(Inductive Coupled Plasma Emission Spectrometer) 电感耦合等离子光谱发生仪，对尾矿中所含的金属元素进行半定量分析，根据测试结果确定定量测试的元素种类后再进行化学元素定量分析。结果如表 6-22 所列。

表 6-22　安庆尾矿 ICP 发射光谱半定量分析测试结果

分析项目	结果/%	分析项目	结果/%
Al	3.00	Bi	<0.05
As	<0.05	Ca	13.95
Ba	<0.05	Cd	<0.05
Be	<0.05	Co	<0.05

分析项目	结果/%	分析项目	结果/%
Cr	<0.05	Pb	<0.05
Cu	0.080	Sb	<0.05
Fe	8.00	Sn	<0.05
Li	<0.05	Sr	<0.05
Mg	5.69	Ti	<0.05
Mn	0.15	V	<0.05
Ni	<0.05	Zn	<0.05

从 ICP 半定量测试结果可以得出，安庆尾砂中主要金属元素为 Ca、Al、Fe、Mg、Mn、Cu，与粗砂相比，细砂中含有少量 Ti 及微量 Pb、Sr。针对这些主要金属元素及非金属元素进一步进行定量的化学全元素分析。试验结果见表 6-23。

表 6-23 安庆粗砂元素定量分析结果表

元素	SiO_2	Al_2O_3	TFe	FeO	MgO	CaO	Na_2O
含量/%	46.52	6.20	7.86	5.44	8.99	19.20	1.64
元素	K_2O	TiO_2	P_2O_5	MnO	S	Cu	烧失量
含量/%	0.25	0.27	0.18	0.21	0.61	0.11	5.08

6.4.3 发泡材料

自发泡充填料浆及所形成的充填体各项指标主要受到所选化学发泡材料的性质、发泡材料原料之间的配比、添加量等因素的影响。因此，针对安庆尾砂性质，首先需要选择相适应的发泡原材料，并结合原材料的性质进行之间配比参数试验，因此首先需要进行各原材料之间最佳配比选择。

根据安庆尾砂特性，选择其发泡材料主要有两种原材料组成，分别为提供料浆碱性环境的某金属氧化物和金属粉末，此配方称为配方一系列。同时，由于充填体体积膨胀，在水泥添加量一定的条件下会引起充填体的强度降低，为了补充由于充填体膨胀而引起强度降低的损失，考虑在配方一的基础上增加一种增强剂而提高充填体的强度，此系列配方称为配方二系列；其原材料为三种，前两种与配方一相同，只是增加了第三种原材料，即增强剂。

为了获得更好的充填体质量，应将充填体膨胀率（发泡后体积与未发泡体积之差除于未发泡体积）控制在 20%～30% 之间。在前期的试验基础上，从确定配方的 I 系列中选取 5 种配方，配方 II 系列中选取 5 种配方进行探索试验，从而确定两种效果较为理想的配方再进行下一步具体的指标检测试验。

图 6-15～图 6-20 为其配方 I 系列某配方发泡效果图。

从实验过程可以看出，在未加发泡材料的尾矿充填体中，尾矿会出现沉降和泌水现象（见图 6-15），并且随着时间的增长上部清水并不会反应，也就是说在充填料浆充入采场后上层水会一直存在，充填体体积也未膨胀；在加入发泡材料后，虽然早期同样出现料浆沉降和泌水现象，但在 30min 后料浆中的发泡材料开始反应产生气泡，下部的充填料浆开始膨胀，充填体体积增长，水分也再次回到充填体中参与反应（见图 6-16、图 6-17）；并且在反应 5h

左右上部的水分几乎完全消失，待到 20h 时整个水分已经完全反应，且充填体体积达到最大膨胀率（见图 6-18～图 6-20）。

图 6-15　未加发泡剂料浆效果

图 6-16　加发泡剂开始效果

图 6-17　加发泡剂 45min 效果

图 6-18　加发泡剂 1.5h 效果

图 6-19　加发泡剂 5h 效果

图 6-20　加发泡剂 20h 效果

为了考察充填体中气泡的均匀性及气泡大小，将制备的泡沫尾砂充填体表层揭露后，其气泡效果见图 6-21 及图 6-22。

图 6-21　充填体内部均匀气孔

图 6-22　充填体发气量过大效果

从结果来看，如果控制好发泡材料之间的配比及加入量，能够获得良好的发泡效果，如图 6-21 所示；如发泡材料之间配比不合理及添加量过大时会出现充填体内气泡体积过大，导致充填体膨胀率较大，在充填体已经达到可塑状态下，仍然再发泡就会导致气泡冲破充填体并且最终导致气泡之间出现兼并现象，导致充填体塌陷，如图 6-22 所示。因此，调节发泡材料之间的配比及添加量是保证获得良好的泡沫充填体的关键。

6.4.4　泡沫尾砂浆体泌水率试验

采用充填料浆自发泡方式制备泡沫充填体时，通过大量实验发现，虽然早期出现料浆沉降和泌水现象，但在控制好发泡材料之间配比及添加量时能够解决其充填料浆泌水的情况，从而实现采场充填不脱水的良好效果。通过试验观察，其充填料浆泌水变化规律为：在充填料浆静止30min后，料浆中的发泡材料开始反应产生气泡，下部的充填料浆开始膨胀，充填体体积增长，水分也再次回到充填体中参与反应；并且在反应5～8h左右上部的水分几乎完全消失，待到20h整个水分已经完全反应，且充填体体积达到最大膨胀率。图6-23为其变化规律图。

(a) 开始阶段　　　　　(b) 5h变化情况　　　　　(c) 20h后状态

图 6-23　充填料浆泌水变化规律

6.4.5　充填体体积膨胀率测试

尾矿泡沫充填体最重要的一项特性就是其具有体积膨胀，此特性决定其在充填接顶中具有无可比拟的优势，但是如果充填体体积膨胀过大就会损失其充填体的强度。因此，为了获得较好的充填效果应该控制其膨胀率，使其能够具有一定的膨胀，且充填体强度能够满足充填的需求。

对不同配方的发泡材料进行了充填体膨胀率测试，其中发泡材料采用主配方确定的两大系列，即配方Ⅰ系列和配方Ⅱ系列；其中各系列中挑选7个配比，共进行14组试验。试验所配料浆浓度为70%、灰砂比为1:4、发泡剂为水泥量的14%，其测试结果见表6-24。

表 6-24　充填体膨胀率试验数据记录表

发泡剂配方	配方号	发泡剂编号	充填体初始高度/cm	充填体最终高度/cm	高度差/cm	膨胀率/%
配方Ⅰ系列	1	5号	7.85	12.15	4.30	54.80
	2	4号	7.20	10.50	3.30	45.80
	3	6号	8.20	13.05	4.85	59.10
	4	7号	7.28	11.77	4.49	61.70
	5	未加	6.90	7.10	0.20	2.90
	6	3号	7.22	9.40	2.18	30.20
	7	2号	7.13	8.85	1.72	24.10

发泡剂配方	配方号	发泡剂编号	充填体初始高度/cm	充填体最终高度/cm	高度差/cm	膨胀率/%
配方Ⅱ系列	8	12号	7.15	10.80	3.65	51.05
	9	13号	6.89	11.90	5.01	72.71
	10	14号	7.30	13.40	6.10	83.56
	11	10号	6.89	9.39	2.50	36.28
	12	11号	7.40	11.10	3.70	50.00
	13	9号	7.17	9.26	2.12	29.60
	14	8号	6.97	8.59	1.62	23.30

根据测试结果，分别绘制配方Ⅰ系列和配方Ⅱ系列各配方充填体膨胀率的变化曲线，如图 6-24 和图 6-25 所示。从图中可以看出，在配方Ⅰ系列中不同配比对应的充填体膨胀率存在较大区别，其中膨胀率从 24.1% 增长至 61.7%；配方Ⅱ系列中不同配比对应的膨胀率从23.3% 增长至 83.56%；为了保证充填体强度，应将充填体膨胀率控制在 30% 左右。因此，从实验结果来看，其中配方Ⅰ系列中的 2 号发泡剂和 3 号发泡剂能够满足要求；配方Ⅱ系列中的 14 号发泡剂和 13 号发泡剂能够满足要求。

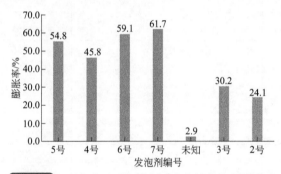

图 6-24　配方Ⅰ系列发泡剂对应充填体体积膨胀率

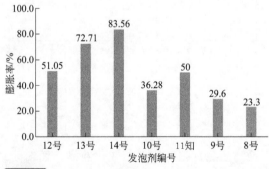

图 6-25　配方Ⅱ系列发泡剂对应充填体体积膨胀率

6.4.6　泡沫尾砂充填体强度试验

根据充填体膨胀率测试结果，选取其中 2 号、3 号、8 号、9 号发泡剂进行强度试验，本次强度试验选取料浆浓度为 70%、72%、74% 三个浓度，灰砂比选择为 1∶4 和 1∶6 两个组分，发泡剂添加量为水泥的 14%，进行强度试验。其结果见表 6-25。

表 6-25　尾砂泡沫充填体强度试验数据记录表

料浆浓度/%	砂灰比	配方号	序号	充填体抗压强度/MPa	
				14d	28d
70	4	未加	1	1.69	3.25
		9	2	1.32	2.43
		8	3	1.36	2.61
		3	4	1.45	2.64
		2	5	1.53	2.76
	6	未加	1	1.23	1.8
		9	2	0.94	1.34
		8	3	0.99	1.43
		3	4	1.04	1.52
		2	5	1.08	1.56
72	4	未加	1	2.37	3.57
		9	2	1.75	2.55
		8	3	1.8	2.64
		3	4	2.05	2.91
		2	5	2.08	3.05
	6	未加	1	1.58	2.14
		9	2	1.15	1.43
		8	3	1.2	1.57
		3	4	1.34	1.79
		2	5	1.38	1.86
74	4	未加	1	3.21	4.29
		9	2	2.42	3.1
		8	3	2.47	3.22
		3	4	2.71	3.54
		2	5	2.78	3.66
	6	未加	1	2.19	3.08
		9	2	1.69	2.13
		8	3	1.74	2.31
		3	4	1.77	2.41
		2	5	1.84	2.52

根据测试结果，分别绘制各配方充填体强度变化曲线，如图 6-26～图 6-29 所示。从图中可以看出，在相同灰砂比、相同龄期的条件下，加泡充填体强度均小于未加泡充填体强度。同时从图中可以看出，自发泡尾矿与未加泡沫的充填体强度具有相同的强度增长规律，即随着养护龄期的增长强度不断增长，随着浓度的提高强度不断增加；随着水泥添加量的增加强度不断增长。但在相同条件下自发泡尾砂充填体强度要低于不加泡沫的尾砂充填体，其中配方 2 及配方 3 的强度是其不加泡沫尾砂充填体的 82%～88%；配方 8、配方 9 是其不加泡沫尾砂充填体强度的 72%～76%。

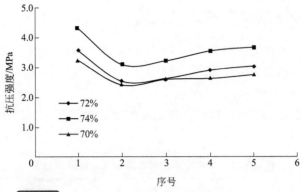

图 6-26　不同配方号发泡剂与强度关系(1∶4，28d)

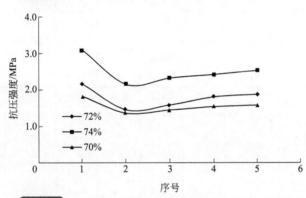

图 6-27　不同配方号发泡剂与强度关系(1∶6，28d)

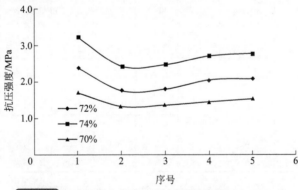

图 6-28　不同配方号发泡剂与强度关系(1∶4，14d)

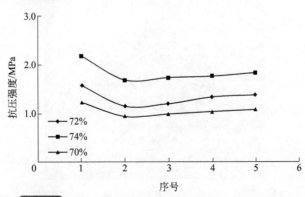

图 6-29　不同配方号发泡剂与强度关系(1∶6，14d)

6.4.7 泡沫尾砂充填料浆流动性试验

为了考察自发泡尾砂充填体料浆的流动性，并与未加泡沫充填料浆是否具有较大差别，因此开展了自发泡充填料浆扩散度试验。试验方法同未加泡充填料浆流动性试验一致。其试验组分为：料浆浓度70％、72％、74％三组，灰砂比1∶4、1∶6两组，发泡剂选择配方2和配方9，发泡剂添加量为水泥的14％。其试验结果记录于表6-26。图6-30～图6-33为不同配方料浆流动状态图。

表 6-26 自发泡尾矿浆体流动性试验数据记录　　　　　　　单位:cm

发泡剂编号	料浆浓度	砂灰比	横向坐标值		纵向坐标值		直径1	直径2	扩散直径
			起始	终止	起始	终止			
未加	0.68	4	62.5	87.4	6.3	31.2	24.9	24.9	24.9
	0.70	4	63.5	87.0	6.8	30.8	23.5	24.0	23.8
	0.72	4	62.7	84.9	8.6	30.3	22.2	21.7	22.0
	0.74	4	65.5	83.3	10.2	29.0	17.8	18.8	18.3
2 号	0.70	4	9.3	31.4	8.5	30.6	22.1	22.1	22.1
	0.72	4	9.5	29.8	9.6	29.8	20.3	20.2	20.3
	0.74	4	10.9	29.0	11.6	29.1	18.1	17.5	17.8
9 号	0.70	4	8.1	33.4	7.6	32.3	25.3	24.7	25.0
	0.72	4	8.6	31.0	7.8	30.2	22.4	22.4	22.4
	0.74	4	10.6	29.8	9.4	29.2	19.2	19.8	19.5
未加	0.68	6	61.5	88.0	5.8	32.5	26.5	26.7	26.6
	0.70	6	63.2	86.4	7.0	30.3	23.2	23.3	23.3
	0.72	6	64.8	84.3	8.8	29.1	19.5	20.3	19.9
	0.74	6	65.7	84.1	8.5	27.3	18.4	18.8	18.6
2 号	0.70	6	7.5	31.8	7.8	31.2	24.3	23.4	23.9
	0.72	6	10.3	30.2	9.2	29.8	19.9	20.6	20.3
	0.74	6	11.5	28.8	11.6	28.4	17.3	16.8	17.1
9 号	0.70	6	8.1	31.8	6.3	30.7	23.7	24.4	24.1
	0.72	6	9.0	30.5	8.0	30.8	21.5	22.8	22.2
	0.74	6	10.4	29.1	10.7	29.6	18.7	18.9	18.8

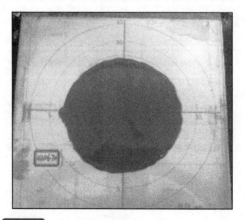

图 6-30 配方2料浆流动状态图(1∶6，70％)

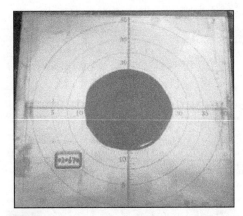

图 6-31　配方 2 料浆流动状态图(1∶6，74%)

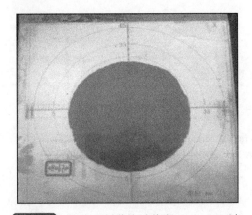

图 6-32　配方 9 料浆流动状态(1∶6，70%)

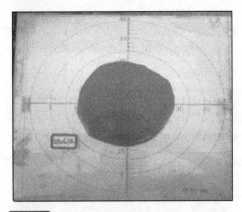

图 6-33　配方 9 料浆流动状态(1∶6，74%)

　　根据试验结果绘制不同配方充填料浆流动性对比曲线，见图 6-34、图 6-35。从图中可以直观地看出，在相同灰砂比、相同浓度及发泡剂的添加量的条件下，2 号配方料浆流动性较 9 号配方流动性差一些，较不加发泡剂的尾砂料浆流动性也差一些，其原因在于 2 号配方中加入了一定量的增强剂，具有较快水化反应的特性，因此使其料浆黏度增加，导致流动性变差；而 9 号配方中没有添加增强剂，而是由粉末状的化学试剂组成，其细度较尾砂细，从而改变了料浆中固体颗粒的级配，使其流动性变得更好，因此，9 号配方流动性要好于未加泡沫的尾砂浆体。但从结果总体来看，三者之间变化均不大。

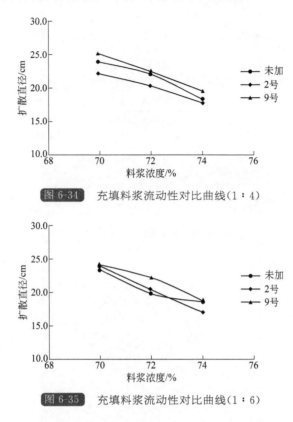

图 6-34 充填料浆流动性对比曲线（1∶4）

图 6-35 充填料浆流动性对比曲线（1∶6）

6.4.8 泡沫尾砂充填体微观结构分析

为了了解泡沫加入对充填体结构的影响，我们对泡沫充填体进行了扫描电镜检测和气孔结构检测。图 6-36 和图 6-37 分别为加入泡沫的充填体扫描电镜照片和未加入泡沫的充填体的扫描电镜照片。从图中可以观测到加入泡沫和不加泡沫的充填体的微观形貌几乎完全一样，其硅酸盐凝胶和少量的铝酸盐凝胶、钙矾石互相包裹的情况也大致相同，也就是说，在尾砂胶结充填体中的泡沫没有引起新的胶凝产物的生成，但是加入发泡剂的充填体能够从SEM 中看出其钙矾石的含量要多于未加泡沫的充填体，其原因在于发泡剂中的增强剂主要成分为偏铝酸钠，其能够促进钙矾石的快速生成，也是泡沫充填体早期强度形成的主要原因。

图 6-36 加泡后充填体微观结构

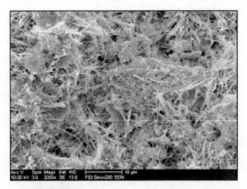

图 6-37 未加泡后充填体微观结构

试验中观测到加入泡沫和不加泡沫的充填体的表观结构出现了很大差别。加入泡沫的充填体中有大量的气孔结构；未加入泡沫的充填体中几乎没有气孔，各物料在结构中较为均匀分布。

从以上分析可知，尾矿胶结充填体中加入泡沫后，没有改变充填体水化生成产物，只是改变了充填体中孔结构的分布。因此，泡沫在充填体中所形成的气孔会降低充填体的强度。为了弥补气孔结构引起的充填体强度降低，在发泡剂中增加增强剂是一种有效的方式。

6.4.9　泡沫尾砂充填参数选择

根据泡沫充填体强度试验结果结合料浆流动性试验及充填体膨胀率试验，初步确定采用配方 I 系列中的 2 号配方作为自发泡发泡剂，其添加量在水泥的 10%～15% 之间；根据实验结果确定充填料浆浓度不低于 72%，不宜超过 74%；充填灰砂比根据采矿需求控制在 (1：4)～(1：6) 之间。

6.5　尾矿制砖工艺技术

6.5.1　尾矿制砖现状

我国在尾矿制砖方面进行了积极有效的探索，取得了很多成果，既可生产建筑用砖，也可生产路面砖、透水砖、墙面装饰用砖等。

根据生产工艺来分，可以分为烧结砖、蒸压砖、蒸养砖和双免砖。

根据是否烧结，主要分为烧结砖和免烧砖[22~26]。

有些利用尾矿制造免烧砖，是以细尾矿为主要原料，配入少量胶凝材料及外加剂，加入适量水模压成型，主要用于工业和民用建筑。此外，也可利用铁尾矿和石灰为主要原料，加入适量外加剂，制成蒸养尾矿砖。尾矿也可用来生产装饰用砖，例如装饰面砖适合作墙体贴面砖，还可调入不同色彩颜料做成彩色免烧砖。

除免烧砖之外，尾矿还可与页岩等塑性好的材料采用挤出成型工艺，经烧制可以制备出抗压强度超过 30MPa 的烧结砖。

随着海绵城市在我国的兴起，透水砖在快速发展，尾矿也可制成透水砖，利用尾矿还可制透水砖。例如有学者以黄金尾矿为主要原料，以煤矸石作成孔剂，制备出多孔透水砖。

还有学者以某种尾矿和磨细的莱阳土、高岭土、石英，不加成孔剂，制备出气孔率达70.15%，渗水率达 $3.49 \times 10^2 L/m^2$ 的透水砖。在国内已有一些企业生产尾矿透水砖，大大提高了当地的尾矿利用率。美国利用浮选尾矿，经过干压制造出抗压强度达 35MPa 的砖，在砖坯中掺加氧化铁、氧化锰、氧化钙等添加料进行焙烧，可获得不同颜色的砖。

铁尾矿制烧结普通砖方面，国外铁尾矿利用研究工作起步较早，利用途径多样，注重有价成分的回收，且铁尾矿普遍硅含量高，多用作混凝土骨料、硅酸盐砌墙材料、地基及沥青路面的材料，而在利用铁尾矿制烧结普通砖方面研究较少。随着我国禁止黏土实心砖政策的逐步推进，国内近年来开展了利用铁尾矿代替黏土生产烧结普通砖的研究。大量研究表明：烧结砖对尾矿成分的要求较低，无论是高硅尾矿还是低硅尾矿在烧结普通砖上都可得到成功应用，而硅含量高的尾矿无黏结性，需加入适量增塑剂才可成型，含硅量低的细粒尾矿有利于砖体的成型、烧结，但大多存在铁尾矿掺量少，且存在制品强度低、密度高等缺陷。

铁尾矿制烧结陶瓷砖方面，利用尾矿研制生产陶瓷打破了以黏土为原料的传统做法，在有效利用废弃尾矿、减轻环境压力的同时也使陶瓷性能得到了很大的改善。从目前的情况来看，以铁尾矿作为陶瓷产品原料的研究并不多见，主要表现在小范围烧制陶瓷砖、尾矿陶瓷釉料和尾矿卫生洁具等方面。

6.5.2 尾矿制备烧结砖工艺与机理

烧结砖产品建造的房屋能够满足最简便、最经济、最具环境和谐性、最具安全性的要求，能用较少的原材料和能源，建成坚固耐用的墙体和具有通风功能的倾斜屋面结构。同时，烧结砖还能够提供高度舒适的生活环境，如保温隔热、室内环境湿度的调节、隔声、防火等。以尾矿代替部分黏土，掺入适量增塑剂，完全可以烧制出普通黏土砖，而且可通过控制尾矿掺量，制成不同强度等级的尾矿砖。用尾矿生产烧结砖，可利用工厂现有条件，投资少，见效快，也为尾矿综合利用开辟了一条新途径，节能利废，保护环境。

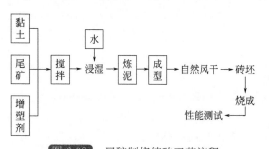

图 6-38 尾矿制烧结砖工艺流程

用尾矿制烧结砖的工艺流程如图 6-38 所示。其中铁尾矿在制砖方面用得较多，铁尾矿在我国占有相当大的比例，例如我国湖北、安徽、南京等地的铁尾矿，堆存量巨大，仅武钢大冶铁矿尾矿坝现有尾矿就达 3000 多万吨。该类尾矿应用于胶结型尾矿建材，尾矿掺量普遍不高，且制品强度较低，少数研究表明需加入新型胶凝材料或特殊外加剂才能提高制品的力学强度和性能；且由于硅含量较低，应用于水合型尾矿建材需要补充大量硅质和钙质材料，制品的力学强度较高，但制品性能的稳定性和耐久性有待提高。熔制型尾矿建材对尾矿成分和制备工艺要求较高，且受制品性能和外观的影响，其市场竞争力不强，研究和应用较少。而烧结型尾矿建材，是以热力为形成动力的高温生成材料，其对原材料要求不高，特别是烧结砖生产和需求量大，对原料的用量很大。

在烧结的过程中，铁尾矿细颗粒与其他物质通过一系列物理化学反应形成不可逆的固体。随着温度的升高，部分矿物发生分解、重结晶，形成新相，这些新生成的矿相构成了烧结砖的骨架，赋予砖体强度，且烧结过程中产生低共熔物形成液相，将孔隙充塞，使坯体中微孔减少、密度增大、强度提高。冷却后形成的玻璃体将结晶的固体颗粒牢固的胶结在一起，形成致密的砖体。不同组成的尾矿，其发生的物理化学反应、反应速度和反应温度有很大不同，形成的烧结砖性能也存在差异。相同组成的尾矿，在不同条件下烧结也会得到不同性能的烧结砖。因此，可根据实际尾矿种类和要求，采取不同工艺，制备不同的尾矿烧结砖，主要包括烧结普通砖和陶瓷砖两种。

6.5.3 尾矿制备免烧砖工艺与机理

尾矿制免烧砖主要用到水泥等胶凝材料，将尾矿、胶材、水等进行混合搅拌，压力成型。工艺流程如图 6-39 所示。

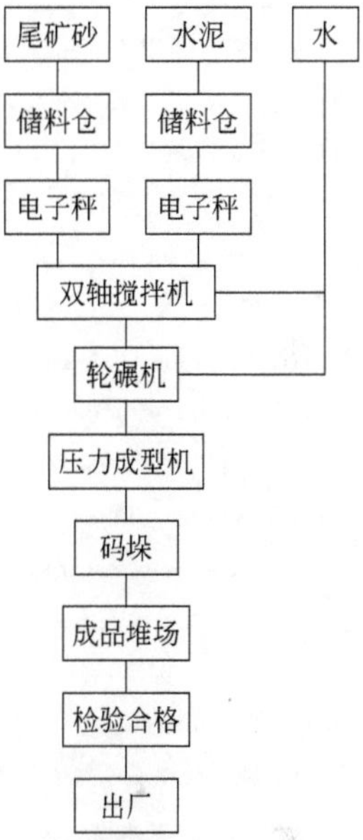

生产过程中，主要使用到搅拌机、轮碾机、压力成型机等设备。搅拌机一般使用双卧轴强制式搅拌机，水泥和尾矿砂分别经过计量进入搅拌机。如果尾矿砂含有水分，可不加水直接搅拌，反之要加入相应量的雾化水，均匀搅拌，达到充分混合、湿润、渗透，形成含水率基本一致的球核，从而输送到下一级的轮碾机中。混合料经过搅拌之后，颗粒之间彼此亲密接触，再通过轮碾机破坏颗粒表面，使其增加活性，起到活化作用，使这些颗粒新生成的表面发生自由不饱和的化学原子价和结晶格子变形，使颗粒之间易发生固相反应，从而增加物料颗粒的水化深度，提高制品的强度和耐久性能。压力成型在所有工序中最为关键，为了保证制品有足够的强度，压制成型的坯体必须密度大，强度高，每块砖坯体大面上承受的力应大于270t，这样条件下压制的坯体，不用托板直接搬运，码垛层数可达10层，之后自然养护、常压蒸汽养护或高压蒸汽养护都是可以的。

图 6-39 尾矿制免烧砖工艺流程

在这类材料中，尾矿主要起骨料作用，一般不参与材料形成的化学反应，但其本身的形态、颗粒分布、表面状态、机械强度、化学稳定等性质却对材料的技术性能有重要的影响。水化硅酸钙 CSH、水化铝酸钙 CAH 及钙钒石是免烧免蒸砖的强度来源，从产品的形式和用途上来看，包括建筑用砖、路面砖、水利渠道用砖、护坡用砖、仿古砖、透水砖等。

我国铁尾矿较多，在用铁尾矿制免烧砖方面有研究表明其内部存在一种矿物胶体，这种胶体具有比较大的表面能和一定的电性和吸收性，可以在碱性激发剂的作用下通过水化反应生成新的凝聚体，在一定的成型压力下，水泥颗粒可以与矿物得到充分的接触而增强水化反应进而提高试样的强度。而铁尾矿中还有大量的石英，其与水泥的作用效果仅次于石灰石和白云石，可以通过紧密的接触而增加水化反应的程度进而提高强度。目前大多数的研究主要集中在尾矿的掺量、配合比设计、成型工艺、养护制度等因素对砖的抗压强度、耐久性等的影响，基本已经达到了生产的目的和规模化。

此外，也有利用铜尾矿制免烧砖的研究和应用。我国铜尾矿除含铜品位较高外，粒度细、类型多、成分杂，以氧化铜矿物和铝硅酸盐为主是其普遍特征；铜尾矿的这些性质，使其可以作为一种原材料用于建材行业，使免烧砖的制作成为现实，生产出符合要求的墙体材料。冯启明等对四川某铜选厂的尾矿进行了化学、矿相、粒度分析后，添加了适量的水泥和石灰作为尾矿的激发剂；另外，也引进了混凝土发泡剂和废弃聚苯泡沫粒作为预孔剂，通过调整尾矿、水泥和石灰的配比，浇注，捣压，在自然条件下和蒸养条件下养护生产了墙体材料，测得其容重、吸水率和抗压强度等参数。

参 考 文 献

[1] 肖立光，伊晋宏，崔正旭. 国内外铁尾矿的综合利用现状 [J]. 吉林建筑工程学院学报，2010，27 (4)：22-26.

[2] 张金青，孙小卫. 利用铁尾矿生产混凝土承重小型空心砌块 [J]. 矿山环保，2003，(2)：14-16.

[3] 林细光. 铜铅锌尾矿应用于水泥原料的试验研究 [D]. 杭州：浙江大学，2006.

[4] 袁润章. 胶凝材料学 [M]. 武汉：武汉理工大学出版社，1996.

[5] 石建新. 高水膨胀材料及胶固充填技术 [M]. 济南：山东科学技术出版社，2011.

[6] 张灵辉. 利用玉水铅锌尾矿作为水泥原料的研究 [D]. 广州：广州工业大学，2005.

[7] 韦平. 应用 XRD 分析水泥窑灰矿渣型生态水泥水化过程的研究 [J]. 水泥，2007，(7)：18-22.

[8] 冯奇，王培铭. 活化煤矸石对水泥水化的影响 [J]. 材料研究学报，2006，20 (2)：191-194.

[9] 徐扬. 煤矸石代替粘土配料煅烧水泥熟料试验研究 [D]. 杭州：浙江大学，2008.

[10] 王培铭，刘贤萍，胡曙光等. 硅酸盐熟料-煤矸石/粉煤灰混合水泥水化模型研究 [J]. 硅酸盐水泥，2007，(1)：56-58.

[11] Karin Gabel and Anne-Marie Tillman. Simulating oPerational alternatives For future cement Production [J]. Journal of Cleaner Produetion，2005，13 (13-14)：1246-1257.

[12] 肖祈春. 铅锌尾矿制备水泥熟料及其重金属固化特性研究 [D]. 长沙：中南大学，2014.

[13] Peysson S，Pera J，Chabannet M. Immobilization of heavy metals by calcium sulfoaluminate cement [J]. Cement and concrete research，2005，35 (12)：2261-2270.

[14] 兰明章. 重金属在水泥熟料煅烧和水泥水化过程中的行为研究 [D]. 北京：中国建筑材料科学研究总院，2008.

[15] 李德忠，倪文，张静文. 利用密云铁尾矿制备 B06 级加气混凝土的实验研究 [J]. 尾矿综合利用产业技术创新战略联盟，134-141.

[16] 王威. 全尾矿砂废石骨料制备高性能混凝土的研究 [D]. 武汉：武汉理工大学，2014.

[17] 陈惠君，董人全，陈云芳等. 钢渣玻璃及微品玻璃的研究 [J]. 玻璃与搪瓷，1988，16 (2)：1-7.

[18] 赵武，霍成互，刘明珠等. 有色金属尾矿综合利用的研究进展 [J]. 中国资源综合利用，2011，29 (3)：24-28.

[19] 衣德强，张剑锋. 铁矿尾矿烧结制砖可行性探讨 [J]. 宝钢技术，2008，(6)：58-61.

[20] 李勤. 金属矿山尾矿在建材工业中的应用现状及展望 [J]. 铜业工程，2009，(4)：25-28.

[21] 邱媛媛，赵由才. 尾矿在建材工业中的应用 [J]. 有色冶金设计与研究，2008，(1)：35-37.

[22] 彭建军，贺深阳，刘恒波等. 白云石质金尾矿制备烧结砖的研究 [J]. 新型建筑材料，2012，(10)：21-23.

[23] 李国昌，王萍. 黄金尾矿透水砖的制备及性能研究 [J]. 金属矿山，2006，(6)：78-82.

[24] 徐晓虹，吴建锋，黄明旭等. 利用工业废渣研制渗水砖 [J]. 砖瓦，2003，(10)：8-10.

[25] 王敏. 利用工业废料生产彩色墙砖 [J]. 建筑装饰材料世界，2005，(4)：62-63.

[26] 陈永亮，张一敏，陈铁军等. 高掺量赤铁矿尾矿烧结砖的制备及性能研究 [J]. 新型建筑材料，2010，(9)：22-25.

第7章

利用废石制备建筑材料

7.1 废石生产建筑砂石

7.1.1 废石生产人工砂石介绍

随着国民经济对矿产品的需求与日俱增，我国矿产资源开发规模可谓空前。与之相伴的是，矿山固体废物的积存量和递增量也到了令人忧虑的地步。《中国矿产资源节约与综合利用报告（2015）》显示，我国尾矿和废石累积堆存量目前已接近 6.0×10^{10} t，其中尾矿堆存 1.46×10^{10} t，83％为铁矿、铜矿、金矿开采形成的尾矿；废石堆存 4.38×10^{10} t，75％为煤矸石和铁铜开采产生的废石。在我国矿山开采生产中，废石的剥离量也着实惊人。通常来说，坑采矿（井下矿）每开采 1t 的矿石就会产生废石 2～3t；露天矿每开采 1t 的矿石，就要剥离废石 6～8t。具体举例来说，冶金矿山的采剥比可以达到 1：（2～4）；有色矿山采剥比大多在 1：（2～8），最高达 1：14；黄金矿山的采剥比最高达 1：（10～14）。

矿山生产排出的废石不仅占用大量宝贵的土地，而且企业每年还需要支付大量的土地占用费，如果废石堆放靠近村庄或居民区，随时都有发生塌方、泥石流等次生灾害的危险，严重威胁着人民群众的生命安全。另一方面，随着我国国民经济的发展，高速公路、高速铁路、城市建设等都需要大量高品质的人工砂石，而生产人工砂石需要毁林开山炸石，这样会严重破坏植被，破坏生态环境。如果能够将矿山生产排出的矿石加工成建设急需的砂石料，既能解决矿山废石排放难题，又为砂石料行业提供了廉价的原料[1~5]。

7.1.2 废石生产人工砂石实例

7.1.2.1 加工利用密云铁矿开采的铁矿废石做人工砂石料

洛阳市大华机器厂同北京路星公司合作，利用钢密云铁矿开采的铁矿废石作为原料，进行人工砂石料的加工利用。经过 1 年多的实践证明，降低了人工砂石料的生产成本，节约了大量建筑材料资源，经济效益和社会效益显著。北京路星公司是一家为北京市政建设提供成品沥青混凝土的公司，每年需 100 多万立方米人工砂石料。首钢密云铁矿距北京市五环、六环较近，堆存有大量的铁矿废石，堆积如山。其主要成分为片麻岩，含铁成分低，各项指标均达到沥青混凝土原料的标准。如果利用首钢密云铁矿的铁矿废石进行人工砂石料加工，不仅为路星公司节约大量的原料开采、运输费用，又为首钢密云铁矿节约大量废石运输费用，节省大量的耕地占用费。

（1）一期人工砂生产线

首钢密云铁矿废石大小一般小于400mm，经铁矿的重载汽车运来倒入原料仓，大于350mm的废石经人工砸碎，或由装载机铲走废弃。料仓下面设有振动给料筛，一方面为下一段强力反击式破碎机均匀给料，另一方面振动给料筛又具有一定的筛分功能，使原料中小于40mm的物料直接筛下，不再进入强力反击式破碎机进行过粉碎。经振动给料筛筛分下的物料和经强力反击式破碎机破碎的物料（85％左右均小于40mm）一起落入1#带式输送机，送入三层筛进行筛分：大于40mm的废石，经2#带式输送机返回强力反击式破碎机再次破碎，小于40mm的废石被分成20～40mm、10～20mm、0～10mm（或根据需要更换筛网分成20～40mm、5～20mm、0～5mm）三级，经3#～5#带式输送机送至料堆存。用装载机装入汽车运至搅拌站进行搅拌。在振动筛处放有单机袋式除尘器，进行收集粉尘；所收集的粉尘又可作为改性沥青的填充料或路基垫层料。工艺流程如图7-1所示。

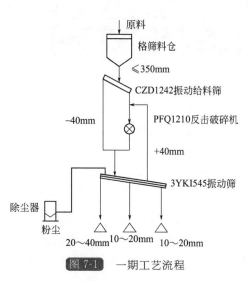

图7-1 一期工艺流程

该加工系统总装机功率216kW，设备总投资约60万元，每小时加工150～170t废石，所加工的产品粒形呈立方体，针片状含量几乎为零。2002年共利用废石加工人工砂石料60多万吨，直接加工成本约5元/t，毛利润约4～6元/t，不足4个月就收回了设备投资；同时又为密云铁矿节约了废石运输费用0.5元/t，每年约30万元，又节约了6.0×10^5t的废石堆存占地费，节约了大量可耕地。

（2）二期人工制砂生产线

2003年，随着北京市自然砂供应不足，人工砂价上涨强劲。北京路星公司为了提高废石加工产品的附加值，加大人工制砂的生产量，决定兴建二期人工制砂生产线。受首钢密云铁矿原加工生产线的地形限制和人工砂远距离运输造成环境粉尘污染的影响，该公司将原来加工生产线0～10mm的物料运至顺义郊区，在该处建立了一条80t/h干法人工制砂生产线，使废石综合利用得到了进一步完善。北京路星公司要求成品人工砂细度模数MX符合中砂标准，根据GB/T 14684—2001建筑用砂标准，中砂细度模数MX范围为3.0～2.3，小于0.15mm的含量为0～10％的规定；又结合北京地区严重缺水，重视环境保护的实际情况，我们决定用干法人工制砂，并安装2台除尘器进行除尘，以防止粉尘污染。

具体加工工艺是：来自密云铁矿或其他地区收集运来的3～10mm细料用装载机装入原料仓中，经原料仓下部的振动给料机均匀给料，经1#带式输送机送入PL-1000立式冲击破碎机进行破碎后，由2#带式输送机送入2YKR2052振动筛进行筛分；大于3mm的物料由3#带式输送机送回PL-1000立式冲击破碎机再次加工，形成闭路循环；小于3mm的物料由斗式提升机送入选粉机中进行选粉。选粉的目的是保证人工砂中小于0.15mm的石粉含量符合国家人工砂的标准要求。成品砂由 4# 带式输送机送入成品料堆，小于 0.15mm 的石粉经风力输送至石粉罐中储存。由水泥罐装车运至沥青搅拌站作为改性沥青填充剂或送至高速公路作路基垫层料。工艺流程如图 7-2 所示。

为了防止粉尘污染，在 PL 立式冲击破碎机和振动筛处分别安装 1 台袋式除尘器进行收尘，所收集的粉尘又送入石粉罐中与选粉机所选的石粉混合综合利用。整个加工利用过程没有废物排放，粉尘污染极小。后续人工制砂系统总装机功率 488kW，总投资约 100 万元，生产能力 60～80t/h，经 3 个多月的运行，人工砂细度模数、石粉含量各项指标均符合人工砂的标准要求，噪声、粉尘污染均较小。每吨人工砂的成本费用为 8 元左右。根据目前北京市场人工砂价格为 30 元/t 左右，除去各方面的费用，利润相当可观。

在矿山废石综合利用加工过程中，采用"两段二闭路"加工工艺流程，就将 350mm 以下的废石加工成 0.15～40mm 的各种用途的砂石料，这主要是采用

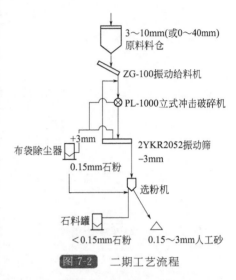

图 7-2　二期工艺流程

了洛阳市大华机器厂这几年开发研制的 PFQ 系列强力反击式破碎机和 PL 立式冲击破碎机。

7.1.2.2　水泥矿山废石综合利用

（1）矿山废石成分及特点

矿山所排废石主要成分是低品位石灰石和白云石，夹杂有少量的泥土。经建筑部门化验，原料不含碱集料反应，各项指标均满足建筑石料的标准。废石粒径大小不均，大的直径有 2m 多，需采用带有破碎锤的挖掘机将超大粒径废石砸碎成 800mm 以下才能装车运输。

（2）人工砂石料系统规模的确定和场地选择

公司日产万吨水泥，废石排量为 2000～3000t/d，综合考虑市场需求、投资规模和生产场地等因素，当地某公司决定建一条生产规模为 200t/h，日产（工作 16h）3000t/d 的矿山废石人工砂石生产线。综合考虑运输距离、安全、环保、供电和成品运输等因素，将人工砂石料场地选在距矿山废石堆场约 600m 远、距离高压电源 50m，远离村庄的地方。

（3）成套人工砂石料系统的设计

考虑到矿山废石粒径大、含土量高等特点，制定的水泥矿山废石加工砂石料工艺流程大致是经挖掘机液压锤砸碎至小于 800mm 的矿山废石，由挖掘机装入重载汽车内，运送并倾倒入原料仓内，原料仓上设有 800mm×800mm 的格筛，极少数大于 800mm 的矿山废石由液压锤再次砸碎后落入料仓内。

原料仓下方设有棒条振动喂料筛，小于棒条筛筛孔的泥土和小块废石由 1# 带式输送机送入除土筛进行筛分，小于振动筛筛孔（20mm）的大部分是泥土和风化废石，不能作为建筑骨料使用，但可以用作高速公路路基的垫层料；大于筛孔（20mm）的废石由 2# 带式输送机返回到 3# 带式输送机，并与经颚式破碎机破碎后的矿石一起送至悬吊式除铁器除铁，除铁后的矿石进入强力反击破碎机进行破碎，破碎后的物料由 4# 带式输送机输送至 4 层振动筛进行筛分，大于上层筛网筛孔的原料（+30mm）由 5# 带式输送机返回到强力反击破

碎机再破碎，与振动筛形成闭路循环。经振动筛筛分后得到 0～5mm、5～10mm、10～20mm、20～30mm 四种成品料。工艺流程见图 7-3。

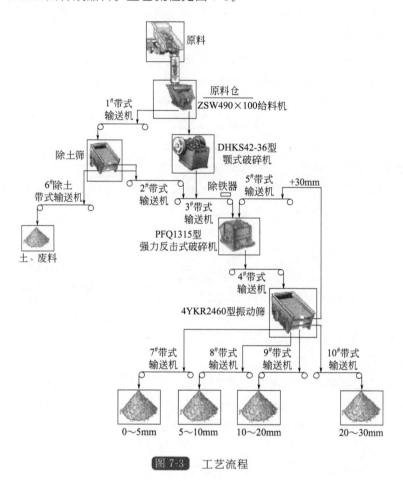

图 7-3　工艺流程

（4）主要设备选型设计

由于运输车载重量为 42t，故原料设计仓容积为 35m³（约 56t），料仓下振动喂料筛棒条间隙和筛土振动筛筛孔大小可根据含土量多少进行调节。粗碎选用 DHKS4236 型颚式破碎机，其进料口宽 920mm，长 1060mm，可以满足最大进料 800mm、排料口尺寸 150mm、生产能力 250t/h 的要求。经颚式破碎机粗碎后，矿石经悬挂式除铁器除去钻头、铲头等大块磁性不可破碎物，防止不可破碎物进入二级破碎机腔体内损坏主机。二级破碎选用 PFQ1315 型涡旋强力反击式破碎机，最大进料粒度可达 600mm，产品粒形呈立方体，且级配合理。分级筛选用 4YKR2460 型振动筛。

（5）除尘、噪声等环保系统

整套生产线距村庄 1km 左右，并有一丘陵阻隔，所有设备噪声均低于国家标准，因此，噪声系统不需要做特殊设计。根据附近石料厂的经验，干法袋式除尘器使用效果不佳。经过多种除尘方案的比较，决定采用简单实用的喷雾除尘法。在原料仓附近设置一个高位水池，水池内的水经管道分布到料仓、颚式破碎机、反击式破碎机、振动筛出料口和成品料带式输送机头部，进行雾状喷水，喷水量可调。

（6）使用效果

正式投产后实际生产能力超出设计能力 20%，达到 240t/h，成品料粒形呈立方体，针片状含量极少，级配合理，完全满足城建和高速公路用砂石料各项指标要求。喷雾除尘用水量为 6~10t/h，除尘效果良好。成品料水分含量在 3%~5% 左右，汽车运输装、卸过程中几乎不产生粉尘。正常生产 0.5 年即可收回全部投资。

7.2　废石生产水泥原料

我国矿山积存了海量的固体废弃物，而且每年还继续以数亿吨计的数量在继续增加，不仅造成对环境的污染，而且占据大量的土地面积。已经被采下的不含矿的围岩和岩石称为尾矿废石，而矿石经过破碎后，成为一定粒度大小的颗粒，被输送至球磨机中加水湿磨后再进行磁选，将含有所需矿物的颗粒部分分离出来后在现有技术水平和费用支出下，不适合继续分选的尾矿屑即为尾矿砂。最近十年来，我国的金属资源矿产的开发和尾矿的堆积均呈现出高速增长的状态。据统计，仅仅 2011 年我国的尾矿排放量即达 $(1.3~1.4) \times 10^9$ t 之多，然而当前我国的尾矿资源利用率不到 10%。据工信部《大宗工业固体废物综合利用"十二五"规划》显示："十一五"期间，大宗工业固废的排放量急剧升高，总产生量 1.18×10^{10} t，堆积量增加 8.2×10^9 t，总堆积量将会达到 1.9×10^{10} t。"十二五"期间，伴随我国工业的发展，排放的大宗工业固废也会随之提高，排放量达到约 1.5×10^{10} t，增加 8.0×10^9 t 左右的堆积量，而总的堆积量增至约 2.7×10^{10} t，这些大宗工业固废需要近 40 万亩的土地来存放（1 亩≈666.7m²，下同）。大宗工业固废主要包括尾矿、粉煤灰、冶炼渣、煤矸石、赤泥、工业副产石膏和电石渣。其中 2010 年尾矿占比高达 43.9%，而利用率仅为 14%。由此可见尾矿不仅堆积量大而且利用量极低，其可供开发利用的空间是巨大的。如果能将尾矿资源合理的利用将会产生巨大的经济效益，在尾矿提取有价组分工程上每投资 100 亿元，将带来 118 亿元的产值，同时消纳 7.0×10^6 t 尾矿；在尾矿填充工程上每投资 200 亿元，将带来 300 亿元的产值，同时消纳 3.0×10^8 t 尾矿；在尾矿生产高附加值建筑材料工程上每投资 100 亿元，将带来 120 亿元的产值，同时消纳 2.0×10^7 t 尾矿；在尾矿生态化建设工程和环保型无害化农业上每投资 10 亿元，将带来 20 亿元的产值，同时消纳 3.0×10^6 t 尾矿。

目前我国尾矿的利用率还比较低，而排放量如此巨大，导致尾矿堆积量日渐增多。尾矿的堆积带来了诸多如污染环境、占用大量的土地、堆积成本高、造成重大安全事故及资源浪费等不良后果。

（1）污染环境

尾矿分选的时候需要加入相应的药剂，这些药剂会在分选结束后残留在废弃的尾矿中。导致尾矿中含有一定量的重金属离子，尾矿在受到侵（浸）蚀时尾矿中的可迁移元素发生化学迁移，融入水中流入河流以及渗入地下，这将严重的污染河流和地下水、破坏植被、土地退化甚至威胁到生物的生命安全。风干后的尾矿砂在遇到大风时形成扬尘，随风飘散至很远的距离，尤其在干旱多风的地区会导致产生沙尘暴的严重后果。

（2）占用大量的土地

中国工程院院士、全国人大代表王梦恕说：每堆存 5.0×10^4 t 尾矿就需要占用 1.5 亩土地，目前全国每年新排放的尾矿堆积量达到了惊人的 1.5×10^9 t 以上，这也就意味着每年新增的尾矿需要吞噬 4 万亩的土地。据统计，目前我国的尾矿堆积量已经高达 90 多亿吨，占地面积高达 2300 多万亩，这相当于拥有 714 万人口的湖南衡阳市的总面积。尾矿堆积占用了大量的可耕和林业用地，这给矿业当地的土地资源带来极大的危害。堆积尾矿的周围地区土地由于常年受到尾矿的侵蚀，使得这些土地可耕性降低。

（3）堆积成本高

企业在尾矿上花费巨大，经济负担严重。尾矿库的设计是一个庞大复杂的工程，它包括尾矿水利输送系统、尾矿水处理系统、尾矿回水系统、尾矿堆存系统。

建立尾矿库需要占用相当多的土地，以一个年产铁精矿 1.0×10^6 t 的选矿厂为例，需要 $400 \sim 500$ 亩的土地来建设尾矿库。平均每吨尾矿的投入资金中，尾矿库的基础设施建设投资在 $1 \sim 3$ 元，管理费 $3 \sim 5$ 元，全国每年至少需要 7.5 亿元的资金来运营尾矿库。尾矿库的使用周期短，一般一个尾矿库的使用年限在 10 年左右。一些企业为了节约开支，铤而走险，对已经到服役年限的尾矿库修修补补继续用，这给企业、当地居民和环境带来极大的安全隐患。

（4）造成重大安全事故

近些年多次发生的极其严重的尾矿事故令人警醒。企业粗放式管理，使得一些正常库和停用闭库多年的尾矿库均出现安全隐患，严重威胁人们的生命财产安全和环境安全。相关环保部门"不愿管"、"不敢管"、"不会管"，导致尾矿库安全监管缺失。

（5）资源浪费

尾矿与其说是废弃的工业副产品，还不如说是放错了地方的"资源"。由于我国大多数的金属矿山原矿品位较低，而且大多呈复杂的共生状态，再加上现有尾矿处理技术的不足，大多尾矿被视为垃圾丢弃。实则这些被丢弃的尾矿含有各种有价成分，例如有色金属、非金属和稀土，这些都是非常宝贵的可以二次再利用的矿产资源。据调查，位于内蒙古自治区包头市的白云鄂博铁矿的尾矿库中稀土的残留量相当于一座大型稀土矿山。位于四川省攀枝花铁矿的废弃的尾矿中含有铜、镍、钛、钒等十几种有用组分，这相当于一座大型有色金属矿山。地处鞍山的一些磁铁矿尾矿中含 Fe 高达 20%，通过强磁选机可以得到的铁精矿品位达 60%。

尽管目前有几十甚至上百个利用矿山固体废弃物的领域，但必须找出消耗量最大的领域才能有助于解决减少这些堆放的废弃物问题。在水泥和混凝土领域存在着最大量应用矿山废弃物需求，因为水泥和混凝土不仅消耗量大，而且两者都是以非金属矿物为原料的。同时，目前已有许多技术上已开发成功的先例，只不过由于重视不够或有的矿山还不大了解什么样的矿山固体废物可用应于水泥和混凝土领域而未加以利用。

生产硅酸盐水泥熟料的主要原料有石灰质原料和黏土质原料。

7.2.1　石灰质原料

凡是以碳酸钙为主要成分的原料都属于石灰质原料。它可分为天然石灰质原料和人工石灰质原料两类。水泥生产中常用的是含有碳酸钙（$CaCO_3$）的天然矿石。

7.2.1.1　石灰质原料的种类和性能

（1）石灰石

石灰石是由碳酸钙组成的化学与生物化学沉积岩。

1）主要矿物　为方解石（$CaCO_3$）微粒组成，并常含有白云石（$CaCO_3 \cdot MgCO_3$）、石英（结晶 SiO_2）、燧石（又称玻璃质石英、火石，主要成分为 SiO_2，属结晶 SiO_2）黏土质及铁质等杂质。

2）CaO 含量　纯石灰石含 CaO56％，烧失量为 44％，随杂质含量增加 CaO 含量减少。

3）含水量　一般不大于 1.0％，具体随气候而异。含黏土杂质越多，水分越高。

（2）泥灰岩

泥灰岩是碳酸钙和黏土物质同时沉积所形成的均匀混合的沉积岩，属石灰岩向黏土过渡的中间类型岩石。泥灰岩是一种极好的水泥原料。

1）分类　高钙泥灰岩：$CaO \geqslant 45\%$。

2）低钙泥灰岩　$CaO < 45\%$。

有些地方产的泥灰岩成分接近制造水泥的原料，可直接烧制水泥，称天然水泥岩。

3）主要矿物　方解石。

（3）白垩

白垩是海生生物外壳与贝壳堆积而成的，富含生物遗骸，主要由隐晶或无定形细粒疏松的碳酸钙所组成的石灰岩。

1）主要成分　碳酸钙，含量 80％～90％，甚至高于 90％。

2）性能　易于粉磨和煅烧，是立窑水泥厂的优质石灰质原料。

（4）贝壳和珊瑚类

贝壳和珊瑚类主要有贝壳、蛎壳和珊瑚石。

主要成分：含碳酸钙 90％左右。表面附有泥砂和盐类（如 $MgCl_2$、$NaCl$、KCl）等对水泥生产有害的物质，所以使用时需用水冲洗干净。

目前沿海小水泥厂有的采用这种原料。

7.2.1.2　石灰质原料的选择

（1）石灰质原料的质量要求

石灰质原料使用最广泛的是石灰石，其主要成分是 $CaCO_3$，纯石灰石的 CaO 最高含量为 56％，其品位由 CaO 含量确定。有害成分为 MgO、R_2O、（Na_2O、K_2O）和游离 SiO_2。

石灰质原料的质量要求如表 7-1 所列。

表 7-1　石灰质原料的质量要求

石灰质原料		CaO/％	MgO/％	K_2O+Na_2O/％	SO_3/％	f-SiO_2（燧石或石英）/％	Cl^-/％
石灰石	一级品	>48	<2.5	<1.0	<1.0	<4.0	<0.015
	二级品	45～48	<3.0	<1.0	<1.0	<4.0	<0.015
泥灰岩		35～45	<3.0	<1.2	<1.0	<4.0	<0.015

（2）石灰质原料的选择

① 搭配使用。

② 限制 MgO 含量；白云石是 MgO 的主要来源，含有白云石的石灰石在新敲开的断面上可以看到粉粒状的闪光。

③ 限制燧石含量；燧石含量高的石灰岩，表面常有褐色的凸出或呈结核状的夹杂物。

④ 新型干法水泥生产，还应限制 K_2O、Na_2O、SO_3、Cl^- 等微量组分。

白云石、石灰石的判定方法：用 10％盐酸滴在白云石上有少量的气泡产生，滴在石灰石上则剧烈地产生气泡。

（3）常见石灰质原料的化学成分

石灰质原料在水泥生产中的作用主要是提供 CaO，其次还提供 SiO_2、Al_2O_3、Fe_2O_3，并同时带入少许杂质 MgO、SO_3、R_2O 等。如表 7-2 所列。

表 7-2 中国部分水泥厂所用石灰石、泥灰岩、白垩等的化学成分　　　单位：％

厂名	名称	烧失量	SiO_2	Al_2O_3	Fe_2O_3	CaO	MgO	K_2O+Na_2O	SO_3	Cl^-	产地
冀东水泥厂	石灰石	38.49	8.04	2.07	0.91	48.04	0.82	0.80			王官营
宁国水泥厂	石灰石	41.30	3.99	1.03	0.47	51.91	1.17	0.13	0.27	0.0057	海螺山
江西水泥厂	石灰石	41.59	2.50	0.92	0.59	53.17	0.47	0.11	0.02	0.003	大河山
新疆水泥厂	石灰石	42.23	3.01	0.28	0.20	52.98	0.50	0.097	0.13	0.0038	艾维尔沟
双阳水泥厂	石灰石	42.48	3.03	0.32	0.16	54.20	0.36	0.06	0.02	0.006	羊圈顶子
华新水泥厂	石灰石	39.83	5.82	1.77	0.82	49.74	1.16	0.23			黄金山
贵州水泥厂	泥灰岩	40.24	4.86	2.08	0.80	50.69	0.91				贵阳
北京水泥厂	泥灰岩	36.59	10.95	2.64	1.76	45.00	1.20	1.45	0.02	0.001	八家沟
偃师白垩		36.37	12.22	3.26	1.40	45.84	0.81				
浩良河大理岩		42.20	2.70	0.53	0.27	51.23	2.44	0.14	0.10	0.004	浩良河

（4）石灰质原料的性能测试方法

① 石灰质原料中各种元素（或氧化物）的含量：可用化学分析方法定量确定。

② 石灰质原料的分解温度：可用差热分析方法确定其中碳酸盐的分解温度。

③ 石灰质原料的主要矿物组成：可用 X 射线衍射方法进行物相定性分析。

④ 石灰质原料的微观结构：可采用透射电子显微镜来研究方解石的晶粒形态、晶粒大小以及晶体中杂质组分的存在形式；用电子探针可测试研究杂质组分的形态、含量、颗粒大小、分布均匀程度等。

7.2.2　黏土质原料

黏土质原料系指含水铝硅酸盐物原料的总称。

黏土质原料主要化学成分是二氧化硅；其次是三氧化二铝、三氧化铁。

7.2.2.1　黏土质原料的种类与特性

水泥工业采用的天然黏土质原料有黏土、黄土、页岩、泥岩、粉砂岩及河泥等，使用最多的是黏土和黄土。近年来多用页岩、粉砂岩等。

（1）黏土

黏土是多种微细的呈疏松或胶状密实的含水铝硅酸盐矿物的混合体，它是由富含长石等铝硅酸盐矿物的岩石经漫长地质年代风化而成。

黏土包括华北、西北地区的红土，东北地区的黑土与棕壤，南方地区的红壤与黄壤等。

根据黏土中主导矿物不同，将其分为高岭石类、蒙脱石类、水云母类等。

（2）黄土

黄土是没有层理的黏土与微粒矿物的天然混合物。其成因以风积为主，也有成因于冲积、坡积、洪积和淤积的。黄土颜色以黄褐色为主。

（3）页岩

页岩是黏土经长期胶结而成的黏土岩。一般其形成于海相或陆相沉积，或海相与陆相交互沉积。

页岩化学成分类似于黏土，可作为黏土使用，但其硅率较低，通常配料时需掺加硅质校正原料。页岩颜色不定，一般灰黄、灰绿、黑色及紫色等，结构致密坚实，层理发育，通常呈页状或薄片状。

（4）粉砂岩

粉砂岩是由直径为 0.01～0.1mm 的粉砂经长期胶结变硬后碎屑沉积岩。其主要矿物是石英、长石、黏土等，胶结物质有黏土质、硅质、铁质及碳酸盐质。颜色呈淡黄、淡红、淡棕色、紫红色等，质地一般疏松，但也有较坚硬的。

粉页岩的硅率较高，一般大于 3.0，可作为硅铝质原料。

（5）河泥、湖泥类

江、河、湖、泊由于流水速度分布不同，使挟带的泥沙规律地分级沉降的产物。其成分决定于河岸崩塌物和流域内地表流失土的成分。

建造在靠江、湖的湿法水泥厂，可利用挖泥船在固定区域内进行采掘，其可作为黏土质原料使用。

（6）千枚岩

由页岩、粉砂岩或中酸性凝灰岩经低级区域变质作用形成的变质岩称千枚岩。岩石中的细小片状矿物定向排列，断面上可见许多大致平行，极薄的片理，片理面呈丝绢光泽。岩石常呈浅红、深红、灰及黑等色。

7.2.2.2 黏土质原料的品质要求及选择

（1）品质要求

黏土质原料的质量要求见表 7-3。

表 7-3 黏土质原料的质量要求

品位	SM(n)	IM(p)	MgO/%	K_2O+Na_2O/%	SO_3/%	Cl^-/%
一级品	2.7～3.5	1.5～3.5	<3.0	<4.0	<2.0	<0.015
二级品	2.0～2.7 或 3.5～4.0	不限	<3.0	<4.0	<2.0	<0.015

注：SM 指硅酸率；IM 指铝率。

（2）选择黏土质原料时应注意的问题

① n、p 值要适当。

② 尽量不含碎石、卵石；粗砂含量应小于 5%。

7.2.3 水泥生产用校正原料

当石灰质原料和黏土质原料配合所得生料成分不能符合配料方案要求时，必须根据所缺少的组分掺加相应的原料，这种以补充某些成分不足为主的原料称校正原料。

（1）铁质校正原料

当氧化铁含量不足时，应掺加氧化铁含量大于 40% 的铁质校正原料。

常用：低品位的铁矿石，炼铁厂尾矿及硫酸厂工业废渣等。

目前有用铅矿渣或铜矿渣的，既是校正原料又兼作矿化剂。

（2）硅质校正原料

当生料中 SiO_2 含量不足时，需掺加硅质校正原料。

常用：硅藻土、硅藻石、含 SiO_2 多的河砂、砂岩、粉砂岩等。其中砂岩，河砂中结晶 SiO_2 多，难磨难烧，尽量不用，风化砂岩易于粉磨，对煅烧影响小。

（3）铝质校正原料

当生料中 Al_2O_3 含量不足时，需掺加铝质校正原料。

常用：炉渣、煤矸石、铝矾土等

（4）校正原料的质量要求

校正原料常用品种及基本质量要求见表 7-4、表 7-5。

表 7-4　校正原料常用品种及基本质量要求（一）

校正原料	常用品种	基本质量要求
硅质校正原料	硅藻土、硅藻石、含 SiO_2 多的河沙、砂岩、粉砂岩	孔隙率(n)>4.0； SiO_2 70%～90% R_2O<4.0%
铁质校正原料	低品位的铁矿石、炼铁厂尾矿、硫酸厂工业废渣硫酸渣(俗称铁粉)铅矿渣，铜矿渣(还兼作矿化剂)	$Fe_2O_3 \geqslant 40\%$
铝质校正原料	炉渣、煤矸石、铝矾土	$Al_2O_3 > 30\%$

表 7-5　校正原料常用品种及基本质量要求（二）

校正原料	常用品种	SM	SiO_2/%	MgO/%	K_2O+Na_2O/%	SO_3/%	Cl^-/%	Fe_2O_3/%	Al_2O_3/%
硅质校正原料	硅藻土、硅藻石、河砂、砂岩、粉砂岩	>4.0	>70～90	<3.0	<4.0	<1.0	<0.015		
铁质校正原料	低品位的铁矿石、炼铁厂尾矿、硫酸渣，铅矿渣，铜矿渣			<3.0	<2.0	<2.0	<0.015	>40	
铝质校正原料	炉渣、煤矸石、铝矾土			<3.0	<2.0	<1.0	<0.015		>30

7.2.4　燃料

水泥工业是消耗大量燃料的企业。燃料按其物理状态的不同可分为固体燃料、液体燃料和气体燃料三种。中国水泥工业目前一般采用固体燃料来煅烧水泥熟料。

（1）固体燃料的种类和性质

固体燃料煤，可分为无烟煤、烟煤和褐煤。回转窑一般使用烟煤，立窑采用无烟煤或焦煤末。

1）无烟煤　又叫硬煤、白煤，是一种碳化程度最高、干燥无灰基挥发分含量小于 10% 的煤。其收缩基低热值一般为 20900～29700kJ/kg（5000～7000kcal/kg）。无烟煤结构致密坚硬，有金属光泽，密度较大，含碳量高，着火温度为 600～700℃，燃烧火焰短，是立窑煅烧熟料的主要燃料。

2）烟煤　是一种碳化程度较高、干燥灰分基挥发分含量为 15%～40% 的煤。其收缩基低热值一般为 20900～31400kJ/kg（5000～7500kcal/kg）。结构致密，较为坚硬，密度较大，着火温度为 400～500℃，是回转窑煅烧熟料的主要燃料。

3）褐煤　是一种碳化程度较浅的煤，有时可清楚地看出原来的木质痕迹。其挥发分含量较高，可燃基挥发分可达 40%～60%，灰分 20%～40%，热值为 1884～8374kJ/kg。褐煤中自然水分含量较大，性质不稳定，易风化或粉碎。

（2）煤的质量要求

水泥工业用煤的一般质量要求见表 7-6。

表 7-6　水泥工业用煤的一般质量要求

窑型	灰分/%	挥发分/%	硫/%	低位发热量/(kJ/kg)
湿法窑	≤28	18～30	—	≥21740
立波尔窑	≤25	18～80	—	≥23000
机立窑	≤35	≤15	—	≥18800
预分解窑	≤28	22～32	≤3	≥21740

（3）水泥生产用煤要求

1）煤的发热量　发热量高低直接影响到窑内温度的高低，进而影响到 C_3S 的生成，为保证窑内温度在 1450℃，要求煤炭应有较高的发热量。

2）煤的挥发分　当使用回转窑时，为保证煤粉的顺利着火和足够的燃烧强度，一般要求 V_d 在 18%～30% 之间；当采用立窑生产水泥时，因挥发分的析出是在缺氧条件下进行的，因此为减少化学不完全燃烧损失（q_3）的热损失，需燃用低挥发分的煤，以 $V_d=10\%$ 为宜。

3）煤的灰分　灰分对水泥熟料煅烧的影响没有发热量和挥发分那么大。对回转窑，若灰分太高，一方面会降低煤的发热量，另一方面因煤粉燃烧后产生的煤灰飞落到熟料中会影响到熟料的质量。

4）供煤粒度　$d6～13mm$ 或选用 $d13～25mm$ 的混煤。

5）供煤水分　全水分供煤水分（MT）<10%。

6）灰熔点　灰熔点（ST）为 1250℃。

7.2.5　低品位原料和工业废渣的利用

低品位原料：化学成分、杂质含量、物理性能等不符合一般水泥生产要求的原料。

目前水泥原料结构的一个新的技术方向：石灰质原料低品位化；Si、Al 质原料岩矿化；Fe 质原料废渣化。

使用低品位原料及工业废渣时应注意：这些原料成分波动大，使用前先要取样分析，且取样要有代表性；使用时要适当调整一些工艺。

（1）低品位石灰质原料的利用

低品位石灰质原料：CaO<48% 或含较多杂质。其中白云石质岩不适宜生产硅酸盐水泥熟料，其余均可用。但要与优质石灰质原料搭配使用。

（2）煤矸石、石煤的利用

1）煤矸石 煤矿生产时的废渣，在采矿和选矿过程中分离出来。其主要成分是 SiO_2、Al_2O_3 以及少量 Fe_2O_3、CaO 等，并含 4180～9360kJ/kg 的热值；

2）石煤 多为古生代和晚古生代菌藻类低等植物所形成的低碳煤，其组成性质及生成等与煤无本质区别，但含碳量少，挥发分低，发热量低，灰分含量高。

煤矸石、石煤在水泥工业中的应用目前主要有 3 种途径：a. 代黏土配料；b. 经煅烧处理后做混合材；c. 沸腾燃烧室燃料，其渣作水泥混合材。

（3）粉煤灰及炉渣的利用

1）粉煤灰 火力发电厂煤粉燃烧后所得的粉状灰烬。

2）炉渣 煤在工业锅炉燃烧后排出的灰渣。

3）粉煤灰、炉渣的主要成分 以 SiO_2、Al_2O_3 为主，但波动较大，一般 Al_2O_3 偏高。

4）利用 部分或全部替代黏土参与配料；作为铝质校正原料使用；作水泥混合材料。

5）作原料使用时应注意 加强均化；精确计量；注意可燃物对煅烧的影响；因其可塑性差，立窑生产时要搞好成球。

（4）玄武岩资源的开发与利用

1）玄武岩 是一种分布较广的火成岩，其颜色由灰到黑，风化后的玄武岩表面呈红褐色。

2）成分 其化学成分类似于一般黏土，主要是 SiO_2、Al_2O_3，但 Fe_2O_3、R_2O 偏高，即助熔氧化物含量较多。

3）利用 可以替代黏土，做水泥的铝硅酸盐组分，以强化煅烧。

4）使用注意事项 因其可塑性、易磨性差，使用时要强化粉磨。

（5）其他原料的应用

1）珍珠岩 是一种主要以玻璃态存在的火成非晶类物质，富含 SiO_2，也是一种天然玻璃。可用作黏土质原料配料。

2）赤泥 是烧结法从矾土中提取氧化铝时所排放出的赤色废渣，其化学成分与水泥熟料的化学成分相比较，Al_2O_3、Fe_2O_3 含量高，CaO 含量低，含水量大。赤泥与石灰质原料搭配配合便可配制出生料，通常用于湿法生产。

3）电石渣 是化工厂乙炔发生车间消解石灰排出的含水约 $85\%～90\%$ 的废渣。其主要成分是 $Ca(OH)_2$，可替代部分石灰质原料。常用于湿法生产。

4）碳酸法制糖厂的糖滤泥、氯碱法制碱厂的碱渣、造纸厂的白泥 其主要成分都是 $CaCO_3$，均可作石灰质原料。

7.2.6 工艺流程

1）破碎 水泥生产过程中大部分原料要进行破碎，如石灰石、黏土、铁矿石及煤等。石灰石是生产水泥用量最大的原料，开采后的粒度较大，硬度较高，因此石灰石是生产水泥用量最大的原料，开采后的粒度较大，硬度较高，因此石灰石的破碎在水泥厂的物料破碎中占有比较重要的地位。

破碎过程要比粉磨过程经济而方便，合理选用破碎设备和粉磨设备非常重要。在物料进入粉磨设备之前，应尽可能将大块物料破碎至细小、均匀的粒度，以减轻粉磨设备的负荷提高粉磨机的产量。物料破碎后，可减少在运输和储存过程中不同粒度物料的分离现象，有利于制得成分均匀的生料，提高配料的准确性。

2）原料预均化 预均化技术就是在原料的存、取过程中，运用科学的堆取料技术，实现原料的初步均化，使原料堆场同时具备贮存与均化的功能。

原料预均化的基本原理就是在物料堆放时，由堆料机把进来的原料连续地按一定的方式堆成尽可能多的相互平行、上下重叠和相同厚度的料层。取料时，在垂直于料层的方向尽可能同时切取所有料层，依次切取，直到取完，即"平铺直取"。

其意义如下。

① 均化原料成分，减少质量波动，以利于生产质量更高的熟料，并稳定烧成系统的生产。

② 扩大矿山资源的利用，提高开采效率，最大限度地扩大矿山的覆盖物和夹层，在矿山开采的过程中不出或少出废石。

③ 可以放宽矿山开采的质量和控要求，降低矿山的开采成本。

④ 对黏湿物料适应性强。

⑤ 为工厂提供长期稳定的原料，也可以在堆场内对不同组分的原料进行配料，使其成为预配料堆场，为稳定生产和提高设备运转率创造条件。

⑥ 自动化程度高。

7.2.7　矿山废石和尾矿可以用作水泥及混凝土原料的意义

1）经济效益和社会效益可观　利用矿山废石或尾矿作为混凝土的原料，其成本显然要比专门开采的原料要低廉得多；而且根据国家政策可享受税费的优惠。因此，经济效益可观；由于减少废弃物的堆积，社会效益也很大。

2）可少开采水泥或骨料原料　我国混凝土的消耗量是十分大的，如果用废料代替，则可大大减少对天然资源的开采、消耗和对生态景观的破坏。

3）老矿山利用废石和尾矿还可减少因资源枯竭而产生许多问题　包括职工下岗问题、厂房及设备的闲置等问题。正是由于供、需双方的对象都是非金属矿物原料，而供需的数量又都是海量的，因而两者结合的意义重大。当然不是任何矿山的废弃物都可作为混凝土的原料，但从全国来看，用作水泥和混凝土的原料显然可成为最大量消耗废石和尾矿的领域。

7.3　废石制备高性能混凝土

高性能混凝土（High Performance Concrete，HPC）是一种新型高技术混凝土，是在大幅度提高普通混凝土性能的基础上采用现代混凝土技术制作的混凝土。它以耐久性作为设计的主要指标，针对不同用途要求，对下列性能重点予以保证：耐久性、工作性、适用性、强度、体积稳定性和经济性。

1950 年 5 月美国国家标准与技术研究院（NIST）和美国混凝土协会（ACI）首次提出高性能混凝土的概念。但是到目前为止，各国对高性能混凝土提出的要求和含义完全不同。

美国的工程技术人员认为：高性能混凝土是一种易于浇注、捣实、不离析，能长期保持高强、韧性与体积稳定性，在严酷环境下使用寿命长的混凝土。美国混凝土协会认为：此种混凝土并不一定需要很高的混凝土抗压强度，但仍需达到 55MPa 以上，需要具有很高的抗化学腐蚀性或其他一些性能。

日本工程技术人员则认为，高性能混凝土是一种具有高填充能力的混凝土，在新拌阶段不需要振捣就能完善浇注；在水化、硬化的早期阶段很少产生有水化热或干缩等因素而形成的裂缝；在硬化后具有足够的强度和耐久性。

加拿大的工程技术人员认为，高性能混凝土是一种具有高弹性模量、高密度、低渗透性和高抗腐蚀能力的混凝土。

综合各国对高性能混凝土的要求，可以认为，高性能混凝土具有高抗渗性（高耐久性的关键性能）；高体积稳定性（低干缩、低徐变、低温度变形和高弹性模量）；适当的高抗压强度；良好的施工性（高流动性、高黏聚性、自密实性）。

中国在《高性能混凝土应用技术规程》（CECS 207—2006）对高性能混凝土定义为：采用常规材料和工艺生产，具有混凝土结构所要求各项力学性能，具有高耐久性、高工作性和高体积稳定性的混凝土。

7.3.1　高性能混凝土的历史和由来

混凝土材料是现代建筑、水利、港口和桥梁等工程中应用最广泛的建筑材料，发挥着其他材料无法替代的作用和功能。混凝土是一种优良的建筑材料，也是当今最大宗的建筑材料，我国每年混凝土用量大约为 $10^9\,m^3$，随着人类建设事业的发展，混凝土材料在工程中获得了更加广泛的运用。混凝土材料的缺点是脆性大、易腐蚀，在其服役的过程中会受到外部环境和内部因素的作用，产生裂纹、局部损伤和腐蚀等病害，日积月累这些病害会日益加重，致使混凝土材料的性能不断降低，轻者会影响结构的正常使用或缩短结构的使用寿命，重者会产生灾难性事故，给国民经济和人民的生命安全带来巨大损失。混凝土本身所暴露出来的这些缺点，限制了其应用范围，并使得工程维护费用大大增加，例如生产水泥的过程中所产生的能源消耗以及环境的污染，混凝土日益表现出来的耐久性不良问题，使得对于普通混凝土的性能改善变得越加重要。越来越多的混凝土工程随着时间老化、破坏，用以维修这些建筑的费用也越来越高，甚至超过其原来的造价，高性能混凝土（HPC）正是在这种情况下被提了出来。

HPC 最早是在法国、美国、加拿大、日本、英国等国兴起的，首次公开报道 HPC 是在 1984 年，但直到 1990 年 HPC 才得到了广泛的关注。1986 年，法国政府组织起国内 23 个单位进行一项名为"混凝土的新途径"研究项目，进行 HPC 的研究。日本建设厅 1988 年设立一项简称"新 RC"的研究计划，研究的高流态自密实免振混凝土用于明石大桥，德国在法兰克福 1992 年建成的 51 层，高 186m 的高楼中采用了 B80 级（相当于我国的 C80级）HPC。

7.3.2　高性能混凝土的定义

在 1990 年 5 月，美国率先提出了 HPC 的定义，在马里兰州 Gaithersburg 城，由美国的 NIST 和 ACI 主办的讨论会上 HPC 就已被定义为具有所要求的性能和匀质性的混凝土。但在很长的一段时间内，不同的学派根据实际工程的要求，对于 HPC 的定义和看法存在很多差异，如以 P. K. Metha 为代表的美加学派强调的是混凝土硬化以后的性能，包括耐久性、抗渗性和尺寸稳定性。而部分日本学者则更加强调新拌混凝土的性能，认为高流态、免振自密实的混凝土就是高性能混凝土，如日本的 Ozawa 和 Okamura 就强调 HPC 应具有高施工性能。此外，还有一些其他的观点，为 HPC 提出了一些材料或者配比上具体的数值指标，1993 年，P. C. Aitcin 和 A. Neville 在"高性能混凝土揭秘"一文中对高性能混凝土进行了定义；1998 年 A. Neville 在一篇综述高性能混凝土的文章里总结了自己多年对于高性能混凝土（HPC）的研究和应用经验后指出，HPC 与普通混凝土 CCC（Conventional Cementitious Concrete）的区别在于：HPC 的水胶比在 0.25～0.35 之间，胶凝材料用量在 400～550kg/m³，细骨料要求细度模数为 2.7～3.0 等。我国国内在开始研究高性能混凝土（HPC）的时候也对高性能混凝土的定义产生过分歧，这一现象其实可以从 HPC 的产生找到原因，因为不同国家与地区的实际施工情况和环境因素不同，对 HPC 的要求和需要改善的性能也就不一样，因而导致对 HPC 的侧重点和定义也有所区别。想要统一 HPC 的定义也是非常困难的，而且是没有必要的，应该根据实际情况的不同对混凝土提出不同的性能要求。

对于 HPC 的性能要求，目前比较统一的认识是其应具有优异的耐久性、工作性及尺寸稳定性。而混凝土的强度应和耐久性等性能一样只是其综合性能的一个方面，应根据实际的情况决定是否需要 HPC 还是高强混凝土（HSC）。事实上，现在很多工程中所使用的高性能混凝土其强度等级只有 C50、C40 甚至更低。如中国香港的青马大桥其设计强度要求≥50MPa，使用寿命 120 年，而在一些船闸、大坝工程中，强度等级 C40 的 HPC 也早已得到应用。

HPC 是由 HSC 发展而来的，但 HPC 对混凝土技术性能的要求比 HSC 更多、更广泛，HPC 的发展一般可分为 3 个阶段。

（1）振动加压成型的高强混凝土——工艺创新

在高效减水剂问世以前，为获得高强混凝土，一般采用降低水灰比，强力振动加压成型。即将机械压力加到混凝土上，挤出混凝土中的空气和剩余水分，减少孔隙率。但该工艺不适合现场施工，难以推广，只在混凝土预制板、预制桩的生产，广泛采用，并与蒸压养护共同使用。

（2）掺高效减水剂配置高效混凝土——第五组分创新

20 世纪 50 年代末期出现高效减水剂是高强混凝土进入一个新的发展阶段。代表性的有萘系、三聚氰胺系和改性木钙系高效减水剂，这 3 个系类均是普遍使用的高效减水剂。

采用普通工艺，掺加高效减水剂，降低水灰比，可获得高流动性，抗压强度为 60～100MPa 的 HSC，是 HSC 获得广泛的发展和应用。但是，仅用高效减水剂配制的混凝土具有坍落度损失较大的问题。

（3）采用矿物外加剂配制 HPC——第六组分创新

20 世纪 80 年代矿物外加剂异军突起，发展成为 HPC 的第六组分，它与第五组分相得益彰，成为 HPC 不可缺少的部分。就现在而言，配制 HPC 的技术路线主要是在混凝土中同时掺入高效减水剂和矿物外加剂。

配制高性能混凝土（HPC）的矿物外加剂，是具有高比表面积的微粉辅助胶凝材料。例如，硅灰、细磨矿渣微粉、超细粉煤灰等，它是利用微粉填隙作用形成细观的紧密体系，并且改善界面结构，提高界面黏结强度。

7.3.3 高性能混凝土的组成特点

7.3.3.1 水泥

水泥在混凝土中发挥着主要的胶凝性能，选用合适的水泥对于配制相应的混凝土尤其重要。水泥的种类和标号要与混凝土的强度等级相匹配，高强度等级的混凝土需要较高标号的水泥，低强度等级的混凝土需要较低标号的水泥。一般 32.5 的水泥适宜用以配制 C40 以下的混凝土，42.5 的水泥适宜用以配制 C40～C60 的混凝土，52.5 的水泥适宜用以配制 C60 以上的混凝土。轨枕混凝土的强度等级为 C60，标准《预应力混凝土枕Ⅰ型、Ⅱ型及Ⅲ型》（TB/T 219—2002）中对轨枕用混凝土提出了要求：采用硅酸盐或普通硅酸盐水泥，其强度等级不低于 42.5，技术要求应符合 GB/T 175 的规定。本研究中轨枕混凝土的强度等级不低于 C60，因此，选用的是黄石华新堡垒牌 P.O52.5 的水泥。其基本性能检测如表 7-7 所列。

表 7-7　华新堡垒牌 P.O52.5 水泥的基本性能

细度（80μm 筛筛余）/%	凝结时间/min		安定性	抗压强度/MPa		抗折强度/MPa	
	初凝	终凝		3d	28d	3d	28d
1.5	142	205	合格	31.5	55.8	7.4	10.8

7.3.3.2 矿粉

矿粉是由粒化高炉矿渣经过干燥、粉磨等工艺程序处理以后得到的一种具有高细度、高活性的非金属水硬性胶凝材料。依据标准《用于水泥和混凝土中的粒化高炉矿渣》（GB/T 18046—2008）规定，矿粉分为 S75、S95、S105 三个不同的等级。矿粉的细度在 350～600m²/kg 之间，是非常重要的水泥混合材和混凝土的掺合料。矿粉的细度越大，其活性越高，对混凝土的强度增强作用越明显。矿粉在混凝土中的掺量一般控制在 15%～50% 之间。矿粉的使用有诸多显著的效能：矿粉价格较便宜，使用矿粉代替部分水泥能够降低每立方米混凝土的生产成本；矿粉在水化反应的后期发挥火山灰效应和填充效应，提高了混凝土的抗压、抗渗、抗剪、抗弯和抗拉性能；矿粉在前期不发生反应，因此混凝土前期水化热降低，和易性提高，泌水和离析得到改善，温度裂缝也得到显著优化；同时，矿粉还能够抑制碱集料反应。结合轨枕混凝土对掺合料的要求，本研究选用武汉武钢 S95 级磨细矿粉，其基本性能指标如表 7-8 所列。

表 7-8　武钢 S95 级磨细矿粉的基本性能

比表面积/(m²/kg)	活性指数/%		需水比/%
	7d	28d	
440	75	98	98

7.3.3.3 硅灰

硅灰又叫硅粉，是在冶炼硅或者硅铁化合物时由高纯度的石英在电弧炉（2000℃）中发生还原反应产生的一种工业废弃物。硅灰的主要成分是非晶态形式的二氧化硅（通常含量超过 85%），硅灰的微观形貌呈球形，其细度极细，比表面积很大，大约为 20000m²/kg；具有很好的火山灰效应。硅灰常被应用于对抗渗性能要求很高的混凝土和高强混凝土中。将硅灰作为掺合料应用于混凝土中，一方面能够显著减少水泥用量，降低混凝土生产成本；另一方面，能够提高混凝土的力学性能和耐久性能，保障混凝土结构的安全性能；同时，还能够减少环境污染，保护环境。本研究采用的是重庆 Elken 硅灰，其基本性能指标如表 7-9 所列。

表 7-9 重庆 Elken 硅灰基本性能指标

比表面积/(m²/kg)	需水量比/%	SiO₂/%	含水量/%	烧失量/%
20132	135	92.1	0.15	1.25

7.3.3.4 减水剂

减水剂是一种阴离子型表面活性剂，当混凝土拌合物中加入减水剂后，减水剂附着在水泥颗粒表面使得水泥颗粒表面带相同的负电荷而相互排斥，从而导致水泥颗粒彼此分散开来，并释放出之前被水泥颗粒包裹住的部分水分，这样便起到减水作用，混凝土拌合物的流动性得到改善。使用减水剂能够降低用水量，改善混凝土拌合物的和易性，提高混凝土的致密性和强度。本研究采用的减水剂为上海 Mapei-SP 系列聚羧酸盐高效减水剂，该减水剂的固含量为 25%，不含硫酸钠和氯盐，减水率很高，保塌性也很好，早期和后期抗压强度高，力学性能和耐久性能均很好。

7.3.3.5 骨料

本部分研究共使用了 6 种骨料，分别是密云尾矿砂和尾矿石、金山店尾矿石、辉绿岩、石灰石和天然砂。对 6 种骨料的基本物理力学性质进行检测，检测结果如表 7-10 和表 7-11 所列。

表 7-10 粗骨料基本物理力学性质

项目	含泥量/%	泥块含量/%	吸水率/%	针、片状颗粒量/%	压碎指标/%	堆积密度/(kg/m³)	表观密度/(kg/m³)	紧密空隙率/%	坚固性/%
密云尾矿石	0.4	0	0.3	3.98	4.07	1534	2803	36	7.08
辉绿岩	1.4	0.4	1.6	4.1	8.22	1719	3040	37	3.3
石灰石	0.55	0	0.48	2.6	6.6	1516	2870	39.5	4.7
金山店尾矿石	0.25	0	1.14	4.82	7.75	1528	2715	37	7.13

表 7-11 细骨料基本物理力学性质

项目	石粉含量/%	泥块含量/%	吸水率/%	粗糙度/%	压碎指标/%	堆积密度/(kg/m³)	表观密度/(kg/m³)	紧密空隙率/%	坚固性/%	细度模数
河砂	2	0	1.3	13.1	15.9	1530	2614	38	5.5	2.7
机制砂	9.69	0	2.26	14.3	21.8	1670	2622	27	6.5	2.74
尾矿砂	4.2	0.9	0.8	15.7	14	1619	2783	35	7.82	2.8

7.3.3.6 水胶比的影响

抗压强度是用以评定混凝土质量最常用也是最方便的一项指标。根据众多研究来看，对于常规混凝土，其抗压强度与水胶比成反相关。这是由于，混凝土中的水泥完全水化只需要占水泥质量 25% 的水，随着水胶比的增大，水泥石中孔隙率会逐渐增加，硬化后的水泥石结构也会更加松散，微观缺陷增加，使得混凝土抵抗外界受力的能力降低。实验用骨料选用密云尾矿石和尾矿砂，对比分析水胶比分别为 0.24、0.27 和 0.29 时混凝土的工作性能和抗压强度，实验配合比如表 7-12 所列，实验结果如图 7-4 所示。

编号	每立方米混凝土各材料掺量/kg					
	水胶比	水泥	矿粉	砂	石	水
1	0.24	448	112	645	1252	135
2	0.27	448	112	640	1243	151
3	0.29	448	112	637	1237	162

表 7-12　水胶比实验配合比

由图 7-4 可以看出，水胶比为 0.24 的混凝土 28d 抗压强度为 88.4MPa，水胶比为 0.27 的混凝土 28d 抗压强度为 81.2MPa，水胶比为 0.29 的混凝土 28d 抗压强度为 72.5MPa。由此可见随着水胶比的增加，抗压强度也逐渐降低。

7.3.3.7　胶凝材料组成的影响

矿粉和硅灰都是混凝土中重要的掺合料，由于各自物理特征和化学成分的差异性，这两种掺合料对混凝土的作用又有一定的区别。矿粉等量替代部分水泥后，由于矿粉前期不发生反应，降低了前期水化热，这样提高了混凝土拌合物的和易性，矿粉主要在后期发挥火山灰效应和填充效应，能够显著提高混凝土的耐久性能；硅灰由于比表面积巨大，使得混凝土拌合物的和易性明显降低，但是硅灰的活性高，对混凝土的强度贡献极大，当制备高强混凝土时硅灰往往是常用的掺合料。

实验用骨料选用尾矿石和尾矿砂，对比分析分别掺加 20％矿粉、5％硅灰、20％矿粉＋3％硅灰、20％矿粉＋5％硅灰时混凝土的抗压强度。实验配合比如表 7-13 所列，实验结果如图 7-5 所示。

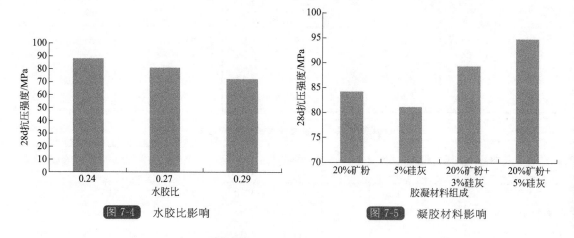

图 7-4　水胶比影响　　　图 7-5　凝胶材料影响

表 7-13　胶凝材料影响配合比

编号	每立方米混凝土材料用量/kg					
	水泥	矿粉	硅灰	砂	石	水
1	448	112	0	645	1252	135
2	532	0	28	645	1252	135
3	431	112	17	645	1252	135
4	420	112	28	645	1252	135

由图 7-14 可以看出，只掺 5％硅灰的混凝土 28d 抗压强度相对较低，只有 81.2MPa；掺入 20％矿粉的混凝土 28d 抗压强度比只掺 5％硅灰的混凝土的高，达到 84.3MPa；同时掺加矿粉和硅灰的混凝土 28d 抗压强度最高，其中掺入 20％矿粉和 3％硅灰的混凝土 28d 抗压强度达到 89.4MPa，掺入 20％矿粉和 5％硅灰的混凝土 28d 抗压强度达到 94.8MPa。

7.3.3.8 骨料对混凝土工作性的影响

不同骨料拌制的混凝土拌合物的配合比如表 7-14 所列。

表 7-14 不同骨料拌制的混凝土拌合物的工作状态

项目	编号	1	2	3	4	5	6	7	8
骨料	细骨料	尾矿砂	天然砂	机制砂	天然砂	天然砂	尾矿砂	尾矿砂	机制砂
类型	粗骨料	石灰石	石灰石	石灰石	尾矿石	辉绿岩	尾矿石	辉绿岩	尾矿石
减水剂掺量/％		1.7	1.3	1.5	1.4	1.3	1.9	1.8	1.6

由表 7-14 可以看出，以天然砂为细骨料的混凝土达到 180mm 坍落度所需外加剂掺量较少，以机制砂为细骨料的混凝土达到 180mm 坍落度所需外加剂掺量较多，以尾矿砂为细骨料的混凝土达到 180mm 坍落度所需外加剂掺量最多。这是由于天然砂经过流水长年累月的打磨，其粒形良好、表面圆滑，在混凝土拌合物中的流动阻力较小，所以混凝土拌合物的流动性能良好；机制砂在破碎的过程中产生了一定量的石粉，由于石粉的比表面积较砂子的大，因此润湿石粉所需用水量增加，这样混凝土拌合物中用以润湿胶凝材料的水分相对减少，所以机制砂作为细骨料配制的混凝土拌合物的流动性能较河砂作为细骨料配制的混凝土拌合物的流动性差；尾矿砂所含石粉量较机制砂多，而且由于尾矿砂粒形较差，在流动过程中阻力较大，所以尾矿砂作为细骨料的混凝土拌合物的流动性最差。

7.3.3.9 抗压强度试验

本实验采用的是意大利 Controls 公司生产的 50-C0066/S01 型抗压抗折试验机，最大力值为 3000kN。配合比为表 7-15 所列，养护方式为试件成型后在 20℃±5℃ 的环境中静置 24h，脱模后移至温度 20℃±2℃，湿度大于 95％的标准养护室中养护至试验龄期。

表 7-15 不同骨料高强混凝土抗压强度

项目	编号	1	2	3	4	5	6	7	8
骨料	细骨料	尾矿砂	天然砂	机制砂	天然砂	天然砂	尾矿砂	尾矿砂	机制砂
类型	粗骨料	石灰石	石灰石	石灰石	尾矿石	辉绿岩	尾矿石	辉绿岩	尾矿石
抗压强度 /MPa	7d	76.7	84.4	84.4	76.1	76.2	78.1	82.4	83.1
	28d	93.5	97.2	95.3	89.7	93.9	90.2	90.6	89.4

注：1~3 三种砂对比；2、4、5 是三种碎石对比；6 是全尾矿砂石混凝土；7 是尾矿砂辉绿岩混凝土；8 是尾矿石机制砂混凝土。尾矿石岩性以中强风化花岗岩为主。

试验中需要注意：试块尺寸为 150mm×150mm×150mm；将试块从养护室取出后，要将试块表面和压力试验机的上下承压板面擦干净；试块的成型面不能够作为承压面；试块的中心需要与试验机下压面的中心对准；控制好加压速度，混凝土的强度等级＜C30 时，加压速度为 0.3~0.5MPa/s；混凝土的强度等级 C30~C60 时，加压速度为 0.5~0.8MPa/s；混凝土的强度等级≥C60 时，加压速度为 0.8~1.0MPa/s。

试块破坏时电脑会自动记录破坏荷载。立方体试块抗压强度计算如下：

$$f = \frac{F}{A} \tag{7-1}$$

式中　f——立方体抗压强度，MPa；

　　　F——试块破坏荷载，N；

　　　A——试块受压面积，mm^2。

对于低强度等级混凝土，由于岩石抗压强度远远大于界面强度，因此混凝土的强度与界面强度关联性较大；对于高强度等级混凝土，界面结构较密实，界面黏结强度很高，在抗压强度实验中会发现，往往是从粗骨料中间断裂开，因此粗骨料的岩石抗压强度对高强混凝土的力学性能至关重要。表 7-15 中 2、4、5 三组细骨料均为天然砂，粗骨料则各不相同，对比的是石灰石、尾矿石和辉绿岩三种粗骨料对混凝土抗压强度的影响。从结果中可以看出，以石灰石为粗骨料的混凝土抗压强度最高，其次为辉绿岩，最差的是尾矿石。造成差异的原因与三种粗骨料的性质有密切的关联，经过研究发现，三种骨料在岩石抗压强度、泥块含量、含泥量、针片状含量、吸水率和压碎值方面存在明显差异，这些特征对混凝土强度的影响极大。石灰岩的抗压强度为 20～200MPa，辉绿岩抗压强度为 200～350MPa，花岗岩抗压强度为 100～250MPa。由于尾矿石岩性以中强风化花岗岩为主，其岩石抗压强度较低，在混凝土劈裂的过程中最容易从粗骨料中间破坏，因此由尾矿石作为粗骨料配制的混凝土的抗压强度最低。辉绿岩虽然岩石抗压强度较高，但是其他性能指标较石灰石和尾矿石弱，如表7-15 所列，辉绿岩的泥块含量 0.4％，石灰石和尾矿石泥块含量为 0，辉绿岩含泥量为1.4％，石灰石和尾矿石含泥量明显小于辉绿岩，在针片状含量、吸水率、压碎值方面，辉绿岩的性能指标也明显低于石灰石和尾矿石，这将直接导致在混凝土拌合物中辉绿岩的流动性能较差，成型混凝土构件的密实度也较差。因此虽然辉绿岩的岩石抗压强度最高，但是由辉绿岩作为粗骨料配制的混凝土的抗压强度却低于由石灰石作为粗骨料配制混凝土。

综上所述，结论如下。

① 以天然砂为细骨料的混凝土拌合物状态良好，以机制砂为细骨料的混凝土拌合物状态一般，以尾矿砂为细骨料的混凝土拌合物状态较差。

② 与常规材料制备的高性能混凝土相比，全尾矿砂石骨料混凝土在抗压强度、抗折强度、劈拉强度、弹性模量综合力学性能方面略有下降。

③ 尾矿砂石混凝土的界面过渡区范围比天然砂石骨料混凝土的大，且尾矿砂石骨料混凝土界面过渡区的最小硬度值小于天然砂石骨料混凝土界面过渡区的最小硬度值。

④ 硅灰的加入能大大的改善界面过渡区的不均匀性。

7.4　废石制造微晶玻璃

7.4.1　废石制造微晶玻璃介绍

微晶玻璃也称玻璃陶瓷，是一种由基础玻璃控制晶化行为而制成的微晶体和玻璃相均匀分布的材料。微晶玻璃同普通玻璃的区别在于它具有结晶结构，而与陶瓷材料的区别则在于它的结晶结构要细得多。

微晶玻璃是由基础玻璃经控制晶化行为而制成的微晶体和玻璃相均匀分布的材料。微晶玻璃是综合玻璃、石材技术发展起来的一种新型材料，它集中了玻璃、陶瓷及天然石材的 5 个优点：a. 色调均匀一致，且无色差、永不褪色、光泽柔和晶莹；b. 结构致密、纹理清晰、具有玉质般的感觉；c. 具有更坚硬、更耐磨的力学性能；d. 具有耐风化、耐酸碱的优良抗蚀性；e. 具有不吸水，良好抗冻性、独特的耐污染性和自净性。正是这些优点，使微晶玻璃广泛用于建筑幕墙及室内高档装饰，是具有发展前途的新型装饰材料。

利用尾矿废渣制备微晶玻璃，可以开发出高性能、低成本的高档建筑装饰或工业用耐磨损耐腐蚀材料，既使废弃资源获得了再生，有利于环境保护，又提高了材料的技术含量和附加值。因此，尾矿废渣微晶玻璃将成为 21 世纪的绿色环境材料，并将获得广泛应用。

7.4.2　废石尾矿微晶玻璃的制备工艺

利用尾矿制备微晶玻璃的工艺主要有以下 3 种。

（1）熔融法

该法即将配合料在高温下熔制为玻璃后直接成型为所需形状的产品，经退火后在一定温度下进行核化和晶化，以获得晶粒细小且结构均匀致密的微晶玻璃制品。熔融法的最大特点是可以沿用任何一种玻璃的成型方法，如压延、压制、吹制、拉制、浇注等，适合自动化操作和制备形状复杂的制品。

（2）烧结法

它是将配合料经高温熔制为玻璃后倒入水中淬冷，经水淬后的玻璃易于粉碎为细小颗粒，再装入特殊模具中，采用与陶瓷烧结类似的方法，让玻璃粉在半熔融状态下致密化并成核析晶。烧结法适合于熔制温度高的玻璃和难于形成玻璃的微晶玻璃的制备。同时，因颗粒细小，表面积增加，比熔融法制得的玻璃更易于晶化，可不加或少加晶核剂。用烧结法制备的尾矿废渣微晶玻璃板材可获得与天然大理石与花岗岩十分相似的花纹，装饰效果好，但存在残留气孔的问题，合格率有待提高。

（3）压延法

压延法为前苏联在 20 世纪 70 年代所创，国内技术还不成熟，生产中析晶难以控制，板材炸裂严重，成品率低。

7.4.3　国内外废石尾矿制备微晶玻璃的现状

在欧美国家，微晶玻璃的研究起步较早。目前，主要使用矿渣及其他玻璃原料混合熔化后浇注成平板状晶化玻璃，用于建筑装饰材料，如内墙、外墙、地面材料及各种结构材料；乌克兰等国家利用矿渣在熔融状态下用加进空气、蒸汽或水处理的方法制成泡沫矿渣微晶玻璃，作建筑隔墙，砌块；日本主要用烧结法生产微晶玻璃板材，产品色泽艳丽、美观大方、纹理清晰，代表了当前这种产品的世界水平。

我国对微晶玻璃的研究，始于 20 世纪 80 年代末期。主要靠国内自己的力量，参考借鉴国外的先进技术，采用烧结法和压延法制造微晶玻璃，其产品主要用于建筑饰面材料。肖汉宁等通过对材料组成和结构的设计，获得了高炉矿渣和钢渣用量为 55％～60％、抗弯强度大于 300MPa、显微硬度达 12GPa、耐磨性比 GCr15 钢高 26 倍的微晶玻璃；并重点探讨了微晶化工艺条件对钢铁废渣微晶玻璃的显微结构和性能的影响。陈惠君等以钢渣和粉煤灰为主要原料，用熔融法研制出了以钙、铁辉石为主晶相的钢渣微晶玻璃。程金树等以还原钢渣为原料制备了以 β-硅灰石为主晶相的钢渣微晶玻璃。肖兴成等以外加的 P_2O_5 和原料本身的 TiO_2 组成复合晶核剂，研制出 $CaMg(SiO_3)_2$ 为主晶相，有较好力学性能和化学稳定性的钛渣微晶玻璃。王立久等以 40％～60％粉煤灰为原料研制出了主晶相为硅灰石的低价位高档微晶玻璃装饰板材。东北大学的刘守志教授等探讨了利用辽宁歪头山铁尾矿、山东新城金矿尾砂制备微晶玻璃，特别对晶核剂的选择和析晶过程进行了大量研究。孙孝华等认为钨尾矿微晶玻璃具有明显的形状记忆效应；王承遇等以钨尾矿、长石为主要原料，采用熔融法研制出乳白色钨尾矿微晶玻璃。

李彬等以铁尾矿和钛渣为主要原料，外加一种含钠废弃物，研制出了以钙铁辉石为主晶相，颜色为蓝黑，光泽度好的微晶玻璃。铁尾矿和钛渣中含有的 Fe_2O_3 和 TiO_2 是优良的晶核剂，不需外加晶核剂。金尾矿是含金矿石经粉碎、浮选黄金后产生的废渣。经浮选后的尾矿中含有一定量的 S、Mn、Fe 等元素，而这些物质均是 $CaO\text{-}MgO\text{-}Al_2O_3\text{-}SiO_2$ 系微晶玻璃常用的晶核剂，在一定范围内提高金尾砂的利用率可促进玻璃的整体析晶。滕立东等发现当金尾砂的引入为 70％（质量百分数）时，其性能最好。景德镇陶瓷学院胡张福教授等利用铜矿尾砂制备微晶玻璃。此外，蒋文玖等以 60％的石棉尾矿制备了颜色多样的微晶玻璃，用作装饰板材。

7.4.4 废石尾矿制备微晶玻璃实例

7.4.4.1 利用陕西汉阴金矿废石尾砂制备 $CaO\text{-}Al_2O_3\text{-}SiO_2$ 系微晶玻璃

（1）实验原料

实验利用陕西汉阴金矿尾砂为主要原料，金矿尾砂矿物组成主要为石英、黑云母、绢云母、黄铁矿、赤铁矿、金红石、磷灰石、石榴石等矿物，通过 XRF 检测分析，获得陕西汉阴金矿尾砂的化学成分（见表 7-16）。由表 7-16 可知，汉阴金矿尾砂化学成分中 SiO_2 的量达 66％左右，其余含有 13％的 Al_2O_3 和 5.8％的 Fe_2O_3，还有少量的 K_2O、Na_2O、CaO、MgO 等成分，是制备 $CaO\text{-}Al_2O_3\text{-}SiO_2$ 系微晶玻璃的理想原料。

表 7-16　汉阴金矿尾砂的化学成分

成分	SiO_2	Al_2O_3	CaO	MgO	Fe_2O_3	K_2O	Na_2O	TiO_2
含量/％	65.93	13.15	1.10	2.42	5.84	3.06	3.08	0.81

除表 7-16 所述金矿尾砂为主要原料外，本实验采用方解石为 $CaO\text{-}Al_2O_3\text{-}SiO_2$ 系微晶玻璃引入 CaO 成分，CaO 同 SiO_2 和 Al_2O_3 为所制备微晶玻璃的玻璃形成体。用硼砂引入的 B_2O_3 和 Na_2SiF_6 共同作为助熔剂，TiO_2 和 Cr_2O_3 作为成核剂，Sb_2O_3 作为澄清剂。所用原料的化学成分、纯度及相关厂家信息如表 7-17 所列。

表 7-17　金矿尾砂微晶玻璃其他原料明细表

名称	分子式	主成分含量/％	纯度	生产厂家
方解石	CaO	55.78	实验试剂	陕西福星矿业
硼砂	$Na_2BO_3 \cdot 10H_2O$	36.21	化学纯	天津精细化学试剂厂

名称	分子式	主成分含量/%	纯度	生产厂家
氧化锌	ZnO	99.86	化学纯	天津精细化学试剂厂
氟硅酸钠	Na_2SiF_6	99.9	化学纯	天津福辰化学试剂厂
三氧化铬	Cr_2O_3	99.9	化学纯	西安化学试剂厂

（2）实验仪器与设备

验采用最高温度为 1400℃的硅碳棒电阻炉熔制基础玻璃，最高温度为 1200℃的电阻丝马弗炉对基础玻璃进行微晶化处理，获得金矿尾砂微晶玻璃。所用实验仪器及设备的名称、型号、生产厂家及相关说明见表 7-18。

表 7-18 实验仪器设备明细表

名称	型号	生产厂家	备注
硅碳棒电阻炉	SRJX-8-13	陕西省商县电器厂	熔制基础玻璃
电阻丝马弗炉	SX10-BLL	陕西省商县电器厂	玻璃退火及微晶化
恒温干燥箱	101-1	上海光地仪器设备公司	最高温度 300℃
电子天平	JY-1002	山海精密仪器有限公司	精度 0.01g，用于称原料
高能球磨机	QM-2SP20	陕西咸阳陶瓷研究所	用于混合原料
切割机	XQP1-66	贵阳探矿机械厂	用于切割玻璃样品
筛子	—		60 目、120 目，用于筛选原料

（3）测试仪器与设备

实验对金矿尾砂微晶玻璃的热性能、物相组成、微观结构等特征进行表征，对其热膨胀系数、抗折强度及体积密度等性能进行测试，所用到主要测试仪器与设备的名称、型号、生产厂家如表 7-19 所列。

表 7-19 测试仪器与设备明细表

名称	型号	生产厂家	备注
热分析仪（TG-DSC）	STA-409PC	德国耐茨公司	测定差示扫描量热曲线
X 射线衍射仪（XRD）	D/max-2200PC	日本理学公司	测定 XRD 曲线
扫描电镜（SEM）	JSM-6390A	日本 JEOL 公司	分析样品的微观结构
热膨胀仪	DLL-402C	德国耐茨公司	测样品的热膨胀曲线
抗折抗压仪	PT-1036PC	丹东百特仪器公司	测定样品抗折强度
阿基米德浮力天平	MP-500B	上海良平仪器公司	测定水中样品质量
精密电子天平	AB204-S	上海精密仪器公司	测干燥样品的质量

（4）实验工艺流程

实验分别采用熔融法和烧结法制备 CaO-Al_2O_3-SiO_2 系金矿尾砂微晶玻璃，熔融法制备微晶玻璃样品的工艺流程如图 7-6 所示，烧结法制备微晶玻璃样品的工艺流程如图 7-7 所示。

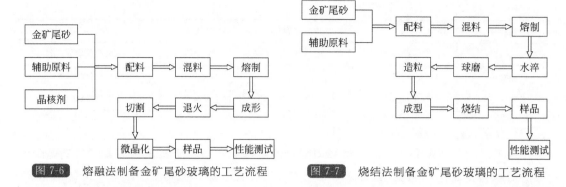

图 7-6　熔融法制备金矿尾砂玻璃的工艺流程　　图 7-7　烧结法制备金矿尾砂玻璃的工艺流程

（5）金矿尾砂微晶玻璃组成设计

金矿尾砂微晶玻璃组成的设计时，主要考虑基础玻璃结构的稳定性和玻璃析晶后的晶相组成两方面的内容。微晶玻璃的结构及性能取决于其组成的设计，应当遵循以下原则。

① 尽可能地提高金矿尾砂的利用率，其他成分尽可能的利用矿物原料引入，避免利用价格昂贵的化学药品。

② 基础玻璃的熔制温度应尽量低，熔炼及澄清时间应尽量短。

③ 微晶化处理后，得到主晶相的含量尽量高。

④ 在热处理时，基础玻璃容易分相、成核，但在熔制过程中或者水淬过程中不易析晶。

依据陕西汉阴金矿尾砂的成分特点，其主要成分为 SiO_2 和 Al_2O_3，二者含量达 79％，很接近 CaO-Al_2O_3-SiO_2 系微晶玻璃低共熔点时 SiO_2 与 Al_2O_3 的含量（二者含量 76％）。

遵循上述微晶玻璃组成设计原则，为了尽可能地提高该金矿尾砂的利用率及降低基础玻璃的熔制温度，确定利用该金矿尾砂制备 CaO-Al_2O_3-SiO_2 系微晶玻璃。依据 CaO-Al_2O_3-SiO_2 系微晶玻璃三元相图确定陕西汉阴金矿尾砂 CaO-Al_2O_3-SiO_2 系微晶玻璃的主成分组成范围为：45％～60％SiO_2，5％～15％Al_2O_3，15％～30％CaO。

（6）金矿尾砂微晶玻璃配方设计

CaO-Al_2O_3-SiO_2 系微晶玻璃组成中，SiO_2 是玻璃网络形成体，其含量较高时可增强网络结构，降低高温析晶倾向，确保玻璃的形成。当 SiO_2 含量较高时，玻璃熔体的黏度增加使玻璃的熔制温度提高；而 SiO_2 含量较低时，提高玻璃的析晶速度，使玻璃黏度增大，降低其流动性。组成中 Al_2O_3 中的 Al^{3+} 可以夺取非桥氧形成铝氧四面体 ［AlO_4］，铝氧四面体可以把由于 K^+ 引入而产生的断裂网络重新连接起来，与硅氧四面体组成统一的网络，提高玻璃结构的致密性；Al_2O_3 含量较高时，使微晶玻璃的显微硬度提高，改善制品的机械性能和化学稳定性，但会使基础玻璃的高温黏度增加并提高玻璃的熔制温度及析晶活化能，提高微晶玻璃的析晶温度，使其析晶能力降低。组成中 CaO 在高温可极化桥氧或减弱硅氧键，其含量较高时，使玻璃的高温黏度和熔制温度降低，料性变短，增加微晶玻璃热处理过程中的析晶能力，但 CaO 含量较低时会降低 β-硅灰石晶相的析出。组成中 B_2O_3 是玻璃形成氧化物，可以单独形成玻璃体，高温条件下使玻璃的高温黏度和熔制温度降低，使玻璃的一些性能改变，同时又是良好的助熔剂，但 B_2O_3 的量较高时使微晶玻璃的析晶温度提高，降低其析晶能力，根据相关文献报道 B_2O_3 较佳的含量范围为 1％～5％。组成中 ZnO 的作用同 CaO 一样，使玻璃的高温黏度降低和低温黏度增加，使玻璃的表面效果改善，其含量的变化对主晶相的析出影响不大，但可以提高玻璃的结晶性，其较佳的含量范围为

$1\%\sim5\%$。组成中 K_2O 和 Na_2O 为玻璃网络的调整体，一定量的 K_2O 和 Na_2O 使玻璃的黏度和熔制温度降低，可显著改善玻璃的熔化制度，其含量较高时会使玻璃中析出大量异体晶体，使玻璃的料性变短，导致成形或退火过程中结晶，微晶玻璃内部出现裂纹，从而破坏微晶玻璃的理化性能，前人研究表明 K_2O+Na_2O 较佳的含量范围为 $3\%\sim10\%$。TiO_2 和 Cr_2O_3 是制备微晶玻璃的有效晶核剂，Cr_2O_3 是玻璃的界面自由能降低，提高原子的扩散率、形核率；Cr_2O_3 还可以参与初始晶核的形成，使非均匀形核的位置增加。在含有 Fe_2O_3、MgO 的 CaO-Al_2O_3-SiO_2 系微晶玻璃组成中，Cr_2O_3 促使熔体析出透辉石晶体；TiO_2 通常情况下不参与成核，但使其熔体周围极易形成透辉石晶体，同 Cr_2O_3 一同使用作为复合晶核剂，可以达到双碱效应，提高离子堆积密度，降低成核活化能，提高玻璃的析晶能力。文献记载，$TiO_2+Cr_2O_3$ 较佳含量范围为 $2\%\sim6\%$。综上所述，确定 CaO-Al_2O_3-SiO_2 系微晶玻璃化学组成范围如表 7-20 所列。

表 7-20　CaO-Al_2O_3-SiO_2 系微晶玻璃各化学组成范围

成分	SiO_2	Al_2O_3	CaO	K_2O+Na_2O	B_2O_3	ZnO	$TiO_2+Cr_2O_3$
含量/%	$45\sim60$	$5\sim15$	$15\sim30$	$3\sim10$	$1\sim5$	$1\sim5$	$2\sim6$

根据汉阴金矿尾砂成分特点，依据上述 CaO-Al_2O_3-SiO_2 系微晶玻璃的化学组成范围，利用金矿尾砂直接引入微晶玻璃 SiO_2、Al_2O_3、K_2O、Na_2O、TiO_2 等成分，方解石引入 CaO，硼砂引入 B_2O_3，ZnO 和 Cr_2O_3 直接由化学纯化学药品引入，确定不同金矿尾砂含量的玻璃配方。在金矿尾砂微晶玻璃基础成分确定条件下，添加适量的 Na_2SiF_6 作为助熔剂，Sb_2O_3 作为基础玻璃熔制时的化学澄清剂，可扩大生产结晶相的比例，产生细晶结构，降低共熔温度和熔融澄清温度。

综上所述，通过探索实验，确定金矿尾砂微晶玻璃化学组成如表 7-21 所列，并依据陕西汉阴金矿尾砂的成分组成通过计算分析，获得该金矿尾砂基础玻璃配方组成如表 7-22 所列。

表 7-21　金矿尾砂基础玻璃化学成分

样品	成分								
	SiO_2	Al_2O_3	CaO	MgO	Fe_2O_3	K_2O+Na_2O	B_2O_3	ZnO	$TiO_2+Cr_2O_3$
1#	46	9.8	17.5	1.7	4.1	2.1+3.1	1.8	1.7	0.6+1.3
2#	49	9.2	17.5	1.8	4.4	2.3+3.2	1.8	1.7	0.6+1.3
3#	52	10.5	17.6	1.9	4.7	2.5+3.2	1.8	1.7	0.7+1.3
4#	55	11.2	17.7	2.0	5.0	2.6+3.5	1.8	1.7	0.7+1.3

表 7-22　金矿尾砂基础玻璃配方

样品	原料						
	金矿尾砂	方解石	硼砂	ZnO	Cr_2O_3	Na_2SiF_6	Sb_2O_3
1#	59	31	4.7	1.7	1.3	1.3	1.0
2#	62	28	4.7	1.7	1.3	1.3	1.0
3#	65	25	4.7	1.7	1.3	1.3	1.0
4#	68	22	4.7	1.7	1.3	1.3	1.0

（7）熔融法制备金矿尾砂微晶玻璃

熔融法制备金矿尾砂微晶玻璃，先将基础玻璃配合料在高温下熔制为玻璃熔体，将熔体直接浇注在事先预热的不锈钢板上成形，成形后的玻璃经退火后在一定的温度下进行微晶化热处理，从而获得晶粒细小、结构致密的微晶玻璃样品。

其工艺流程如图 7-6 所示。

① 配料　配料分 3 个阶段：a. 原料准备；b. 按比例称取原料；c. 混合原料，将其混合均匀制成配合料。本实验对汉阴金矿尾砂进行研磨、过 60 目筛、烘干、筛选除杂等处理；方解石、硼砂等原料过 60 目筛，其他原料直接用化学纯药品。依前所述配方中各原料比例，按熔制 300g 配合料计算各原料用量，按用量称取各原料后倒入球磨罐，罐内放入少量球石，然后利用球磨机混合 5min，使各原料充分混合均匀，过 60 目筛，筛上颗粒继续倒入球磨罐，利用球磨机继续混合研磨，直至所有原料滤过 60 目筛，制得配合料。按上述步骤分别配制如上所述玻璃配方所对应的配合料，并按配方中对应的序号对各配合料进行编号，分别为 1#、2#、3#、4# 配合料。

② 玻璃熔制　利用硅碳棒电阻炉熔制玻璃，电阻炉升温之前，将 100mL 坩埚放入炉膛内中央位置随炉升温至 1200℃ 开始加料；将配合料分几次加入炉内坩埚中，每次加料间隔 30min，待配合料加完后，将电炉升至 1350℃ 保温 3h；为了促进玻璃液体澄清和均化，在恒温期间用不锈钢棒搅动玻璃液 2～3 次，使玻璃中的气泡充分逸出；恒温结束后将炉温缓慢降低到 1300℃，可以促进玻璃液中小气泡的吸收并且有利于玻璃液的成形。

③ 玻璃成形　玻璃成形是将熔制好的玻璃液体浇注于事先预热到 600℃ 左右的不锈钢板上成形，在预热钢板上利用钢条摆成 100mm×60mm×10mm 的矩形方框，玻璃成形后为上述大小的矩形玻璃板。

④ 退火　玻璃成形后，迅速将成形后的玻璃板移置于 620℃ 的电阻丝马弗炉中保温约 40min 进行退火处理，然后随炉冷却至室温，取出所制备金矿尾砂基础玻璃板；利用切割机将所制玻璃板切割成尺寸为 10mm×10mm×100mm 的条状样品，为后期热处理做准备。

⑤ 微晶化热处理　微晶化热处理是指对上述所得基础玻璃样品，在其核化温度范围保温一段时间成核，然后升温到晶化温度范围保温一段时间晶化，得到微晶玻璃样品的过程。根据 3# 玻璃样品的差示扫描量热（DSC）曲线，通过探索热处理实验，确定 3# 玻璃样品的不同热处理制度如表 7-23 所列。探索热处理实验过程中，核化时间实验是将 3# 玻璃样品在 820℃ 分别保温 1h、2h、3h，然后在 950℃ 保温 3h，制得不同核化时间下金矿尾砂微晶玻璃样品。采用划痕法对所得样品进行硬度判断，得到核化时间为 1h 样品的硬度较低，2h 和 3h 样品的硬度相同，由此确定金矿尾砂微晶玻璃的核化时间为 2h。晶化时间实验是 3# 玻璃样品在 820℃ 保温 2h，然后在 950℃ 分别保温 2h、3h、4h，制得不同晶化时间下金矿尾砂微晶玻璃样品。同样采用划痕法对所得样品进行硬度判断，得到晶化时间为 3h 和 4h，样品的硬度较低，3h 样品的硬度相对较高，由此确定金矿尾砂微晶玻璃的晶化时间为 3h。

依据表 7-23 所列热处理制度对上述熔制效果较好的 3# 玻璃样品进行热处理实验，来研究不同核化温度、不同晶化温度对金矿尾砂微晶玻璃结构及性能的影响。

表 7-23　微晶玻璃的热处理制度

编号	核化温度/℃	核化时间/h	晶化温度/℃	晶化时间/h
1#	760	2	900	3
2#	790	2	900	3
3#	820	2	900	3
4#	850	2	900	3
5#	820	2	900	3
6#	820	2	900	3
7#	820	2	900	3
8#	820	2	900	3

利用电阻丝马弗炉对 3# 玻璃样品进行热处理实验研究，其具体过程为：首先将样品放入马弗炉中央位置，随炉升温至表 7-23 所对应的核化温度保温相应的时间，使其充分核化；然后升温至晶化温度保温相应的时间；最后随炉冷却至室温，得到 3# 金矿尾砂微晶玻璃样品。对不同热处理制度下制得的 3# 微晶玻璃样品进行结构及性能分析，得出其对应的较佳的热处理制度，根据所得较佳热处理制度。同样对 1#～4# 玻璃样品按上述热处理步骤进行微晶化处理，得到不同配方组成的微晶玻璃样品，通过分析，研究不同金矿尾砂含量对微晶玻璃结构及性能的影响。

（8）烧结法制备金矿尾砂微晶玻璃

烧结法是制备矿渣微晶玻璃的重要方法之一，它是将配合料经高温熔制成玻璃液后倒入冷水中，淬成玻璃颗粒，然后利用湿法球磨的方法将水淬玻璃颗粒磨成粒度小于 200 目的玻璃粉末，再经造粒后，利用制样机将造粒后的玻璃粉末压制成 5mm×10mm×50mm 的条状样品，对条状样品进行烧结处理，使样品在半熔融状态下致密化并成核析晶，获得微晶玻璃制品的过程。微晶玻璃样品的具体工艺流程如图 7-7 所示。

烧结法制备金矿尾砂微晶玻璃时，选用熔融法制备微晶玻璃实验中得到的熔制效果较好的 3# 玻璃配方。不同的是，由于烧结法制备微晶玻璃样品中存在大量的界面，有利于成核，无需另外添加 Cr_2O_3 成核剂，其具体步骤如下所述。

1）配料　如熔融法制备金矿尾砂微晶玻璃的配料过程，首先准备原料，然后按比例称取原料，最后混合均匀得到配合料。原料准备主要是对金矿尾砂进行研磨、筛选、除泥等处理。按上述 3# 玻璃配方各原料比例称取原料，计算 400g 配合料所需各原料用量，按计算结果进行称取原料。利用球磨机对所称原料混合，混合 5min 后过 60 目筛，继续重复上述混料步骤，直至所有配合料透过 60 目筛，获得金矿尾砂基础玻璃配合料。

2）玻璃熔制　利用最高温度为 1400℃的硅碳棒电阻炉，选用 100mL 的氧化铝坩埚熔制基础玻璃。玻璃熔制时，先将坩埚放入高温炉内中央位置，随炉升温至 1200℃时，开始加料，配合料分几次加入，每次间隔为 30min，待配合料加完后将炉温升至 1350℃并保温 2h，使配合料充分溶解形成熔融玻璃液；然后将熔制好的玻璃液倒入装满冷水的桶内，将其水淬成结构疏松的玻璃颗粒，水淬后的玻璃颗粒容易磨成粉末，为下一步玻璃球磨做准备。

3）球磨　采用湿法球磨的方法，利用高能球磨机对水淬玻璃颗粒进行球磨。球磨时，先将玻璃颗粒加至球磨罐的 1/3 位置处；然后加自来水、放入球石到球磨罐 2/3 位置；再将球磨罐密封好装入球磨机，球磨 30min 后，停止球磨 20min 后继续球磨 30min，以防球磨罐内温度过高；将磨好的玻璃粉末过 120 目筛，滤出球石和其他未磨碎玻璃钢球，将滤后的玻璃料浆静放、沉淀，使玻璃粉与水分离，然后倒出表层的水，将沉淀部分烘干，得到粒度小于 120 目的玻璃粉末样品。

4）造粒　造粒是首先在玻璃粉末加入造粒剂将其搅拌均匀，然后过 40 目筛得到细小玻璃颗粒的过程。具体步骤为：将 50g 玻璃粉末放入研钵中，用滴管加入 10 滴 5％的聚乙烯醇（PVC），搅拌 10min 使其充分混合；造粒时分别用 40 目和 120 目筛，将 40 目筛倒扣在 120 目筛上，用加料勺把玻璃粉末与 PVC 混合料从 40 目筛挤压滤过，收集落在 120 目筛上面的粒料为所需样品，透过 120 目筛的粉料回收，重新按造粒步骤进行造粒。

5）成型　成型时称取 6g 造粒后所得的粒料放入尺寸为 5mm×10mm×50mm 的条形模具中，利用 SDJ-10 型手动液压制样机，在 25MPa 压力下将粒料压制成条状样品，重复上述成型步骤压制所需的玻璃坯体，为下一步烧结制备微晶玻璃做准备。

6）烧结　烧结是把上述压制成型的玻璃坯体经过加热使其在半熔融状态下致密化的过程。通过玻璃粉末样品的差示扫描量热（DSC）曲线，确定烧结制度如表 7-24 所列。

表 7-24　微晶玻璃的烧结制度

编号	烧结温度/℃	烧结时间/h	编号	烧结温度/℃	烧结时间/h
1#	950	1	6#	850	3
2#	950	2	7#	900	3
3#	950	3	8#	950	3
4#	950	4	9#	1000	3
5#	800	3			

按表 7-24 所述烧结制度进行烧结实验来研究不同烧结时间和烧结温度对金矿尾砂微晶玻璃的结构及性能影响。具体步骤为：将玻璃坯体放入电阻丝马弗炉中央位置，采用升温速率为 5℃/min；将炉温升至上述的微晶玻璃烧结温度，保温相应的时间后关闭马弗炉电源，使样品随炉冷却至室温，得到金矿尾砂微晶玻璃样品。按照上述烧结步骤重复实验，获得按烧结制度编号对应的微晶玻璃样品。

（9）结果讨论

熔融法制得金矿尾砂微晶玻璃的主晶相为普通辉石、透辉石（$CaMgSi_2O_6$）及透辉石固熔体，次晶相为硅灰石（$CaSiO_3$）和铁钾硅酸盐（$KFeSi_2O_6$）；烧结法制得微晶玻璃的主晶相为透辉石（$CaMgSi_2O_3$）和钙长石（$CaAl_2Si_2O_8$），当烧结温度为 850～1000℃时，制得微晶玻璃样品中透辉石的量随着烧结温度的提高不断增加，而钙长石不断减少，表明烧结温度升高时有利于透辉石相的生成。

金矿尾砂含量为 65％的玻璃样品，在 820℃保温 2h 核化处理，然后在 950℃保温 3h 晶化处理，制得微晶玻璃的晶体分布均匀、结晶度较高，致密性较好；烧结法制备金矿尾砂微晶玻璃，在 950℃下保温 3h 烧结处理，获得微晶玻璃的微观结构较佳。

熔融法在 820℃保温 2h 对玻璃样品进行核化处理，950℃保温 3h 对玻璃样品进行晶化处理，制得金矿尾砂微晶玻璃的性能较佳，其热膨胀系数为 $68.7×10^{-7}$/℃，抗折强度为 122MPa，体积密度为 2.836g/cm³；烧结法在 950℃下保温 3h 对玻璃坯体进行烧结处理，获得性能较佳的金矿尾砂微晶玻璃，其抗折强度为 166MPa，热膨胀系数为 $65.4 \times 10^{-7}/℃$，体积密度为 $2.626g/cm^3$。

7.4.4.2 利用宜春钽铌矿废石尾矿制备微晶玻璃

（1）实验方法

碎粒压延法：就是在充分吸收熔融浇铸法和烧结法优点的基础上，提出一种制作尾矿微晶玻璃板的新方法。该法是通过控制水淬玻璃的颗粒级配及颗粒加入量生产微晶玻璃的工艺方法。

（2）实验过程

微晶玻璃主要原料为宜春钽铌矿选矿时产生的尾矿。钽铌尾矿的化学成分和粒度组成见表 7-25 和表 7-26。

表 7-25　钽铌尾矿的化学成分

氧化物	SiO_2	Al_2O_3	Fe_2O_3	MgO	Na_2O	K_2O	Li_2O	烧失量
含量/%	71.60	16.45	0.13	0.03	6.60	2.20	0.05	1.46

表 7-26　钽铌尾矿的粒度组成

粒径/mm	+0.56	+0.15	+0.125	+0.1	+0.076	−0.076
含量/%	1.0	42.8	14.05	9.9	15.90	16.35

钽铌尾矿的主要矿物组成为钠长石、锂云母和高岭土。由表 7-25 可见，钽铌尾矿主要化学成分为 SiO_2 和 Al_2O_3，另外还含有一定量的 K_2O、Na_2O 和 Li_2O，这些碱金属氧化物的存在可降低玻璃熔化温度和降低玻璃黏度；没有发现 CaO，且 Fe_2O_3 含量很低，为微晶玻璃的制作提供了有利条件。由表 7-26 可见，粒度小于 0.1mm 的颗粒占 32.25%，0.1～0.56mm 的颗粒占 67.75%，经过简单过筛处理后可直接应用。

基础玻璃成分选择在 $CaO-Al_2O_3-SiO_2$ 系统的玻璃形成区内，基础玻璃化学组成见表 7-27。CaO 以化学纯氧化钙引入，Na_2O 以无水碳酸钠引入，其他组分均由钽铌尾矿引入。引入 CaO 的目的是为了形成合适的微晶相，引入 Na_2O 的目的是降低玻璃的熔化温度和改善玻璃的成型性能。碎粒压延法工艺过程如下：钽铌尾矿经 20 目和 80 目方孔筛过筛后备用。按基础玻璃的化学组成称量各种原料，混合均匀的玻璃配合料用坩埚盛装，在硅钼棒电炉中熔制，熔制温度为 1400e，保温 2h。将熔制好的玻璃液水淬成颗粒，然后烘干，并称量一定的量；再从炉中取出熔制好的玻璃液，将称量好的水淬玻璃颗粒倒入玻璃液中并搅拌均匀；最后将玻璃液和水淬玻璃颗粒的混合物倒在铁板上压延成玻璃试样，其中水淬玻璃的用量为 9.43%，玻璃熔体的用量为 90.57%。将采用碎粒压延法制备的玻璃试样在不同的热处理制度下进行核化和晶化，最后获得微晶玻璃试样。

表 7-27　基础玻璃化学组成

氧化物	Si_2O	Al_2O_3	CaO	Na_2O	Fe_2O_3	MgO	K_2O	Li_2O
含量/%	41.47	9.46	30.87	15.44	0.07	0.02	1.26	0.03

用日本 RIGAKU 公司生产的 miniflex 型 X-射线衍射仪进行物相分析和晶相鉴定，用 PHILIPS 公司生产的 XL30 型扫描电镜进行微晶玻璃的显微结构研究。

（3）实验结果分析

以钽铌尾矿为主要原料，采用碎粒压延法工艺可直接成型为微晶玻璃板。碎粒压延法与烧结法相比，气孔少、成品率高、成品质量好；与压延法、浇铸法相比，结晶过程容易控制，结晶率高，且晶化时间短，因此碎粒压延法具有很好的推广前景，且易在烧结法、压延法、浇铸法的基础上实现工业化改造。

采用碎粒压延法制备钽铌尾矿微晶玻璃较理想的热处理制度是：核化温度 $600\sim700℃$，保温时间 2h；晶化温度 $750\sim900e$，保温时间 $15\sim60min$。

采用碎粒压延法制作钽铌尾矿微晶玻璃具有合理的显微结构，晶粒细小，晶粒尺寸都控制在 $10\mu m$ 以下，没有气孔，致密度高，致使碎粒压延法生产的微晶玻璃具有良好的力学性能。

7.5 其他建材利用

7.5.1 利用废石尾砂制备非烧结砖

非烧结砖又称免烧砖或新型墙砖，是指一类不经烧结的，符合利废、节能、节土、绿色环保、可持续发展方向的，符合建筑墙体安全、承重、耐久技术要求的新型实心或空心墙体砖。采用以硅为主要成分的废渣、砂子，加入石灰等，必要时加入外加剂，有时还加入少量水泥，经坯料制备、压制（或振动、浇注）成型、蒸压养护（或自然养护）而成的实心或空心承重墙体砖。

利用有色金属选矿尾砂制备非烧结砖，既对废弃资源进行综合利用，生产出节能环保的新型墙材产品，又减少环境污染，节约土地，实现资源的优化配置和经济的可持续发展，具有十分重要的意义[6-8]。

郴州市为有色金属之乡，有色金属储量占湖南有色金属储量的1/2。多年来选矿形成的尾砂由于得不到很好的利用，现库存量已超过 1.0×10^8t，占用了大量的土地。对有色金属选矿尾砂的处理，尾砂中掺加一定的黏结剂及外加剂，用于生产非烧结垃圾尾矿砖，使其强度达到 MU15 以上，同时满足其他物理性能的要求，用于建筑工程。

工艺技术方案：采用静压成型、蒸压养护工艺，利用有色金属选矿尾砂、石灰、脱硫石膏按一定比例混合搅拌，经搅拌、轮碾、成型及养护，最后形成高强度的非烧结垃圾尾矿砖。工艺流程如图 7-8 所示。

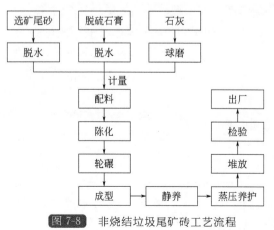

图 7-8 非烧结垃圾尾矿砖工艺流程

（1）原材料

选矿尾砂含有丰富的二氧化硅，作为原材料之一用于本工艺中，由郴州市盛宏资源再生有限公司提供。石膏是生产工业废渣免烧砖的硫酸盐激发剂，同时它和石灰能产生协同效应，起着提高初始强度的作用。为了降低成本，本工艺中采用工业废渣脱硫石膏。石灰熟化生成氢氧化钙，在本工艺的成型中起着胶结剂和碱性激发剂的作用。

（2）陈化

陈化也叫消化，目的是使生石灰充分消解原料通过相互渗透而达到水分均匀一致，提高拌合料可塑性。成型性能显著改善，成型坯体表面光滑平整。陈化与否应视具体情况而定，当使用熟石灰则可以免去陈化过程。

（3）成型

使混合料颗粒紧密接触，增加密实性，从而提高砖的强度。随着成型压力的增加，砖的强度会提高，但达到一定临界值后再增加压力，砖的强度增长不大，且消耗能量，因此在试验过程中需要寻求最佳的成型压力。压制成型工艺是整个生产工艺过程中的重要环节，是成品质量达到或超过国家行业标准的关键和基础。采用自动喂料装置，将制备好的料经主机静压成型，然后经自动码堆机把脱模后的砖坯放在事先预备的蒸养小车上。

（4）养护

养护是生产工艺中重要的一个环节，养护条件的选择直接影响到砖的成品质量。码好砖坯的蒸养小车进入预养区，由卷扬机拉入蒸压釜内进行养护，养护结束后由卷扬机将蒸养小车连同制品拉出，用铲车将小车运至成品堆场，然后再分级堆放。

7.5.2 利用废石尾砂制备烧结泡沫材料

泡沫材料是近几年得到快速发展的一类多功能无机材料。该材料轻体性和保温隔热功能，使其在建筑上成为重要的节能降耗材料；其特有的耐高温、防射线、吸声和耐冷热冲击等特点，使其在新材料领域也占有不可替代的重要地位。目前，对经济和社会起到重要推动作用的两种无机泡沫材料是泡沫玻璃和泡沫陶瓷。

国内许多高等院校及科研院所对铁尾矿的综合利用进行一系列的研究，并取得一定成果，特别是在利用铁尾矿制造墙体建筑材料的研究方面得到了快速发展，例如利用铁尾矿研制免蒸免烧砖、蒸压砖、烧结砖等。然而在所有的墙体材料中，烧结砖被公认为是最好的墙体材料，民间有"红砖千千年，青砖万万年"的美称，说明它有优良的性能和良好的耐久性。因此，本部分将对铁尾矿制备烧结砖进行研究，考察最优工艺条件，探讨烧结机理和矿物组成变化，丰富利用尾矿制砖理论，为最终制备烧结泡沫材料提供基础。

采用添加造孔剂填充造孔制备烧结泡沫材料的试验流程如图 7-9 所示。首先将废聚苯乙烯泡沫粉碎成 2～4mm 的颗粒，加入少量水进行润湿，备用；然后将铁尾矿和辅助添加剂按照制备烧结体的最佳原料配比配料，得到基料；再将经过润湿后的聚苯乙烯泡沫，适量的水与基料混合，搅拌均匀得到半干料，倒入模具中，加压成型制得坯体；最后，对坯体依次进行干燥烧结处理，最终制得烧结泡沫砖。

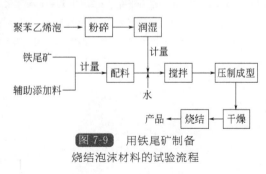

图 7-9 用铁尾矿制备烧结泡沫材料的试验流程

7.5.3 利用废石尾砂制备墙体材料和道路材料

鞍钢矿山公司大孤山选矿厂自 1979 年就开始利用矿业废渣为主要原料进行尾矿蒸养砖

的试验研究。该类砖对原料有一定要求，其主要原料以含铁尾矿为主，加入适量的 CaO 活性材料，经一定的工艺制得，经反复研究试验，达到了国家规定的蒸养灰砂砖标准。

尾矿蒸养砖的反应机理是：尾矿粉、生石灰、水搅拌混合后，生石灰遇水消解成 $Ca(OH)_2$，砖在蒸压处理时，$Ca(OH)_2$ 在高压（$8kgf/cm^2$，$1kgf/cm^2 = 98.0665kPa$）饱和水蒸气条件下与 SiO_2 进行硬化反应，生成含水硅酸钙即硬硅酸钙石及透闪石，使砖产生强度。该尾矿蒸养砖的主要技术参数是：抗压强度 $14.71 \sim 29.4MPa$，抗折强度 $3.04 \sim 5.79MPa$，容重 $1934 \sim 2000kg/m^3$，抗压性、耐久性等均符合要求。

中南工业大学章庆和等对尾矿进行了蒸养砖的研究，试验主要采用常压蒸养固结的方法，并对尾矿的机理、工艺流程等进行了研究。该尾矿是铁矿石经还原焙烧再磁选后的废弃物，其化学组成为 SiO_2 52.74%，CaO 18%，MgO 0.16%，Al_2O_3 1.7%，粒度较细。砖的反应机理为：由于该尾矿是铁矿石经过还原焙烧后再磁选的产物，尾矿中含有一定量活性 SiO_2 和活性 Al_2O_3，在蒸养条件下可进行一定反应，生成一系列的水化产物，使制品固结并具有良好的物理化学性能。试验采用了一次回归正交试验，并通过计算机处理对其配方进行了优化，最后得到的最佳配方是：在尾矿中添加改性胶结剂 14%～16%，生石灰 15%～16%，水分 16%～17%，笔者最后得出抗压强度和冻融强度损失各因子的回归方程。

马鞍山矿山研究院利用齐大山选矿厂尾矿加入一定的配料（碎石、砂子、煤灰及黏土）及石灰，经一定的处理后作为路面基料，并在沈阳至盘山的 12km 路段进行了工业试验，经公路部门的测定表明，其强度已达到了二级公路对路基的要求。

参 考 文 献

[1] 陈希廉. 矿山废石和尾矿的 50 种可能应用领域 [C] //中国矿山地质学术会议暨振兴东北生产矿山资源高层论坛. 2005.

[2] 李章大，周秋兰. 矿石废石资源化开发利用新阶段的新思考 [C] //中国实用矿山地质学. 2010.

[3] 孙超铨. 废石利用的新途径 [J]. 采矿技术，2005，5 (1)：11-12.

[4] 焦明富，姚红，薛红梅. 试论矿山废石的分类及其综合利用 [J]. 新疆有色金属，2007，30 (2)：8-9.

[5] Donghwan Shim, Sangwoo Kim, Young-Im Choi, et al. Transgenic poplar trees expressing yeast cadmium factor 1 exhibit the characteristics necessary for the phytoremediation of mine tailing soil [J]. Chemosphere, 2013, 90 (4): 1478-1486.

[6] 张锦瑞，王平之，李富平等. 金属矿山尾矿综合利用与资源化 [M]. 北京：冶金工业出版社，2008.

[7] 工业和信息化部，科学技术部，国土资源部，等. 金属尾矿综合利用专项规划 2010—2015 [S] 2010.

[8] 王湖坤，龚文琪，刘友章. 有色金属矿山固体废物综合回收和利用分析 [J]. 金属矿山，2005，(12)：70-72.

第8章

尾矿和废石高附加值利用

随着生产的发展和工业化步伐的加快，社会对资源的需求正在以几何级数增长，这种需求在促进整个国民经济向前发展的同时不可避免地产生了两个问题：一方面是资源的危机状况日益突出；另一方面则是由于资源的开发而导致的环境和生态问题已经严重地威胁着人类的生存。尾矿和废石作为矿山垃圾，其对经济、环境和生态所产生的负效应也是有目共睹的。在我国，目前仅铁矿尾矿库就达 420 个之多，库容内存储量已达 $7×10^8 m^3$，而且以每年 $1.5×10^8 t$ 的速度递增。按每 $6.2×10^4 t$ 尾矿占用 1 亩土地计（1 亩$≈666.7 m^2$，下同），每年将侵占两千多亩土地。据统计冶金矿山每吨尾矿需尾矿库基建投资 1~3 元，生产经营管理费用 3~5 元，每年在尾矿维护方面需投资 6 亿元左右。尾矿经风吹、雨淋，不仅污染环境，溃坝事故也时有发生，对人民群众的健康和生命财产造成极大的危害和威胁。为此，从宏观角度出发，尾矿废石的综合利用已经引起了国家和有关矿山的高度重视，"无尾矿山"是国内外许多矿山的追求目标。

金属矿山尾矿的物质组成虽千差万别，但其中基本的组分及开发利用途径是有规律可循的。矿物成分、化学成分及其工艺性能这三大要素构成了尾矿利用可行性的基础。磨细的尾矿构成了一种复合矿物原料，加上其中微量元素的作用，具有许多工艺特点。研究表明，尾矿在资源特征上与传统的建材、陶瓷、玻璃原料基本相近，实际上是已加工成细粒的不完备混合料，加以调配即可用于生产，因此可以考虑进行整体利用。由于不需对这些原料再作粉碎和其他处理，制造出的产品往往价值较高、经济效益十分显著。工艺试验表明，大多数尾矿可以成为传统原料的替代品，乃至成为别具特色的新型原料，例如高硅尾矿可用作建筑材料、公路用砂等原料[1~4]。

8.1 尾矿高附加值利用技术

8.1.1 高性能耐火材料制备

耐火材料一般是指主要由无机非金属材料构成的且耐火度不低于 1580℃的材料和制品。

耐火度是指材料在高温作用下达到特定软化变形程度时的温度，它标志材料抵抗高温作用的性能。

耐火材料是为高温技术服务的基础材料，与高温技术尤其是高温冶炼工业的发展有紧密关系，相互依存，相互促进，共同发展。在一定的条件下，耐火材料的质量和品种对高温技术的发展起着关键性的作用。其目前被广泛地应用在冶金、化工、石油、机械制造等领域。

耐火材料有很多种类，为方便研究、生产和选用，通常按其共性与特性划分类别。其中，按材料的化学、矿物组成分类是一种常用的基本的分类方法；据此分类，耐火材料可分为硅质耐火材料、硅酸铝耐火材料、刚玉质耐火材料、镁质耐火材料、橄榄石质耐火材料、尖晶石耐火材料、含锆质耐火材料、特殊耐火材料。

不同耐火制品有不同的原料选择，有不同的物理-化学反应，但是耐火材料的生产工序和加工方法基本是一致的，都要进行原料加工、配料、混炼、成型、干燥、烧成等工序，并且这些工序中影响制品质量的基本因素相同。因此，了解耐火材料生产中的共性有利于认识和掌握不同耐火材料的特殊生产制度。

定形耐火制品的一般制备工艺为：

原料的加工→配料→陈腐→成型→干燥→烧成→成品。

① 原料的加工　原料的质量是耐火材料质量的基本保证，因此对原料的加工是制备耐火制品不可缺少的环节。原料的加工包括：原料的精选提纯、均化或合成；原料的干燥煅烧；原料的破碎和分级。

② 提纯和均化　为了提高原料纯度，一般需经拣选，剔除杂质。有的还需要采用适当的选矿提纯。有的原料中成分不均化，需要均化。有的在精选后还可适量引入添加物质。高性能的复合原料需采用人工合成方法。

8.1.2　纳米二氧化硅制备

自 1984 年纳米材料问世以来，这种新材料一直引起了人们的极大关注，其研制、生产及应用开发是现代高科技领域的一个重要组成部分，各国纷纷开展了这方面的研究，西方发达国家已经把它的研制开发工作作为一项重要的战略任务，纳米二氧化硅即是其中一员。由于纳米二氧化硅具有许多优异的特性：纯度高、比表面积大，在二氧化硅中硅醇基和活性硅烷键能形成强弱不等的氢键结合，具有吸湿性、消光性、绝热、绝缘性等特殊性能，因此纳米二氧化硅可广泛应用于催化剂载体、高分子复合材料、电子封装材料、精密陶瓷材料、橡胶、造纸、塑料、玻璃钢、黏结剂、高档填料、密封胶、涂料、光导纤维、精密铸造等诸多行业的产品中，几乎涉及所有应用二氧化硅粉体的行业。

尾矿中的二氧化硅占有比例较高，因此是良好的制备纳米二氧化硅的原材料。尾矿粒度相对于晶体或单晶体而言较细具有较大的反应界面，反应放热多，而使反应速度加快；同时，由于尾矿的颗粒细小，为我们采用高温固相反应法提取其中的二氧化硅提供了便利，不需要对尾矿进行研磨等前期处理，降低了成本。同时，细小的尾矿颗粒比面积较大，与溶剂的接触面积相应增加，使反应速度加快，降低了溶剂的用量。

利用尾矿制备纳米二氧化硅：第一步要对二氧化硅进行提取，将尾矿中的 SiO_2 转化为 Na_2SiO_3；第二步是以尾矿制备的硅酸钠提取液为原料，通过超声沉淀法制备纳米二氧化硅。该技术方法工艺简单，重复性好，控制方便，具有较高的经济效益与环境效益，较宽广的市场推广前景，为该类型尾矿的开发利用提供了重要的途径。

8.1.2.1 二氧化硅提取

以尾矿、碱性溶剂（如氢氧化钠等）为原料，采用高温固相反应法将二氧化硅转化为硅酸钠，然后用蒸馏水溶解出硅酸钠，达到提取的目的。其反应原理为：

$$SiO_2(固) + 2NaOH(固) = Na_2SiO_3(固) + H_2O(气)$$

提取 SiO_2 的工艺流程如图 8-1 所示。

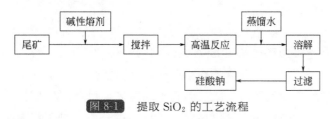

图 8-1 提取 SiO_2 的工艺流程

8.1.2.2 纳米二氧化硅的制备

以尾矿的硅酸钠提取液、盐酸为原料，通过液相超声沉淀法制备纳米二氧化硅，其生产原理为：

$$Na_2O \cdot mSiO_2 + 2HCl + nH_2O = mSiO_2 \cdot (n+1)H_2O \downarrow + 2NaCl$$

制备纳米二氧化硅工艺流程如图 8-2 所示。

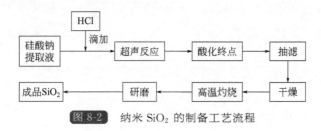

图 8-2 纳米 SiO_2 的制备工艺流程

制备过程发现，超声波在纳米二氧化硅制备过程中的作用明显，能够提高产品的分散性，有效防止纳米粒子的团聚，同时能够控制产品的粒径，使产品的粒子分布范围缩窄，有效地提高了产品性能。

8.1.3 硅铝聚合材料制备

矿物聚合材料是由法国科学家 Joseph Davidovits 于 20 世纪 70 年代提出的概念，其原意是指由地球化学作用形成的铝硅酸盐矿物聚合物。Joseph Davidovits 等学者对金字塔等古埃及、古罗马的建筑进行研究时发现：古代混凝土、砂浆建筑物具有非常优异的耐久性能，它们能在比较恶劣的环境中保持几千年甚至上万年而不被破坏。与之相比较，在相同的服役条件下，用硅酸盐水泥制备的现代混凝土平均仅有 40~50 年的寿命，最长的也不超过 100 年，短的仅仅几年就遭受严重破坏。究其原因是由于这些采用石灰石、高岭土、天然碳酸钙等原料制备的古代混凝土中存在着一种硅酸盐水泥中所没有的无定形物质，该物质的结构与有机高分子聚合物的三维架状结构相似，但其主体为无机的［SiO_4］和［AlO_4］四面体，Joseph Davidovits 称为地聚合物（geopolymer）。矿物聚合材料的原材料资源丰富，制备工艺简单，低废气排放，节约能源和资源，性价比高，在建筑材料、高强材料、固核固废材料、密封材料和耐高温材料等方面均显示出巨大的应用前景。因此，矿物聚合材料已经越来越引起了材料工作者们的广泛关注。在国外，有关地聚合物材料方面的研究已经进入了实用化的阶段，如法国的 Geopolymer Institute、美国的 Waterways Experiment Station 等专门研究机构均致力于此种材料的研发，已取得了令人瞩目的成果，并将其应用于新型建筑装饰材料、耐火保温材料、核废料固封材料等领域。已有的商品化产品如美国的 PYRAMENT 牌水泥、德国 TROLIT 牌黏结剂和法国 GEOPOLYCERAM 牌陶瓷等。国内在这一领域起步较晚，且大多为探索性研究。

8.1.3.1　定义

硅铝聚合材料是一类由铝硅酸盐胶凝成分黏结的化学键陶瓷材料，以烧黏土（偏高岭土）或其他以硅、铝、氧为主要元素的硅铝质材料为主要原料，经适当的工艺处理，在较低温度条件下通过化学反应得到的一类既具有有机高聚物、陶瓷、水泥的优良性能，又具有原料来源广泛、工艺简单、能耗少、环境污染小等优点的一类新型无机聚合物材料。在国内，硅铝聚合物亦可称为地聚合物材料、人造矿物聚合物、地质聚合物、土壤聚合物、土聚水泥等。

8.1.3.2　结构

聚合反应得到的硅铝聚合材料是由聚合的硅-氧-铝网络结构构成，其基本结构单元 $[SiO_4]$ 和 $[AlO_4]$ 四面体通过共用氧原子交替结合。硅元素以稳定的 +4 价态存在，因此硅氧四面体呈电中性；铝氧四面体中的铝元素是 +3 价态，却与四个氧原子结合成键，因此铝氧四面体显电负性，需要阳离子（如 K^+、Na^+）的出现来平衡体系中的负电荷，总的结果使体系显电中性。

硅铝聚合材料的结构通式：

$$M_x[-(Si-O_2)_z-Al-O_2^-]_n \cdot wH_2O。$$

式中　M——碱金属元素；

　　　x——碱金属离子的数目；

　　　—　——化学键；

　　　z——硅铝比，可以是 1、2 或 3；

　　　n——缩聚度；

　　　w——化学结合水的数目，$w = 0 \sim 4$。

矿物聚合材料的化学组成为铝硅酸盐，其基体相呈非晶质至半晶质相，具有 $[SiO_4]$ 和 $[AlO_4]$ 四面体随机分布的三维网络结构，碱金属或碱土金属离子分布于网络孔隙之间保持电价平衡。网络的基本结构单元为硅铝氧链（—Si—O—Al—O—）、硅铝硅氧链（—Si—O—Al—O—Si—O—）和硅铝二硅氧链（—Si—O—AlO—Si—O—Si—O—）等，结构形态如图 8-3～图 8-5 所示。

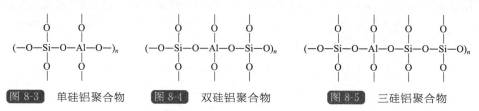

图 8-3　单硅铝聚合物　　图 8-4　双硅铝聚合物　　图 8-5　三硅铝聚合物

8.1.3.3 硅铝聚合材料的基本特征

由于硅铝聚合物材料具有类似有机高聚物的链接结构，且能够与矿物颗粒表面的 $[SiO_4]$ 和 $[AlO_4]$ 四面体通过脱羟基作用形成化学键，其终产物以离子键和共价键为主，范德瓦尔斯键和氢键为辅，因而矿物聚合物兼有有机高聚物、陶瓷、水泥的特点，又不同于上述材料，它具有以下优点。

① 具有较好的快硬固化性和早强性　传统水泥固结硬化的时间一般为 $10\sim12h$，而矿物聚合材料在 $2\sim4h$ 就固结硬化了；一般 24h 强度可达到 $15\sim30MPa$，28d 强度可达到 $30\sim60MPa$。

② 强度高　其主要力学性能指标优于玻璃与水泥，可与陶瓷及铝、钢等金属材料相当。由于矿物聚合材料与一般矿物颗粒或废弃物颗粒具有良好的界面亲和性，因此这类材料的抗折强度较高。与水泥基材料相比，当抗压强度相同时矿物聚合材料具有更高的抗折强度。

③ 在凝结硬化和使用过程中具有良好的体积稳定性　通常，其 7d 线收缩率只有普通水泥的 $1/7\sim1/5$，28d 的线收缩率只有普通水泥的 $1/9\sim1/8$。矿物聚合材料的高温体积稳定性也极好，其 400℃下的线收缩率为 $0.2\%\sim1\%$，800℃下的线收缩率为 $0.2\%\sim2\%$，可以保持 60% 以上的原始强度。

④ 具有较强的耐腐蚀性和较好的耐水热性　其在 5% 硫酸溶液中的分解率只有硅酸盐水泥的 $1/13$；在 5% 盐酸溶液中的分解率只有硅酸盐水泥的 $1/12$。耐腐蚀性和耐水热性大大优于传统的水泥材料。

⑤ 耐高温，隔热效果好　矿物聚合材料的基体相可能具有类沸石型结构，因而其密度较低，通过加入适量的发泡剂；并采用天然铝硅酸盐矿物或工业固体废物如粉煤灰、膨胀珍珠岩等轻质骨料；进一步降低气体密度和热导率，可制备出具有良好保温隔热和防火性能的新型轻质建筑材料。可抵抗 $1000\sim1200℃$ 高温的炽烤而不损坏，热导率为 $0.24\sim0.38W/(m\cdot K)$，可与轻质耐火黏土砖 $[0.3\sim0.438W/(m\cdot K)]$ 相媲美。

⑥ 原料价格低廉，储量丰富　原材料为资源丰富、价格低廉的天然或人造的低钙 Si-Al 质材料或铝硅质工业废料，其主要构成元素 Si、Al、O 在地壳中的含量分别为 27%、8%、47%。

⑦ 增韧、增强外加剂的选择范围广　由于反应在较低温度下进行，避免了高温可能导致的添加物变质，从而可采用多种外添加剂进行增韧、增强，提高材料性能。如法国的 Davidovits 等添加碳化硅纤维提高强度到 210MPa；日本镜美等添加 PVA 和 PAA 用来制造大理石；法国的 Geopolymer Institute 添加废晶态金属纤维用来制造核废料容器。

⑧ 具有笼型结构，渗透率低，可开发出许多新的功能用途（譬如用作核放射元素的固封材料）　J. G. S. Van Jarsveld 等在矿物聚合材料中加入 0.1% Pb $[$以 Pb $(NO_3)_2$ 形式$]$，然后用 pH 值为 3.3 的乙酸溶液对粉碎后的矿物聚合物进行浸出试验。其粒度为 $212\sim600\mu m$，固液比为 $1:25$，浸出温度为 30℃，在 200r/min 的转速下进行搅拌，经 1400min 浸出后基本达到平衡，浸出液中 Pb 的浓度只有 9mg/L。

8.1.3.4 合成方法

矿物聚合物材料的生产工艺如图 8-6 所示。矿物聚合物通常是由适量偏高岭土和少量碱性激发剂溶液与大量天然或尾矿相混合，在低于 150℃下甚至常温条件下养护所得到的不同强度等级的水泥熟料胶凝材料。

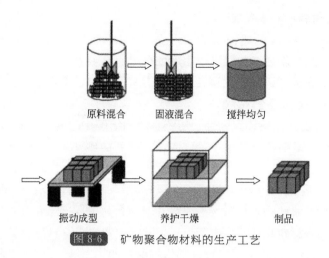

原料混合　　固液混合　　搅拌均匀

振动成型　　养护干燥　　制品

图 8-6　矿物聚合物材料的生产工艺

8.1.3.5　反应原理

矿物聚合材料的形成过程主要分 4 个阶段。

1）固体原料在碱性溶液（NaOH、KOH）中的溶解（其中硅铝组分的溶解和络合反应是同时进行的）　在 Al、Si 浓度很低的条件下，溶解反应形成单聚物、二聚物。随着高浓度硅酸阴离子的加入，将会形成四聚物、五聚物、六聚物、八聚物、九聚物及其化合物。

2）溶解的铝硅配合物由固体颗粒表面向颗粒间隙扩散　在扩散过程中由于溶解反应生成的硅、铝络合物粒子在溶液中形成的浓度梯度，以及带电粒子之间的库仑力作用，致使这些络合物粒子在固体颗粒之间的空隙中分散、迁移。

3）凝胶相 $[Mx(AlO_2)_y(SiO_2)_z \cdot nMOH \cdot mH_2O]$ 的形成，导致碱硅酸盐溶液和铝硅配合物之间发生聚合反应　在库仑静电引力作用下发生阴阳离子配对的浓缩反应在溶解络合阶段形成 $Al(OH)_4^-$ 和正硅酸阴离子，与碱金属阳离子发生离子配对反应，生成 $M+Al(OH)_4^-$ 单聚物和硅酸盐的单聚物、二聚物、三聚物阴离子团。这些离子团为形成后续的聚合度更高的铝硅酸盐聚合物奠定了物质基础。

4）凝胶相逐渐排除多余水分而固结硬化　在固体混合物料中加入碱硅酸盐溶液后，随着水合、络合、聚合反应的进行生成凝胶相的反应达到平衡。从胶体溶液中析出的凝胶相包覆在未溶解的固体颗粒表面，形成凝胶体膜层。最初，包覆有凝胶体膜层的未溶颗粒相互分离，整个体系仍具有可塑性。随着反应的进行，凝胶体膜层不断增厚，并扩展填充固体颗粒间隙而形成网状结构，非结构水逐渐蒸发排除，最终导致整个反应体系逐渐固结硬化，形成具有良好力学性能的矿物聚合材料。

8.1.3.6　影响因素

矿物聚合材料的性能受到多种因素的制约，影响矿物聚合材料制品的力学性能和化学性能的主要因素有以下几种。

（1）高岭石配料的历史

在 600~700℃ 煅烧（6h）高岭石，使得八面体配位的 Al 转变为四面体配位形式，从而形成具有更高活性且易溶于碱性溶液的变高岭石，提高原料的反应活性。实验发现，纯高岭石制备的聚合物，结构强度较低；天然辉沸石和方钠石在不添加高岭石的情况下也可生成铝硅酸盐聚合物，而其他反应活性较低的矿物则很难形成具有一定强度的化学键。

（2）碱的类型和浓度

实验表明：除方钠石外，其他矿物在 NaOH 溶液中的溶解度高于在 KOH 溶液中的溶解度；铝硅酸盐矿物的溶解度随碱性溶液的浓度增大而升高；Al 和 Si 在碱性溶液中可能以某种联结形式共同溶解；对同一矿物而言，$Al(OH)_4^-$ 四面体不存在直接的正、负离子对反应，因而限制了 Al 的溶解，使得 Si 的溶解度高于 Al；在 NaOH、KOH 溶液中，架状构造矿物较其他构造矿物具有更高的溶解度。

（3）碱和水玻璃的配合类型及固/液比

由于外加钠水玻璃的作用，体系中的硅酸阴离子在碱激活剂的催化下，继而发生浓缩聚合反应，形成的铝硅酸盐聚合物以胶体形式存在于未溶解的固体颗粒之间，为整个材料的胶筑提供了基本条件。碱性溶液与固体原料的混合顺序和比例对聚合物的强度亦有一定影响。NaOH/钠水玻璃或 KOH/钾水玻璃先混合，然后与固相混合，形成的材料强度最大。以 KOH/钾水玻璃制备的聚合物基体相的抗压强度最大，由 NaOH/钠水玻璃制成的基体相的强度较低，但对 Pb 的固封最为有效；而以 NaOH/钾水玻璃制成的基体相的强度最低。

（4）$n(SiO_2)/n(M_2O)$ 值

矿物聚合材料强度的主要决定因素为：凝胶相的强度；凝胶相与未溶解的硅铝矿物颗粒的比例；未溶解的固体颗粒的分布；凝胶相与未溶解的硅铝矿物颗粒之间的反应。加入 Na_2SiO_3 溶液后，至少会使上述因素之一得到改善，从而使材料的强度显著增大。

（5）pH 值

初始碱金属硅酸盐前驱物的 pH 值是控制矿物聚合材料抗压强度最主要的因素。当 pH 值比较高时，溶液相的组分以较小的低聚物链和单体硅酸盐为主，容易与可溶的 Al 反应而生。

8.2 废石高附加值利用技术

建筑工程、水利工程、电力工程、公路工程、铁路工程都少不了最基本的原材料——碎石，而碎石最现成的也可以说最便宜的资源应出自于矿山，特别是金属矿山。每个矿山都有着掘进或剥离的原生石块、废石，运送到废石场堆放。长期以来，废石场不但占用大量的土地，而且污染了自然环境。

这些废石，即使弃之不用也得花一笔"丢弃费"，如果这些废石得到充分利用，将是一件一举多得的大好事。以废石、尾矿为原料，研发出具有高附加值、高技术性能和含量的产品，如高强度人造石材、低聚物材料、建筑工艺石材等，能提高其整体的利用价值，且有广阔发展前景。

8.2.1 高强度人造石材料

人造石材是以不饱和聚酯树脂为黏结剂，然后配以天然大理石或者方解石、白云石、硅砂、玻璃粉等无机物粉料，还有适量的阻燃剂、色料等加工制成。人造石材与天然石材相比，其更具光洁度，并且色彩鲜艳亮丽、颜色均匀。此外，人造石材还具有抗压耐磨、结构致密、坚固耐用、环保节能等优点，是现代建筑首选材料。

人造石材使用性能高，综合起来讲就是高强度、硬度高和耐磨性能好、厚度薄、质量轻、用途广泛、加工性能好。常见的高强度人造石材有人造大理石和人造花岗岩，其中，人造大理石的应用最为广泛。人造大理石具有质轻、强度高、耐污染、多品种、生产工艺简单和易施工等特点，其经济性、选择性等均优于天然石材的饰面材料。

人造大理石又称为塑料混凝土，是一种新型的建筑装饰材料，它是以不饱和聚酯树脂作为黏合剂，石粉、石渣作为填充材料，当不饱和聚酯树脂在固化过程中把碎石、石粉均匀牢固地黏结在一起后，即形成坚硬的人造大理石。在居室装修施工中，采用天然大理石大面积用于室内装修时会增加楼体承重，而聚酯人造大理石就克服了上述缺点。它以不饱和聚酯树脂作为黏合剂，与石英砂、大理石粉、方解石粉等搅拌混合，浇铸成型，在固化剂作用下产生固化作用，经脱模、烘干、抛光等工序而制成。这种材料质量轻（比天然大理石轻 25% 左右）、强度高、厚度薄，并易于加工，拼接无缝、不易断裂，能制成弧形，曲面等形状，比较容易制成形状复杂、多曲面的各种各样的洁具，如浴缸、洗脸盆、坐便器等，并且施工比较方便。

人造大理石的物理力学性能见表 8-1。

表 8-1　人造大理石的物理力学性能

性能项目	指标	性能项目	指标
密度/(kg/m³)	2100	表面硬度(HS)	>35
抗压强度/MPa	>100	表面光泽度/度	>80～100
抗弯强度/MPa	>30	吸水率/%	<0.1
冲击强度(MJ/m²)	>20	线性膨胀系数/(1/开)	2～3

8.2.2　新型地聚物材料

地聚物材料（Geopolymeric materials）是近年来国际上研究非常活跃的材料之一。它是以烧黏土（偏高岭土）、碱激发剂为主要原料，包括黏土、煅烧黏土、高岭土、粉煤灰或高炉矿渣、碱激发成分等，采用适当的工艺处理，通过化学反应得到的具有与陶瓷性能相似的一种新材料[5,6]。

20 世纪 70 年代末，法国的 J. Davidovits 在深入研究古代建筑材料的基础上研制发明了地聚物材料。由于地聚物材料具有许多普通硅酸盐水泥难以达到的性能，而且具有原材料丰富、工艺简单、价格低廉、节约能源等优点，应用开发前景广泛，所以近年来新型地聚物材料的研究引起了国内外材料研究者的极大兴趣。

较之生产水泥，地聚物材料能耗可减少 70%，排放污染物可减少约 90%；同时，它具有高抗折强度、耐腐蚀、耐高温、隔热以及更好的体积稳定性，特别是阻止重金属从构筑物中溶出方面性能优异。但是，与水泥相比较价格优势不明显，因而尚难以完全取代水泥，目前还主要用于对强污染废弃物的固化等方面。但是，现在已经有人开始研究利用尾矿来制造这种材料，并获得初步成功。例如，以中国地质大学马鸿文教授为首的实验室，已经利用福建沙县田口钾长石尾矿和北京平谷区将军关金矿尾矿试制这种材料，试验结果都表明是可行的。由于原料中以尾矿为主（平谷金矿尾矿的配加量可达 80%），所以降低了生产成本，而且可以享受减免税费的优惠，使其与水泥有了一定竞争力。

能用作矿物聚合材料的尾矿，要求其成分中以铝硅酸盐为主，并含有一定量的碱金属，而且最好其中非晶质物质含量较高。

8.2.3 建筑工艺石材

8.2.3.1 微晶玻璃

微晶玻璃（CRYSTOE and NEOPARIES）又称微晶玉石或陶瓷玻璃，学名玻璃水晶，是一种国外刚刚开发的新型建筑材料。微晶玻璃和我们常见的玻璃看起来大不相同，它具有玻璃和陶瓷的双重特性。普通玻璃内部的原子排列是没有规则的，这也是玻璃易碎的原因之一；而微晶玻璃像陶瓷一样由晶体组成，也就是说它的原子排列是有规律的。所以，微晶玻璃比陶瓷的亮度高，比玻璃韧性强。

微晶玻璃具有高强、耐磨、光泽度高、无色差、可以任意着色等特点。中国地质科学院原尾矿利用中心主任李章大教授最早开展利用尾矿制造微晶玻璃的研究；北京科技大学也进行了此项研究，并都已获得成功。为了适应尾矿成分复杂多变的特点，笔者还编制了微晶玻璃计算机优化配料系统，已经过大量试验的验证，并已通过专家的鉴定。

适合于制造微晶玻璃的尾矿是高硅低铁的尾矿，最好能含有一定量的碱金属，例如某些高岭土矿山、黄金矿山、钨矿山的尾矿等。目前利用正规原料烧制的微晶玻璃多是单晶相的，北京科技大学在研制某钒钛铁矿的尾矿用于制造微晶玻璃时，由于该尾矿成分复杂，出现了双晶相（硅灰石和透辉石）的微晶玻璃，其效果也不错，说明当原料成分复杂时也可制成微晶玻璃。近年还发展出制造微晶玻璃陶瓷复合板的技术，这种板材由于在晶化时可以不用莫来石的模具，能大大降低成本，相应可大大降低售价，因而有可能让此产品进入千家万户，这就大大拓宽了其市场。

微晶玻璃的晶相是从一个均匀玻璃相中通过晶体生长而产生，大部分是微晶体，剩余玻璃则是无定形或非晶态；玻璃组成可以是二元系统、三元系统、四元系统及更多元系统，如 Li_2O-SiO_2；CaO（MgO）-Al_2O_3-SiO_2、Li_2O（Na_2O）-Al_2O_3-SiO_2、Li_2O（Na_2O）-MgO（ZnO、BaO）-SiO_2、ZnO（CaO、BaO、PbO、MnO）-Al_2O_3-SiO_2（TiO_2）；Na_2O（Li_2O）-BaO（ZnO）-Al_2O_3-SiO_2、CaO-FeO（Fe_2O_3）-Al_2O_3-SiO_2 等，硅、铝、钙、镁非金属氧化物和锂、锌、铁、锰、钛、钡、铅金属氧化物组成，其组分含量波动允许范围大，晶相可以是单晶相至多晶相，剩余玻璃量范围宽，不仅生产工艺易于操作，产品种类也多。尾矿中的微量金属组分还可成为晶核剂、矿化剂、着色剂，适合于尾矿复合矿物原料的资源特点。微晶玻璃具有玻璃及陶瓷的优点，兼有传统材料所不能达到的物理性能；扩大了玻璃制造工艺应用范围；代表一种根本不同于陶瓷的制造工艺；对物理-化学作用的某些物理性能基础研究很有价值；可使制成材料成为含有少见已知晶体的组合体，且有可能发展出全新的晶相，是无机材料和非金属的有效结合，是玻璃与陶瓷性能的独特结合。微晶玻璃具有可贵的耐高温性能及低（无、可控）膨胀系数，高度化学稳定性，耐腐蚀和抗氧化性，高机械强度和良好的电绝缘性，介电击穿强度等，不仅具有较好经济效益和应用效果，有希望代替金属、非金属传统材料，而且开辟了一个没有代用材料可以满足其技术要求的全新领域。微晶玻璃实际和潜在用途有：高级建筑材料（国外称为 21 世纪建筑材料），矿山、选厂、冶炼厂、水利、化工部门耐磨、耐腐蚀材料，水下结构及深水容器材料，日用微波炉托盘、桌面、台板；化学工业及食品加工工业大型金属器皿内衬，输送泥浆的泵、阀门、管道、热液输送管道，1100℃温度以下长期使用的热交换器材料，耐火砖接缝密封剂，特殊用途轴承；可焊接到铜、镍、低碳钢上，与金属焊接成电力、微电子、真空管组件；微电子技术用基片、制微晶玻璃印刷电路，高电容率微晶玻璃电容器和电光材料，灯泡、望远镜坯，激光器元件、透红外线微晶玻璃，飞机及宇宙飞船的热保护层、宇宙飞行器，原子反应堆控制棒材料、反应堆用密封剂，磷酸盐微晶玻璃可制医学人造骨，锂锌硅酸盐微晶玻璃人造牙等。

在国外，已有 2000 多种商品上市，我国处于开发起步阶段。国际上生产微晶玻璃的原料为纯矿物原料和化工原料；前苏联和东欧国家工业用微晶玻璃原料为炉渣和玄武岩、辉绿岩；我国首创用矿山尾矿废石等固体废物作为主要原料生产微晶玻璃。我国于 20 世纪 80 年代在北京玻璃研究所和轻工业部上海玻搪所的技术支持下，首先用迁安铁矿尾矿研制尾矿微晶玻璃成功；90 年代在中南大学材料系孙孝华教授领导的实验室研制尾矿微晶玻璃时，在国内外首次发现铁矿尾矿微晶玻璃和钨矿尾矿微晶玻璃具有形状记忆功能；经装甲兵部队复合防弹装甲打靶试验后，用增韧补强工艺，提高尾矿微晶玻璃抗冲击强度 6 倍以上。可以预见，尾矿微晶玻璃新材料对无机非金属高硅-铝复合材料工业将可起到类似钢铁材料在冶金工业中的作用和地位。

值得注意的是，由于其高绝缘性微晶玻璃还可用作绝缘材料。

8.2.3.2　泡沫玻璃

泡沫玻璃是一种保温、隔热、吸声的轻质新型建筑材料。这种新材料对原料的要求与微晶玻璃相近，所以也可以用一些与微晶玻璃相近似的废石或尾矿来生产，但要求添加一些发泡剂。

参 考 文 献

[1] 陈希廉. 矿山废石和尾矿的 50 种可能应用领域 [C] //中国矿山地质学术会议暨振兴东北生产矿山资源高层论坛. 2005.

[2] 李章大，周秋兰. 尾矿废石资源化开发利用新阶段的新思考 [C] //中国实用矿山地质学. 2010.

[3] 工业和信息化部，科学技术部，国土资源部等. 金属尾矿综合利用专项规划 2010—2015 [S] 2010.

[4] 王湖坤，龚文琪，刘友章. 有色金属矿山固体废物综合回收和利用分析 [J]. 金属矿山，2005，(12)：70-72.

[5] 郑娟荣，覃维祖. 地聚物材料的研究进展 [J]. 新型建筑材料，2002，(4)：11-12.

[6] 林鲜. 对新型地聚合物材料性能的研究探讨 [J]. 石油工程建设，2005，31 (5)：9-11.

附录

附录一 通用硅酸盐水泥（GB 175—2007）

1 范围

本标准规定了通用硅酸盐水泥的术语和定义、分类、组分与材料、强度等级、技术要求、试验方法、检验规则和包装、标志、运输与贮存等。

本标准适用于通用硅酸盐水泥。

2 规范性引用文件

下列文件中的条款通过本标准的引用而成为本标准的条款。凡是注日期的引用文件，其随后所有的修改单（不包括勘误的内容）或修订版均不适用于本标准，然而，鼓励根据本标准达成协议的各方研究是否可使用这些文件的最新版本。凡是不注日期的引用文件，其最新版本适用于本标准。

GB/T 176 水泥化学分析方法（GB/T 176—1996，eqv ISO 680：1990）。

GB/T 203 用于水泥中的粒化高炉矿渣。

GB/T 750 水泥压蒸安定性试验方法。

GB/T 1345 水泥细度检验方法 筛析法。

GB/T 1346 水泥标准稠度用水量、凝结时间、安定性检验方法（GB/T 1346—2001，eqv ISO 9597：1989）。

GB/T 1596 用于水泥和混凝土中的粉煤灰。

GB/T 2419 水泥胶砂流动度测定方法。

GB/T 2847 用于水泥中的火山灰质混合材料。

GB/T 5483 石膏和硬石膏。

GB/T 8074 水泥比表面积测定方法 勃氏法。

GB 9774 水泥包装袋。

GB 12573 水泥取样方法。

GB/T 12960 水泥组分的定量测定。

GB/T 17671 水泥胶砂强度检验方法（ISO 法）（GB/T 17671—1999，idt ISO 679：

1989)。

GB/T 18046 用于水泥和混凝土中的粒化高炉矿渣粉。

JC/T 420 水泥原料中氯离子的化学分析方法。

JC/T 667 水泥助磨剂。

JC/T 742 掺入水泥中的回转窑窑灰。

3 术语和定义

下列术语和定义适用于本标准。

通用硅酸盐水泥 common portland cement.

以硅酸盐水泥熟料和适量的石膏，及规定的混合材料制成的水硬性胶凝材料。

4 分类

本标准规定的通用硅酸盐水泥按混合材料的品种和掺量分为硅酸盐水泥、普通硅酸盐水泥、矿渣硅酸盐水泥、火山灰质硅酸盐水泥、粉煤灰硅酸盐水泥和复合硅酸盐水泥。各品种的组分和代号应符合5.1的规定。

5 组分与材料

5.1 组分

通用硅酸盐水泥的组分应符合表1的规定。

表1 通用硅酸盐水泥组分国家标准

品种	代号	组分(质量分数)/%				
		熟料＋石膏	粒化高炉矿渣	火山灰质混合材料	粉煤灰	石灰石
硅酸盐水泥	P·Ⅰ	100	—	—	—	—
	P·Ⅱ	≥95	≤5	—	—	—
		≥95	—	—	—	≤5
普通硅酸盐水泥	P·O	≥80且<95	>5且≤20①			—
矿渣硅酸盐水泥	P·S·A	≥50且<80	>20且≤50②	—	—	—
	P·S·B	≥30且<50	>50且≤70②	—	—	—
火山灰质硅酸盐水泥	P·P	≥60且<80	—	>20且≤40③	—	—
粉煤灰硅酸盐水泥	P·F	≥50且<80	—	—	>20且≤40④	—
复合硅酸盐水泥	P·C	≥50且<80	>20且≤50⑤			

①本组分材料为符合本标准5.2.3的活性混合材料，其中允许用不超过水泥质量8%且符合本标准5.2.4的非活性混合材料或不超过水泥质量5%且符合本标准5.2.5的窑灰代替。

②本组分材料为符合GB/T 203或GB/T 18046的活性混合材料，其中允许用不超过水泥质量8%且符合本标准第5.2.3条的活性混合材料或符合本标准第5.2.4条的非活性混合材料或符合本标准第5.2.5条的窑灰中的任一种材料代替。

③本组分材料为符合GB/T 2847的活性混合材料。

④本组分材料为符合GB/T 1596的活性混合材料。

⑤本组分材料为由两种(含)以上符合本标准第5.2.3条的活性混合材料或/和符合本标准第5.2.4条的非活性混合材料组成，其中允许用不超过水泥质量8%且符合本标准第5.2.5条的窑灰代替。掺矿渣时混合材料掺量不得与矿渣硅酸盐水泥重复。

5.2 材料

5.2.1 硅酸盐水泥熟料

由主要含 CaO、SiO₂、Al₂O₃、Fe₂O₃ 的原料，按适当比例磨成细粉烧至部分熔融所得以硅酸钙为主要矿物成分的水硬性胶凝物质。其中硅酸钙矿物含量（质量分数）不小于 66%，氧化钙和氧化硅质量比不小于 2.0。

5.2.2 石膏

5.2.2.1 天然石膏：应符合 GB/T 5483 中规定的 G 类或 M 类二级（含）以上的石膏或混合石膏。

5.2.2.2 工业副产石膏：以硫酸钙为主要成分的工业副产物。采用前应经过试验证明对水泥性能无害。

5.2.3 活性混合材料

应符合 GB/T 203、GB/T 18046、GB/T 1596、GB/T 2847 标准要求的粒化高炉矿渣、粒化高炉矿渣粉、粉煤灰、火山灰质混合材料。

5.2.4 非活性混合材料

活性指标分别低于 GB/T 203、GB/T 18046、GB/T 1596、GB/T 2847 标准要求的粒化高炉矿渣、粒化高炉矿渣粉、粉煤灰、火山灰质混合材料；石灰石和砂岩，其中石灰石中的三氧化二铝含量（质量分数）应不大于 2.5%。

5.2.5 窑灰

应符合 JC/T 742 的规定。

5.2.6 助磨剂

水泥粉磨时允许加入助磨剂，其加入量应不大于水泥质量的 0.5%，助磨剂应符合 JC/T 667 的规定。

6 强度等级

6.1 硅酸盐水泥的强度等级分为 42.5、42.5R、52.5、52.5R、62.5、62.5R 六个等级。

6.2 普通硅酸盐水泥的强度等级分为 42.5、42.5R、52.5、52.5R 四个等级。

6.3 矿渣硅酸盐水泥、火山灰质硅酸盐水泥、粉煤灰硅酸盐水泥、复合硅酸盐水泥的强度等级分为 32.5、32.5R、42.5、42.5R、52.5、52.5R 六个等级。

7 技术要求

7.1 化学指标

通用硅酸盐水泥化学指标应符合表 2 的规定。

品种	代号	不溶物 (质量分数)/%	烧失量 (质量分数)/%	三氧化硫 (质量分数)/%	氧化镁 (质量分数)/%	氯离子 (质量分数)/%
硅酸盐水泥	P·Ⅰ	≤0.75	≤3.0	≤3.5	≤5.0①	≤0.06③
	P·Ⅱ	≤1.50	≤3.5			
普通硅酸盐水泥	P·O	—	≤5.0			
矿渣硅酸盐水泥	P·S·A	—	—	≤4.0	≤6.0①	
	P·S·B	—	—		—	
火山灰质硅酸盐水泥	P·P	—	—	≤3.5	≤6.0②	
粉煤灰硅酸盐水泥	P·F	—	—			
复合硅酸盐水泥	P·C	—	—			

表 2　通用硅酸盐水泥化学指标国家标准

① 如果水泥压蒸试验合格，则水泥中氧化镁的含量（质量分数）允许放宽至 6.0%。
② 如果水泥中氧化镁的含量（质量分数）大于 6.0%时，需进行水泥压蒸安定性试验并合格。
③ 当有更低要求时，该指标由买卖双方确定。

7.2　碱含量（选择性指标）

水泥中碱含量按 $Na_2O+0.658K_2O$ 计算值表示。若使用活性骨料，用户要求提供低碱水泥时，水泥中的碱含量应不大于 0.60%或由买卖双方协商确定。

7.3　物理指标

7.3.1　凝结时间

硅酸盐水泥初凝时间不小于 45min，终凝时间不大于 390min。

普通硅酸盐水泥、矿渣硅酸盐水泥、火山灰质硅酸盐水泥、粉煤灰硅酸盐水泥和复合硅酸盐水泥初凝不小于 45min，终凝不大于 600min。

7.3.2　安定性

沸煮法合格。

7.3.3　强度

不同品种不同强度等级的通用硅酸盐水泥，其不同龄期的强度应符合表 3 的规定。

表 3　通用硅酸盐水泥强度标准

品种	强度等级	抗压强度/MPa		抗折强度/MPa	
		3d	28d	3d	28d
硅酸盐水泥	42.5	≥17.0	≥42.5	≥3.5	≥6.5
	42.5R	≥22.0		≥4.0	
	52.5	≥23.0	≥52.5	≥4.0	≥7.0
	52.5R	≥27.0		≥5.0	
	62.5	≥28.0	≥62.5	≥5.0	≥8.0
	62.5R	≥32.0		≥5.5	
普通硅酸盐水泥	42.5	≥17.0	≥42.5	≥3.5	≥6.5
	42.5R	≥22.0		≥4.0	
	52.5	≥23.0	≥52.5	≥4.0	≥7.0
	52.5R	≥27.0		≥5.0	

品种	强度等级	抗压强度/MPa		抗折强度/MPa	
		3d	28d	3d	28d
矿渣硅酸盐水泥 火山灰硅酸盐水泥 粉煤灰硅酸盐水泥 复合硅酸盐水泥	32.5	≥10.0	≥32.5	≥2.5	≥5.5
	32.5R	≥15.0		≥3.5	
	42.5	≥15.0	≥42.5	≥3.5	≥6.5
	42.5R	≥19.0		≥4.0	
	52.5	≥21.0	≥52.5	≥4.0	≥7.0
	52.5R	≥23.0		≥4.5	

7.3.4 细度（选择性指标）

硅酸盐水泥和普通硅酸盐水泥的细度以比表面积表示，其比表面积不小于 $300m^2/kg$；矿渣硅酸盐水泥、火山灰质硅酸盐水泥、粉煤灰硅酸盐水泥和复合硅酸盐水泥的细度以筛余表示，其 $80\mu m$ 方孔筛筛余不大于 10% 或 $45\mu m$ 方孔筛筛余不大于 30%。

8 试验方法

8.1 组分

由生产者按 GB/T 12960 或选择准确度更高的方法进行。在正常生产情况下，生产者应至少每月对水泥组分进行校核，年平均值应符合 5.1 的规定，单次检验值应不超过本标准规定最大限量的 2%。

为保证组分测定结果的准确性，生产者应采用适当的生产程序和适宜的方法对所选方法的可靠性进行验证，并将经验证的方法形成文件。

8.2 不溶物、烧失量、氧化镁、三氧化硫和碱含量

按 GB/T 176 进行试验。

8.3 压蒸安定性

按 GB/T 750 进行试验。

8.4 氯离子

按 JC/T 420 进行试验。

8.5 标准稠度用水量、凝结时间和安定性

按 GB/T 1346 进行试验。

8.6 强度

按 GB/T 17671 进行试验。火山灰质硅酸盐水泥、粉煤灰硅酸盐水泥、复合硅酸盐水泥和掺火山灰质混合材料的普通硅酸盐水泥在进行胶砂强度检验时，其用水量按 0.50 水灰比和胶砂流动度不小于 180mm 来确定。当流动度小于 180mm 时，应以 0.01 的整倍数递增的方法将水灰比调整至胶砂流动度不小于 180mm。

胶砂流动度试验按 GB/T 2419 进行，其中胶砂制备按 GB/T 17671 规定进行。

8.7 比表面积

按 GB/T 8074 进行试验。

8.8 80μm 和 45μm 筛余

按 GB/T 1345 进行试验。

9 检验规则

9.1 编号及取样

水泥出厂前按同品种、同强度等级编号和取样。袋装水泥和散装水泥应分别进行编号和取样。每一编号为一取样单位。水泥出厂编号按年生产能力规定为：

$200×10^4$ t 以上，不超过 4000t 为一编号；

$120×10^4$ t～$200×10^4$ t，不超过 2400 t 为一编号；

$60×10^4$ t～$120×10^4$ t，不超过 1000t 为一编号；

$30×10^4$ t～$60×10^4$ t，不超过 600t 为一编号；

$10×10^4$ t～$30×10^4$ t，不超过 400t 为一编号；

$10×10^4$ t 以下，不超过 200t 为一编号。

取样方法按 GB 12573 进行。可连续取，亦可从 20 个以上不同部位取等量样品，总量至少 12kg。当散装水泥运输工具的容量超过该厂规定出厂编号吨数时，允许该编号的数量超过取样规定吨数。

9.2 水泥出厂

经确认水泥各项技术指标及包装质量符合要求时方可出厂。

9.3 出厂检验

出厂检验项目为 7.1、7.3.1、7.3.2、7.3.3 条。

9.4 判定规则

9.4.1 检验结果符合 7.1，7.3.1、7.3.2、7.3.3 条的规定为合格品。

9.4.2 检验结果不符合 7.1、7.3.1、7.3.2、7.3.3 条中的任何一项技术要求为不合格品。

9.5 检验报告

检验报告内容应包括出厂检验项目、细度、混合材料品种和掺加量、石膏和助磨剂的品种及掺加量、属旋窑或立窑生产及合同约定的其他技术要求。当用户需要时，生产者应在水泥发出之日起 7d 内寄发除 28d 强度以外的各项检验结果，32d 内补报 28d 强度的检验结果。

9.6 交货与验收

9.6.1 交货时水泥的质量验收可抽取实物试样以其检验结果为依据，也可以生产者同编号水泥的检验报告为依据。采取何种方法验收由买卖双方商定，并在合同或协议中注明。卖方有告知买方验收方法的责任 当无书面合同或协议，或未在合同、协议中注明验收方法的，卖方应在发货票上注明"以本厂同编号水泥的检验报告为验收依据"字样。

9.6.2 以抽取实物试样的检验结果为验收依据时，买卖双方应在发货前或交货地共同取样和签封。取样方法按 GB 12573 进行，取样数量为 20kg，缩分为两等份：一份由卖方保存 40d；另一份由买方按本标准规定的项目和方法进行检验。

在 40d 以内，买方检验认为产品质量不符合本标准要求，而卖方又有异议时，则双方应将卖方保存的另一份试样送省级或省级以上国家认可的水泥质量监督检验机构进行仲裁检验。水泥安定性仲裁检验时，应在取样之日起 10d 以内完成。

9.6.3 以生产者同编号水泥的检验报告为验收依据时，在发货前或交货时买方在同编号水泥中取样，双方共同签封后由卖方保存 90d，或认可卖方自行取样、签封并保存 90d 的同编号水泥的封存样。

在 90d 内，买方对水泥质量有疑问时，则买卖双方应将共同认可的试样送省级或省级以上国家认可的水泥质量监督检验机构进行仲裁检验。

10 包装、标志、运输与贮存

10.1 包装

水泥可以散装或袋装，袋装水泥每袋净含量为 50kg，且应不少于标志质量的 99％；随机抽取 20 袋总质量（含包装袋）应不少于 1000kg。其他包装形式由供需双方协商确定，但有关袋装质量要求，应符合上述规定。水泥包装袋应符合 GB 9774 的规定。

10.2 标志

水泥包装袋上应清楚标明：执行标准、水泥品种、代号、强度等级、生产者名称、生产许可证标志（QS）及编号、出厂编号、包装日期、净含量。包装袋两侧应根据水泥的品种采用不同的颜色印刷水泥名称和强度等级，硅酸盐水泥和普通硅酸盐水泥采用红色，矿渣硅酸盐水泥采用绿色；火山灰质硅酸盐水泥、粉煤灰硅酸盐水泥和复合硅酸盐水泥采用黑色或蓝色。

散装发运时应提交与袋装标志相同内容的卡片。

10.3 运输与贮存

水泥在运输与贮存时不得受潮和混入杂物，不同品种和强度等级的水泥在贮运中避免混杂。

附录二 铁尾矿砂混凝土应用技术规范（GB 51032—2014）

1 总则

1.1 为了规范铁尾矿砂混凝土在建设工程中的应用，保证混凝土质量，制定本规范。

1.2 本规范适用于铁尾矿砂混凝土的原材料质量控制、配合比设计、生产与施工、质量检验与验收。

1.3 铁尾矿砂混凝土的应用，除应符合本规范外，尚应符合国家现行有关标准的规定。

2 术语

2.1 铁尾矿砂（iron tailings sand）
铁矿石经磨细、分选后产生的粒径小于 4.75mm 的废弃颗粒。

2.2 铁尾矿混合砂（mixed aggregate of iron tailings sand）
铁尾矿砂与天然砂或机制砂等混合配制成的砂。

2.3 石粉含量（fine content）
铁尾矿砂中粒径小于 75μm 的颗粒含量。

2.4 铁尾矿砂混凝土（iron tailings concrete）

以铁尾矿砂或铁尾矿混合砂为细集料配制的水泥混凝土。

3 基本规定

3.1 铁尾矿砂宜与机制砂或天然砂混合使用。

3.2 铁尾矿砂混凝土的力学性能和耐久性能应符合现行国家标准《混凝土结构设计规范》（GB 50010）和《混凝土结构耐久性设计规范》（GB/T 50476）的有关规定。

3.3 铁尾矿砂混凝土放射性应符合现行国家标准《建筑材料放射性核素限量》（GB 6566）的有关规定。

4 原材料

4.1 铁尾矿砂

4.1.1 铁尾矿砂按细度模数应分为细砂和特细砂。细砂细度模数应为 2.2～1.6，特细砂细度模数应为 1.5～0.7。

4.1.2 铁尾矿砂的颗粒级配应符合表 1 的规定。

表 1 铁尾矿砂的颗粒级配

筛孔的公称直径	铁尾矿砂	
	细砂	特细砂
方筛孔	累计筛余/%	
4.75mm	10～0	0
2.36mm	15～0	15～0
1.18mm	25～0	20～0
600μm	40～16	25～0
300μm	85～55	55～20
150μm	94～75	90～30

4.1.3 铁尾矿砂的石粉含量和泥块含量应符合表 2 的规定。

表 2 铁尾矿砂的石粉含量和泥块含量　　　　　　　单位:%

项目		指标
石粉含量	MB 值≤1.4 或快速法试验合格	≤15.0
	MB 值>1.4 或快速法试验不合格	≤5.0
泥块含量		≤1.0

注：MB 值是指人工砂中亚甲蓝测定值，下同。

4.1.4 铁尾矿砂中有害物质云母、轻物质、有机物、氯化物的限量应符合表 3 的规定。

表 3 铁尾矿砂中有害物质限量　　　　　　　单位:%

类别项目	指标	类别项目	指标
云母（按质量计）	≤2.0	有机物	合格
轻物质（按质量计）	≤1.0	氯化物(以氯离子质量计)	≤0.02

4.1.5　铁尾矿砂中的硫化物及硫酸盐含量不得大于 0.5%（按 SO_3 质量计）。

4.1.6　铁尾矿砂的坚固性应符合下列规定：

1）采用硫酸钠溶液进行试验时，铁尾矿砂的质量损失不应大于 10%；

2）细砂的压碎指标不应大于 30%。

4.1.7　铁尾矿砂的碱集料反应试验后，试件应无裂缝、酥裂、胶体外溢现象，且在规定的试验龄期膨胀率应小于 0.10%。

4.1.8　铁尾矿砂的放射性应符合现行国家标准《建筑材料放射性核素限量》（GB 6566）的有关规定。

4.1.9　铁尾矿砂的表观密度、松散堆积密度、含水率和饱和面干吸水率应符合现行国家标准《建设用砂》（GB/T 14684）的有关规定。

4.2　铁尾矿混合砂

4.2.1　铁尾矿混合砂的颗粒级配应符合表 4 的规定。

表 4　铁尾矿混合砂的颗粒级配

筛孔的公称直径	铁尾矿混合砂	筛孔的公称直径	铁尾矿混合砂
方筛孔	累计筛余/%	方筛孔	累计筛余/%
4.75mm	10～0	600μm	70～41
2.36mm	25～0	300μm	92～70
1.18mm	50～10	150μm	94～80

注：1. 铁尾矿混合砂的实际颗粒级配除 4.75mm 和 600μm 筛档外，各级累计筛余超出值总和不应大于 5%；
2. 当铁尾矿混合砂的颗粒级配不符合本条规定时，宜采取相应的技术措施，经试验证明质量合格后方可使用。

4.2.2　铁尾矿混合砂的石粉含量和泥块含量应符合表 5 的规定。

表 5　铁尾矿混合砂的石粉含量和泥块含量　　　　单位：%

项目		指标		
		≥C60	C55～C30	≤C25
石粉含量	MB 值≤1.4 或快速法试验合格	≤5.0	≤7.0	≤10.0
	MB 值>1.4 或快速法试验不合格	≤2.0	≤3.0	≤5.0
泥块含量		≤0.5	≤1.0	≤2.0

4.3　试验

4.3.1　铁尾矿砂的取样方法与数量应符合现行国家标准《建设用砂》（GB/T 14684）的有关规定。

4.3.2　铁尾矿砂的颗粒级配、石粉含量、泥块含量、有害物质、坚固性、表观密度试验方法应符合现行国家标准《建设用砂》（GB/T 14684）的有关规定。在坚固性试验中，当特细砂的某一粒级颗粒质量不足试验规定量时应取消该级试验。

4.3.3　铁尾矿砂的碱集料反应试验应符合现行国家标准《建设用砂》（GB/T 14684）的有关规定，其中特细砂按规定应筛除大于 4.75mm 及小于 150μm 的颗粒，将剩余颗粒搅拌均匀后直接取样 990g（精确至 0.1g）进行试验。

4.3.4　铁尾矿砂的放射性试验方法应按现行国家标准《建筑材料放射性核素限量》（GB

6566）的有关规定进行。

4.4 其他原材料

4.4.1 水泥应符合现行国家标准《通用硅酸盐水泥》(GB 175)的有关规定。

4.4.2 粗集料应符合现行国家标准《建设用卵石、碎石》(GB/T 14685)的有关规定。

4.4.3 粉煤灰应符合现行国家标准《用于水泥和混凝土中的粉煤灰》(GB/T 1596)的有关规定，粒化高炉矿渣粉应符合现行国家标准《用于水泥和混凝土中的粒化高炉矿渣粉》(GB/T 18046)的有关规定，硅灰应符合现行国家标准《砂浆和混凝土用硅灰》(GB/T 27690)的有关规定。

4.4.4 外加剂应符合现行国家标准《混凝土外加剂》(GB 8076)、《混凝土外加剂应用技术规范》(GB 50119)的有关规定。混凝土膨胀剂应符合现行国家标准《混凝土膨胀剂》(GB 23439)的有关规定。防冻剂应符合现行行业标准《混凝土防冻剂》(JC 475)的有关规定。外加剂应与铁尾矿砂、水泥和其他矿物掺合料有良好的适应性，并应经试验验证。

4.4.5 混凝土拌和用水应符合现行行业标准《混凝土用水标准》(JGJ 63)的有关规定。

5 混凝土配合比

5.1 一般规定

5.1.1 铁尾矿砂混凝土宜采用细度模数为 3.0～2.3 的铁尾矿混合砂作为细集料配制混凝土，不应单独采用铁尾矿特细砂作为细集料配制混凝土。

5.1.2 铁尾矿砂混凝土性能及试验方法，应符合现行国家标准《普通混凝土拌和物性能试验方法标准》(GB/T 50080)、《普通混凝土力学性能试验方法标准》(GB/T 50081)、《混凝土质量控制标准》(GB 50164)和《普通混凝土长期性能和耐久性能试验方法标准》(GB/T 50082)的有关规定。

5.1.3 对有抗裂性能要求的铁尾矿砂混凝土，应通过混凝土抗裂性和早期收缩性能试验优选配合比。

5.1.4 对有耐久性要求的混凝土配合比设计，应符合现行国家标准《混凝土结构耐久性设计规范》(GB/T 50476)的有关规定。

5.1.5 铁尾矿砂混凝土的氯离子含量和总碱量，应符合现行国家标准《混凝土结构设计规范》(GB 50010)的有关规定。

5.2 配合比设计

5.2.1 铁尾矿砂配合比设计，应符合现行行业标准《普通混凝土配合比设计规程》(JGJ 55)的有关规定，混凝土性能应满足设计和施工要求。

5.2.2 铁尾矿砂混凝土的砂率应根据细度模数、石粉含量、水胶比经试验确定。石粉含量高的铁尾矿砂混凝土，宜采用砂石最大松散堆积容重法确定砂率。

5.2.3 配制相同强度等级的混凝土，铁尾矿砂混凝土的用水量宜在天然砂混凝土用水量的基础上增加，增加量应经试验确定。

5.2.4 配制相同强度等级的混凝土，铁尾矿砂混凝土的胶凝材料用量宜在天然砂混凝土胶凝材料用量的基础上增加，增加量应经试验确定。

5.2.5 配制高强度铁尾矿砂混凝土，水泥用量不宜大于 500kg/m^3，胶凝材料用量不宜大于 600kg/m^3。

5.2.6 采用外加剂时，铁尾矿砂混凝土拌和物的凝结时间应满足施工技术要求，并应进行混凝土拌和物坍落度经时损失试验，泵送施工时经时损失不宜大于 30mm/h。

6 混凝土生产与施工

6.1 一般规定

6.1.1 在铁尾矿砂混凝土生产和施工过程中，应对原材料的计量、混凝土搅拌、拌和物运输、混凝土浇筑、拆模及养护进行全过程控制。

6.1.2 铁尾矿砂混凝土的生产与施工应符合现行国家标准《混凝土质量控制标准》（GB 50164）和《混凝土结构工程施工规范》（GB 50666）的有关规定。

6.1.3 铁尾矿砂混凝土采用预拌混凝土时应符合现行国家标准《预拌混凝土》（GB/T 14902）的有关规定。

6.1.4 铁尾矿砂混凝土在运输、输送、浇筑过程中不得加水。

6.2 生产

6.2.1 用于预拌混凝土的铁尾矿砂应单独贮存。

6.2.2 混凝土其他原材料的贮存应符合现行国家标准《混凝土质量控制标准》（GB 50164）的有关规定。

6.2.3 原材料贮存处应有明显标识，并应注明材料的品名、厂家、等级、规格。

6.2.4 原材料计量设备应符合法定计量要求，精度应符合现行国家标准《混凝土搅拌站（楼）》（GB 10171）的有关规定。

6.2.5 铁尾矿砂和其他原材料计量的允许偏差应符合现行国家标准《混凝土质量控制标准》（GB 50164）的有关规定。

6.2.6 应根据铁尾矿砂的含水率变化及时调整混凝土的生产配合比。

6.2.7 铁尾矿砂混凝土搅拌机应符合下列规定。

① 搅拌机应符合现行国家标准《混凝土搅拌机》（GB/T 9142）的有关规定。

② 搅拌铁尾矿砂混凝土宜采用强制式搅拌机。

6.2.8 铁尾矿砂混凝土的搅拌时间应在天然砂混凝土搅拌时间的基础上延长。

6.3 施工

6.3.1 采用搅拌运输车运送的混凝土，应控制混凝土运至浇筑地点后不离析、不分层，使混凝土拌和物性能满足施工要求。

6.3.2 泵送混凝土运送至浇筑地点，坍落度损失较大不能满足泵送要求时，不得直接使用。

6.3.3 浇筑大体积混凝土时，应采取温控措施，混凝土温差控制在设计要求的范围之内；混凝土温差设计无要求时，应符合现行国家标准《大体积混凝土施工规范》（GB 50496）的有关规定。

6.3.4 冬期施工时，混凝土拌和物入模温度不应低于 50℃，并应采取相应保温措施。

6.3.5 铁尾矿砂混凝土振捣密实后，宜采用机械抹面或人工抹压，抹压后应及时进行保湿养护。

6.3.6 对添加膨胀剂的铁尾矿砂混凝土，养护龄期不应小于 14d；冬期施工时，墙体带膜养护不应小于 7d。

6.3.7 当风速大于 5m/s 时，铁尾矿砂混凝土浇筑和养护宜采取挡风措施。

6.3.8 铁尾矿砂混凝土养护用水应符合现行行业标准《混凝土用水标准》(JGJ 63) 的有关规定。

7 质量检验与验收

7.1 原材料质量检验

7.1.1 混凝土原材料进场时，应按规定批次验收形式检验报告、出厂检验报告、质量合格证明文件，外加剂产品还应具有使用说明书。

7.1.2 原材料应进行进场检验，在混凝土生产过程中，宜对混凝土原材料进行随机抽检；检验应符合现行国家标准《混凝土质量控制标准》(GB 50164) 的有关规定。

7.1.3 铁尾矿砂进场检验和生产过程抽检的项目应包括颗粒级配、细度模数、压碎指标、泥块含量、石粉含量、亚甲蓝试验和吸水率；对于有抗渗、抗冻要求的混凝土，还应检验其坚固性；对于有预防混凝土碱骨料反应要求的混凝土，还应进行碱活性试验。

7.1.4 铁尾矿砂检验规则应符合下列规定：

1) 同一厂家、同一矿源的铁尾矿砂，一个检验批不应大于 600t；

2) 同一厂家、同一矿源的铁尾矿砂，当连续 3 次进场检验均一次检验合格时后续的检批量可扩大 1 倍。

7.1.5 原材料的质量要求应符合本规范第 4 章的规定。

7.2 混凝土拌和物性能检验

7.2.1 混凝土拌和物性能应满足设计和施工要求。混凝土拌和物应具有良好的工作性，并不得离析和泌水。

7.2.2 在生产和施工过程中，应在搅拌地点和浇筑地点分别对混凝土拌和物流动性、黏聚性和保水性进行抽样检验。

7.2.3 对于铁尾矿砂混凝土拌和物流动性、黏聚性和保水性项目，每工作班应至少检验 2 次。

7.3 硬化混凝土性能检验

7.3.1 铁尾矿砂混凝土强度检验评定应符合现行国家标准《混凝土强度检验评定标准》(GB/T 50107) 的有关规定，其他力学性能检验应符合设计要求。

7.3.2 铁尾矿砂混凝土耐久性能检验评定和长期性能检验规则应符合现行行业标准《混凝土耐久性检验评定标准》(JGJ/T 193) 的有关规定。

7.4 混凝土工程验收

7.4.1 铁尾矿砂混凝土工程施工质量验收应符合现行国家标准《混凝土结构工程施工质量验收规范》(GB 50204) 的有关规定。

7.4.2 铁尾矿砂混凝土工程验收时，应符合本规范对混凝土长期性能和耐久性能的规定。

8 安全与环保

8.1 在铁尾矿砂混凝土生产和施工前应编制安全管理计划，制订安全措施。

8.2 建筑材料堆放场地应合理划分区域，材料应安全、整齐堆放，不得超高，且应悬挂标识牌。

8.3 混凝土输送泵及布料设备的安装、使用，应符合设备安装、使用说明书的规定。

8.4 生产企业在取砂、运输及储存时应采取合理的保护措施，以避免遗撒、粉尘飞扬等污染环境的现象发生。

8.5 对生产和施工过程中产生的污水应采取沉淀、隔油措施进行处理，不得直接排放。

8.6 在生产和施工中污染物的排放应符合现行国家标准《大气污染物综合排放标准》（GB 16297）的有关规定。

8.7 施工作业应采取有效的隔声、消声、绿化措施降低噪声的排放，噪声的排放应符合现行国家标准《建筑施工场界环境噪声排放标准》（GB 12523）的有关规定。

8.8 生产和施工过程中，应采取建筑垃圾减量化措施。对产生的建筑垃圾应进行分类、统计和处理。

索 引

（按汉语拼音排序）